風土自治

内発的まちづくりとは何か

中村良夫

藤原書店

はしがき――日本の「まちづくり」を受胎する「風土自治」

国土や都市の問題にかんする実践と研究、そして教育の現場に身をおいた人間として、私はとくに景観に関心をもち、それを「風景論」へ広げてきました。それは人間の実存にかかわる空間学として独立しうる研究分野ですが、都市の歴史と人生を育む「まちづくり」という臨床知からみるとやや窮屈です。思い切り思索の翼をひろげて都市や風景の行く末を見定めましょう。

(1) 文明史の波紋を読む

本書を構想する第一の動機、それは文明史という思索の盤面を用意することでした。いったい日本の都市はどこから来て、どこへ向かうのだろうか。若いときの留学経験の衝撃に言葉をあたえ、そこから私の位置と方向を測ろうとしました。しかし、その論考は東西文明を傍観する比較都市論ではなく、私の「まちづくり」体験の修羅場に刻まれた両文明の相克図になりました。

野戦日記めいたその断想の山はやがて整理され、中世から近世まで千年にわたる両都市文明の生態を、いわば対話ふうに物語化することになりました。個々の史実は、すべて専門史家の業績に負い、その典拠を明記しましたが、ストーリーの文責は私に帰します。そこに記された多くのエピソードや人名などは、いわば時空の波間に浮沈する目印にすぎません。大事なことは、自然と人間の愛憎から発する長周期の文明の波紋を読むことです。そこに見えた景色、その第一は西欧文明の華麗な普遍主義、そして、第二は日本列島育ちの渋味のきいた風土の地模様でした。

（2）風土というローカリスム

この本の第二の動機は、「風土」の表現として、風景や風物、さらに広義の芸能のかずかずを置くことでしたが、この風景論の拡張は、かえって風土論の輪郭を鮮明にしました。風土は時空のローカリスム（地域主義）ですが、ラテン語 locus に発するこの言葉は、「場所主義」と直訳できます。それは、高くそびえる公的法制度が構える普遍性の裾野に起伏するしなやかなアンチテーゼでありながら、両者の交差する緊張こそは、新しい文化をうむ希望の泉になるのです。

この東西両文明の対話劇で見えてきた一つの大事は、都市を作っていく社会の主体性の違い、つまり「自治」の様相の差異です。

端的に言って西欧文明圏の原点とされる中世の小さな自治都市の理念は、次第に洗練された主権国家へ育つ過程で風土性から離陸し、普遍的な理想をめざすエリート集団の指導により文明の高空へ飛翔しました。そこに現れた市民自治の証とされる華麗な市民広場は、素晴らしい達成です。市民革命のあと、国家を監視する市民公共圏も、普遍志向と政治性のつよい中流以上のブルジョア市民たちの世界でした。

しかしここで一つの疑問がわいてきます、日本には市民自治の伝統が浅い、広場もなかったという常識、これは本当でしょうか。「まちづくり」の現場からこの問題を考え始めたのが本書のきっかけであり、また本書の主題です。

(3)「風土自治」とはなにか?

それは、風土を引き継ぎ育ててきた民衆の半ば無意識の公共思想です。

土俗的な臭気を賤視し、高貴な「普遍自治」を目指す西欧文明の反風土的な系譜にたいし、日出ずる列島の原人たちは、基層文化の土俗臭を手放さず、それを文化の面で洗練させる道を選びました。とくに藩政期にはいってから、国家統治の中心から遠ざけられ、その非政治的な周縁へ身をおいた民衆は、自らを主体的に表現する、非政治的で社交性のつよい風土性情念を燃やしました。

階級を超えた各種の講や連、芝居小屋、芸能の家元制、町内自治、料亭の食文化・文芸サロン、裏長屋の近隣共同体、そして寺社の年中行事や祭祀的行事、盛り場という群衆の渦まで、さらに農山漁村の神社を中心に結ばれた共同の労働習慣を意味するもやい、結《ゆい》などなど。この文化生成の「場」の結縁を「風土自治」と呼びましょう。自治という言葉はすこし硬い語感がありますが、それはむしろ公的規範としての政治の中心から遠い周縁に生きる文化創造の母胎です。そこは真剣な道楽者たちが自由に寄りあい、人間の体温を確かめるアソビ系自治の本丸です。

文化人類学のいわゆる情緒共同体（コミュニタス、第5章第6節参照）、あるいは町民学者・伊藤仁斎の「愛の共同体」に近い「風土自治」の多彩な文化創造は、社会階級という支配的現実を溶解する遊相態の文化自治です。高く悟って俗に帰るしなやかな心境、自然のこころを読み、垢抜けしたアソビごころでそれを表現するこの民衆的な文化圏は、しかし決して対抗文化（カウンターカルチャー）ではなく、この国の文化の本流です。そこへ多くの武家支配層も呑み込まれました。それが基層文化に根をはる列島原人のホンネだからです。このような超階級の「風土自治圏」が日本でよく成熟し、西欧社会で萎えた事情をつぶさに検討します。

東西両文明の自治のありかたは、それぞれ「市民公共圏」と「風土公共圏」とも言えます。それぞれの地政学的な条件と長い歴史を背負った両文明の優劣を問うのは詮なきことです。むしろ「両棲文明」ともいうべき対話的文明が期待されます。日本文明圏の含み資本を査定する過程で見えてきたこの「風土自治」という方法は、ホンネの日本都市を探る、という私の願いに沿っていました。

（4）まちづくり原論として

さて、以上のような展望にたどり着いた第Ⅰ部「西欧の『普遍自治』と日本の『風土自治』」をひきついで、第Ⅱ部「風土の時空――その情理と方法」においては、「人間学的考察」と副題された和辻風土学という哲学の森を拠り所に、「風土自治」の立場から風景の概念をみなおし、風土を継承し推進するまちづくりの仕組みを提案しました。

「風土自治」への思索は、第一に自然と人間の戯れる空間論、第二に人と人を繋ぐコミュニティの絆、そしてこの両軸を結びつけ、風土を育む揺りかごの提案にたどり着きます。風土の継承と生成というこの生命論的プロセスは、機械を操るような手つきではなく、血のかよった抱擁を求めます。つまり、都市も自然も冷たい客体ではなく、「私」と切り離せぬ相即不離の間柄になって、ゆっくり育ちます。したがって「風土を育む揺りかご」は、他人事ではなく市民自らが変わることを求めます。この自己参照的な「まちづくり」の呼称は、延藤安弘氏の「まち育て」（第9章注（2）参照）の用語が達意ですが、本書では、通例にしたがいました。

最後に、「風土自治」の芽吹く現場に立ち会い、その余熱を浴びながら、風土のデザイン観をまとめます。それはデザインというより、風土の身振りのようです。

ともかく「まちづくり」といえば、多くの経験と実例が頼りですが、それにしても大局を見定める羅針盤としての原論がなければ、それは漂流するでしょう。本書が、国民的文化運動としての「まちづくり」のヒントになれば幸いです。

風土自治

目次

風土自治

内発的まちづくりとは何か

第Ⅰ部　西欧の「普遍自治」と日本の「風土自治」

第1章

西欧普遍自治の軌跡

図 1—1　中世都市アルル

　ローマ帝国崩壊とともに、無法状態と化したガリア南部の要衝アルルの円形劇場は、住宅として占拠され、やがて方形の街路網も崩れ去った。ロマン主義が巻き起こした中世への憧れによって、この遺跡を占拠していた民家が取り払われたのはようやく 1830 年頃である。

1　帝国崩壊の荒野から——混沌と生成

ローマ帝国の末期、ゲルマン民族の故地を離れ、ライン川を越えて南下しはじめたフランクの一部族が、フランドルの一隅に陣取っていた。その部族長クロヴィス（四六五—五一一）が勢力を伸ばしメロヴィンガ朝（四八一年）をひらき、さらに、四八六年にはローマ属領ガリアに残った唯一人のローマ人司令官シアグリウスの軍団をソワソンで破ったのち、カトリックに改宗した（四九六年）。西ローマ帝国亡きあと、クロヴィスは、東ローマ帝国の地方執政官の名に甘んじながらも、ともかくガリアはゲルマン国家の実効支配下に入った。

潑剌とした身体に「法典よりも優良な習俗」をまとったゲルマニア人の故郷をつぶさに見聞し、老いたローマ帝国の行く末を案じていたタキトゥス(1)が、地中海の潮騒をききながら瞑目して三百数十年がたっていた。

こうしてフランク族の支配に始まり、かつて暗黒時代とも称された西欧中世は、いまや、西欧文明の原像として見直されている。その真相を垣間見てみよう。

メロヴィンガ朝を継いだカロリンガ朝のカール大帝（七四二—八一四）が、ローマ教皇レオ三世から授けられた「ローマ帝国皇帝」の戴冠こそは、西欧世界の誕生を記念するまばゆい輝きであった（八〇〇年）。このとき、名実ともにローマ帝国の後裔となったフランク帝国へ、人々は滅び去った古代ローマ帝国の蘇生をみたであろう。こうして統治の正当性を手にしたフランクの帝王カールは、いよいよ、ラテン文化へ深く傾斜してゆく。カロリンガ・ルネサンスと呼ばれるラテン化の輝きは宮廷をとりまくエリート層に限られてはいたろうが、ローマ帝国が掲げた文明の普遍性という理念の灯火は再び世界を照らしはじめた。

たしかに、カール大帝という歴史の千両役者が、ローマ帝国の正嫡として掲げた普遍国家の旗は、北はライン川の右岸から南ははるかにピレネーの峰を越えイベリア半島の北部に翻った。しかし、巡察視制度や、伯管区制度を敷いてカールが統べたとされる広大な普遍帝国は、人心を収攬するには目があらくもろかった。人はそれを「見せかけの統一」と呼ぶ(2)。

ローマ帝国の末期から中世的秩序へいたるこの暗黒星雲のような過渡的世界！　あの地獄絵図のような東ゴート戦役（五三五―五五四年）に代表される阿鼻叫喚のなかから、次世代への希望はいかに芽生えたのであろうか。

フランク帝国に芽吹きカペー朝（九八七―一三二八年）へかけて成長し、革新の十二世紀に熟したこの封建システムという中世的な世界は、次のような四本の柱で支えられていた。

その一、自治する信仰拠点――修道院という生きかた
その二、城塞領主による一円領域支配
その三、集村化と三圃制農園
その四、自治都市という希望の星

これらが、帝国崩壊後の不気味な暗黒星雲の胎内にうまれた光芒である。

これらの中世的な仕組みの根本原理は、ローマ帝国を操った法治と官僚制度の普遍性ではなく、一定の大地を共有しながら人間の信を基軸として結ばれた地域主義、すなわち封建システムへの移行であった。いずれも中世の中枢にかかわるシステムであるが、前三題については、注釈するにとどめ、[3] ここでは早速、第四の自治都市の発生に注目しよう。

西欧デモクラシーの原点とされる都市、しかし暗黒星雲を払いのけて誕生したこの希望の星が燦然と輝き始めるのは、ようやくカペー朝の十二世紀まで待たねばならなかった。そこへいたる道筋には、まだカオスの霧が渦巻いていた。

2　平和という難問——自治都市・産みの苦しみ

日本の律令国家よりもろい、ともいわれる分散的なカロリンガ体制の解体期には外民族の侵攻[4]が相次いだ。この混乱期とは、頼りにならないフランク帝国の中枢よりも、在地権力をめぐる結束と自立を模索する季節であった。

強力な王権不在の乱世を生き抜き、新たな地方秩序を模索するローカルな封建領主たちの蠢動は、蜘蛛の子を散らすような合従連衡をくりかえすことになる。その混みいった主従関係を整理し、確かな封建秩序を模索するとき、とくに一円領域支配を模索する周縁部において、複数の封主に臣従する領主たちの武闘がたえなかった。このような輻輳する領主間の武力闘争に便乗するかのように、大義を欠いた私闘、野盗化した騎士たちの乱暴狼藉、恣意的な課税や裁判権行使などの暴挙が、農村ばかりか、芽生え始めた都市民を脅かしていた。

つむじ風のような乱世を鎮めるモラルの源泉は教会の権威しかない。無秩序に悩む南仏オーベルニュにおいて、十世紀末、まず「神の平和」という在俗聖職者をリーダーとする教区共同体の運動がおこる。

農民、下級聖職者、修道士など「神の弱者」保護にむかったこの運動の動機は教会財産の侵害防止、教会領内林野における狩猟の禁止、低質貨幣鋳造の禁止などであった。九五八年、クレルモンの司教エチエンヌ二世の呼びかけで裁判形式の青空集会が招集され平和が祈念される。崇拝の的である聖遺物のもとで、多くの老若男女、修道士の見守るなか、世俗領主や騎士などの武装勢力も天から降る声を聞くように司教の声を仰いだという。

こうして、この地方は、教皇の権威と結んだカロリンガ朝の王権統治原理とは違った地方秩序を編んでゆく。それは、身近な教会や、あるいは、修道院による瞑想と労働による実践的な平和精神が封建領主の乱暴狼藉にうちこんだ民衆の楔であった。古い火山や牧野のうねりのなかに、ロマネスク教会が点々とするオーベルニュ地方、いまや鄙びたこの大地が歴史の檜舞台になった。やがてこの平和運動は南はカタルーニャから北はノール、ピカルディ、ノルマンディまでひろく行き渡り、修道士の熱狂のなかで、十一世紀初頭（一〇二七年）には日曜における「神の休戦」という制度に登り着く。聖職者、農民、商人、巡礼者などの弱者を戦闘から保護するよう領主に宣誓を求めることの運動の独自性は、王家や城主勢力にかわって教会が公共秩序の維持に関わり始め、全住民による誓約団体がつくられたことにあった[5]。

臨終秘蹟を拒否し、勝手に地獄へ落ちろと、司教に突き放されれば、乱暴者も震えあがって許しを乞うしかない。聖職者を中核にした組織的な「平和の社団」的な運動は、一〇七〇年のル・マンにはじまる「都市コミューヌ」の精神的基盤になったであろう。この重要な市民都市の運動こそが次節の課題であるが、それとならんで、市民ボランティア型の平和熱血隊の運動があった。

言い伝えによれば、ル・ピュイのデュジャルダンという大工のもとに現れた聖母マリアの天啓により、野盗化した傭兵団に対抗すべく組織された「白頭巾講」のことだ。一一八三年、このオーベルニュの平民講は野盗三千人を屠ったのをはじめ、たちまち全国へ波及した[6]。フランス王国の安定と領土の基礎を築いた名君とされるカペー朝のフィリップ・オギュスト（尊厳王[7]）の統治下においてすら、パリ周辺の直轄領はともかく、南部の治安は悪かった。この時期の貴族の風俗、習慣は、まだ前世紀と変わらないと見るA・リュシェールは、彼らを「野盗領主」とまで称している[8]。

カロリンガ帝国末期、ノルマンやマジャール、サラセンの来襲は歴史書に特大の記事を刻み付けた。しかしカペー朝十二世紀においてもまだ地方領主間では、「戦争がむしろ普通の状態」（A・リュシェール）であった。封建秩序の進行によって生じた失業傭兵の乱暴などは、市民、農民の日常を脅かす蛇やサソリのように、彼らの心の奥に深い傷を残したに相違ない。「神の平和」運動や市民運動が生んだ西欧自治都市の誕生という輝かしい歴史の舞台裏の様子をよく胸に刻んでおきたい。

3 自治都市の誕生――平和のアジール

(1)「神の平和」の落とし子

領主を追放したル・マンの民衆運動など初期コミューヌの性格を「神の平和」運動の民衆的形態[9]とする学説からすれば、この運動が発した思想的射程はきわめておおきい。

「神の平和」運動という宗教的情熱にのりながら、都市へ集住しはじめていた商工の民による主張[10]にもとづき、市場を中核とするブールと呼ばれる商人集落が誕生する。「都市の空気は自由にする」という法諺で象徴される新しい都市は、古い都市的な核（封建領主の城や修道院）のかたわらに生まれるが、古い核とは法的にも地誌的にも区別される一種の付属集落として「保護された植民都市」（マルク・ブロック）[11]であった。それは、「古い核」の性格によって幾つかに類型化される。すなわち（1）都市郊外ブール（ガロ・ロマン期の行政センター都市）、（2）修道院ブール、（3）城塞ブール、（4）農村ブール。

「平和のための誓約団体」、あるいはコミューヌと呼ばれるこの自由都市は、都市商人ギルドを中心とする都市的共同体と一般市民の「教区祭祀共同体」の二重性をもち、次の二つの法的性格を有する。

（1）誓約団体　相互扶助の誓約による住民団体
（2）人民集合領主領　国王または諸侯に軍事的、財政的な義務を負う法人格をもつ集合領主の
　領地

このような市民都市は、聖俗封建諸侯または国王との間に結ばれる特許状によってさまざまな特権を認められた[12]。集団の命運にたいする確固とした責任（防衛、外交、商業権など）が明記されたこの特許状は、国王あるいは近隣の聖俗界封建領主（君主、司教、伯、領主）とのあいだで、多額の貨幣提供（ディジョン）や定期的納税などの外交的駆け引きで獲得される。王領地では特許状の発行は消極的であったが、地方においては、王権の拡張政策として、国王は積極的に対応する傾向があった。

（2）コミューヌ都市と市民精神

コミューヌ都市の要件は、第一に自由、平等で民主的な誓約団体としての結束、第二は、その円熟期における集団封建領主として封建システムの一端を担う主権的実力であった。

ところで、このようなデモクラシーの原点とされる市民精神の源泉は、「神の平和」運動だけではない。もう一つの精神的動機は、都市コミューヌの中核をなした同業者組合（ギルド）の互助的な団体精神に求められる。当時、道路交通、水運事情も劣悪なうえに、略奪どころか命がけの冒険をともなう遍歴商人たちは、相互援助を義務づけるハンザと呼ばれる強固な遍歴商人の共同体を結

図1—2　ランの大聖堂

んでいた。

『中世都市成立論』の著者プラーニッツは、「ギルドはゲルマンの祭祀共同体以外の何ものでもない。その上、われわれは、復讐義務を伴ったゲルマンの兄弟盟約 Blutsbrüderschaft がギルドと分かつことのできない一体をなして、結局、敵対思想 Feindgedanke、援助義務、兄弟としての誠実義務の中に復活しているのを見る」とまで言った。[13] 丸腰での出席をもとめられた宴会の席上で貧者に喜捨をなし、裁判をおこない、あるいは仲間の死者を供養し埋葬する。このような兄弟盟約は一人のギルド兄弟の敵を全兄弟の敵とみなすほどの絆であった。誓約兄弟が殺されると、仲間は復讐の義務をもつ。都市コミューヌにおける秩序の維持とその侵犯にたいする死刑や家屋破壊をふくむ厳しい刑罰思想の根底には、このような兄弟盟約違反へのゲルマン古俗に発する復讐義務思想があるとプラーニッツは述べている。

都市コミューヌが誓約団体（コンユラーティオー）であるとは、ただ誓約書を棒読みする儀式を越えた、商人組合の血盟約兄弟団の延長を意味するのであるから、「平和領域としての都市」とは誠に血腥いもので、それが城壁の建設、軍役義務など武装能力を課すのは当然であった。

結局、キリスト教信仰とゲルマンの血盟団的なエートスが流れている商人組合とは、すぐれてラテン・ゲルマンの混血文明に他ならない。それはちょうど都市コミューヌ運動がネイストリア或いはニーダーフランケンと呼ばれるライン川とロワール川の中間、すなわちラテン文化とゲルマン文化の地理的融合地帯を中心に発生したこと、さらにまたこの地域こそ三圃制農場の揺籃の地であったことに符合する。パリはその中心都市としていまも繁栄をつづけている。

十二世紀初頭（一一二二年）商工ブルジョアが司教を襲って成立したエーヌ県のラン（Laon）は、ル・マン（サルト県 Le Mans 一〇七〇年）につぐフランス最古のコミューヌの一つとされ、現カテドラルは、その後、十二—十三世紀初頭に再建された初期ゴシックの秀作である（図1—2）。

（3）兄弟団——第二の市民組織

商工者の結束から市参事会を核とする政治的な社団へと発展した中世都市は、その芽生えにおいて封建領主に対峙しつつ、やがて独立した政治権力として封建システムの一環をになった。

ところが、このような政治システムとは別に、中世都市には兄弟団（confrérie）と呼ばれるさまざまなボランティア組織が育っていた。このような兄弟団は、次第に国家機構へ吸収されてゆく特権的市民層とは別に、市民的公共圏を絶えず更新し、後継する種子になったであろう。先に紹介した白頭巾講なども中世盛期にあらわれた市民的精神の一形態であろう。

封建システムという政治圏から離れた市民の可能性を開いた兄弟団。阿部謹也氏によればそれは例外なくみな特定の教会に祭壇と守護聖人を持つ「死によって結ばれた組織」であり、仲間の命日にミサをあげ、ろうそくの炎は絶えなかった。いまでもカトリック聖堂の薄暗い側廊で祈りの灯火を絶やさぬ小さな祭壇の列は、こうした兄弟団の残影であろうか。たがいに兄弟、姉妹とよびあう会員の相互扶助の役割を持った兄弟団は、会員の遺族の面倒もみた[14]。

なかでも商工ギルドを母体にした兄弟団は、商用旅行の便宜を図って外地に商館を持つほか、健康保険制度、病院を確保し傷病手当を保証、看病など会員相互の福祉に貢献した。さらにまた季節変動のリスクを持つ船員や運送業者の失業補助金制度なども備えていた。

このほか、修道院入りした娘のための兄弟団、貧しい旅人を保護し埋葬する兄弟団（巡礼や旅芸人など放浪者の保護）など、あるいは、橋梁建設兄弟団のように法人として寄贈不動産を持つこともあった。これらの善行や喜捨は、教会や修道院へ及んだのは言うまでもない。善行の第一とされる喜捨は、神との贈与関係による救いの保証であった。この彼岸思想を土台に生きていた中世人には、生と死を結ぶイエスのことばがいつも響いていただろう。「宴会を催すときは貧者、不具者、盲人などを招け。そうすれば返礼を期待できないから、あなたは幸になるだろう」（『ルカ書』）。中世都市の兄弟団が辿った生の航跡は、現代の福祉国家まで続いている。

以上が西欧中世都市誕生の素描だが、先を急ぐ前に二、三注意しておきたいことがある。
（1）戦闘を本務とする俗界領主はもとより、当時の農業技術を総合し、三圃制農園の企画運営にたずさわった修道院領主、そしてコミューヌを代表する商業ブルジョアたち、西欧中世を演出するこれら三者に共通する人間的資質は、団体的合理性と個人主義的創意の両面をそなえていたこと。
（2）コミューヌ都市を代表して市の参事会を運営した上級市民たちは、国王や諸侯と政治的に渡り合い、あるいはリスクを取って巨利をもとめ遠隔地貿易に携わった。かれらは、風土性のつよい小さな中世都市に生をうけ、そこに生活の基盤を持ちながら、一般市民の及ばぬしたたかな戦略的創意と世界へ開く普遍志向を持っていた。機略と勇気で生死の境を駆け抜けるこの乱世のエリート性は、国民国家への道のりで、次第に頭角を現し貴族化しながら、森に囲まれた風土都市から普遍文明への軌道へ乗り移って行くだろう。次節以降の課題である。
（3）城塞領主の罰令封建制、三圃制集村、自治都市、この三者は概ねカペー朝期、十二世紀に成立したとされる。すると、この時点で、自治都市と封建領主の力はかなり拮抗していたのであろう。それほどに、帝国崩壊後の混沌が、あらゆる階級を飲み込んでいた。封建領主の力が都市を圧倒していた日本との相違がみえる。
十字軍（一〇九六―一二七〇年）の派遣など宗教的情熱が沸騰したこの時期、隠修士、半俗修道士、貧しい都市民などが結集した「贖罪兄弟団」なる過激な異端運動が燃えさかった。ローマ公教会の外縁におきたこの反体制的「異端」の鎮圧過程こそは、グレゴリウス改革とならんで、カトリックの普遍主義が強化される重要な契機といえる(14)。

なお、西欧市民都市には内部統治の仕方で幾つかの類型があり、ここで紹介したコミューヌ型は最も民主的な典型例である。これ以外の類型については、第4章注（12）で瞥見することにしたい。現代西欧社会の地域的個性を推し量る論点になるだろう。

（4）感想めいたこと……

周囲を圧する城壁、天を衝く白亜の聖堂、華やぐ市民広場を見下ろす参事会議事堂……、民主的主権国家のモデルとされる自治都市の晴れ姿だ。国家の誕生に先立ち「都市」という主権的団体が生まれた事実を胸に刻んでおきたい。

だが、そこへいたる道は遠かった。ローマ帝国崩壊後の中世前半は、やはり恐るべき暗黒時代に相違ない。政治的空白と内憂外患の身悶えするような虚無の荒波は、西欧文明の奥底に癒しがたい心的外傷を刻みはしなかったか。日本の中世を席巻した「虚無の白い風」（唐木順三）は渋い美意識を産んだが……。

さて、森の辺の風土から析出した民主的市民都市を運営し、カオスを切り抜けた上層ブルジョアたちは、中世末期からどのように変身し、風土主義から普遍軌道へ乗り換えたか。その華麗な文明劇をとくと拝見しよう。

4　亀裂する都市自治――普遍自治への飛翔

（1）貴族化ブルジョアの王制参加

中世の西欧世界は、封建貴族諸侯の私闘と異民族の乱入する苦海のなかで、王権、聖俗諸侯と競り合う自治都市が浮き沈みしていた。死活を賭けたその修羅場で鍛えられ、戦略的な機略と団結、そして商才を身につけた有力な市民のあいだから、都市の枠をこえた政治的な野心が頭をもたげてくる。

商工の畑に芽生え育った市民ブルジョアはどのように変身していったか。

カペー朝のフィリップ・オギュストの時代（在位一一八〇―一二二三）すなわち十二世紀からすでにはじまっていたブルジョアの貴族化[15]は、次第に王権の内部へ触手をのばしていった。

すこしおくれて、ヴァロア朝期、一介の毛皮商人から身をおこし、やがてシャルル七世に近侍した貴族の奇談はよくしられている。天を衝くゴシック大聖堂で知れたブールジュのジャック・クール[16]のことだ。ブルジョアの貴族化への道を法制化したポーレット売官法成立（一六〇四年）のはるか以前のことである。堅い城壁都市の市民権を持つ人をさす「ブルジョア」の一部が、こうして黄金の階梯を登り始め、ブルジョアの意味が変質しはじめた。

国家財政の窮乏を回避する狙いもあって官職売買が次第に慣行化し、官職についてから町民の穢れを晴らす一定の期間をへてのち、しかるべき貢献におうじて貴族に叙任される。このようなブルジョアあがりの貴族が増えてきたブルボン朝は、ついにポーレット法により売官制度を公式に制度化した。一六〇四年アンリ四世の治下であった[17]。

国家財政の窮乏を救済し、同時に巨大化した中央集権制をになう優秀なエリート実務官僚を補給する売官制は、絶対王政の基幹制度として定着してゆく。

ブルボン朝において、ルイ十四世治下、重商主義を推し進めた国王最側近といえば、財務総監コルベール（Jean-Baptiste Colbert, 1619-83）はじめほとんどブルジョア上がりの法服貴族である。一五一五年、約五千人の官職保持者は一六六一年に五万人弱にまで増加、その後も増えつづけた[18]。フランスの売官制度は、日本の戦国期や幕藩体制期に、幕府仲介で多額の献金とひきかえに、窮乏した朝廷が大名にあたえた名誉官位とは全く異なる。

（2）失われた文化の共時性——エリート階級と庶民の亀裂

民主的な中世コミューヌ都市の市政は、貧富の差をこえた文化の一体感を保っていた、とされる。たとえばキリスト受難劇など祭祀的な行事には、貴賤貧富を超え、心を一つにした市民の興奮が渦巻いていた。

ところが、中世末期から近代の初頭、ルネサンスというあたらしい時代の曙のなかで都市の様子もかわってくる。貨幣経済の進展、揺らぐ信仰、人間の解放、宇宙観の動転……。さらにまた、宮廷文化を中心に育ちはじめた支配階層の華麗な生活は、民衆の狭い生活圏を見下すように天空へと舞い上がってゆく。聖史劇、カーニバルなどの祝祭、魔女、シャリバリ（どんちゃん騒ぎ）、決闘裁判などゲルマン的な古俗をまとった習慣など、振幅のおおきい民衆の感情表現は抑圧され、歴史の表面から消えてゆくしかない。このような貴賤の亀裂は、内面化するキリスト教すなわち宗教改革と繋がっていた。

宗教改革のなかで、「カトリックを支えていた最も土俗的な基盤であった祭りそのものが不道徳な行為として非難され……それだけでなく、……宗教が内面化、個別化され、感性的表現がとり去られていった……。宗教の内面化によって、知的エリートが担う宗教と民衆文化との乖離が生じた」のだ。[19]

一四〇二年に結成されたパリの「受難劇組合」の場合、王や皇帝といった高貴な役柄は、豪華な舞台衣装で財力と権力を誇示する富裕な一族が占めていたが、そこにはまだ貧富を貫く文化的一体感があった。ところが、この受難劇は次第にお祭り騒ぎの娯楽と化し、その荒唐無稽ぶりは、しばしば教会の不興をかったあげく、十六世紀の半ばにはどの国でも上演禁止が相次いだ。

たとえば四万人の都市にたいし、参事会員など知的エリートは四〇名ほどにすぎない。このような少数の有力な名望家市民層に支えられたキリスト教の純化という運動が広がったのである。その大波は、十二―十三世紀、十字軍が巻き起こす宗教的情熱の沸騰期におきた異端への激しい弾圧にまで遡る。それはルネサンスに復興したラテン的な普遍文化と、ゲルマン・ガリアの土俗的文化との亀裂であったか。[20] 前者の明るい透明感、後者の仄暗い情念……普遍文化にたいする基層文化。こうして名誉と富と権力を一手に握りしめ、文明の灯火を掲げて大海を遊弋するエリート層の姿が明確になってくる。それは深い森の記憶を引きずるゲルマンの呪術的世界が、時代の波間に沈んでゆく過程でもあった。つまり「支配階級と民衆文化のあいだで文化の共時性が失われてゆき、大きな裂け目が生じた[21]」のだ。

中世都市において、貧富の壁を超えて花咲いた市民的公共世界の一体性は、経済の格差だけでなく精神世界の深層流によって掘り崩されて行った。

信仰をつうじて自我を覚醒させた宗教改革は近代をひらく大きな出来事であったが、感情表現が抑制され、内面性が強調されたために「日常生活のなかを流れる聖性が見失われた」ことは「近代世界に持ち越された大きな問題」であった。[22]

封建システムの内部に生まれた自治都市という風土臭の強いローカルな基層文化は、歴史の闇に潜伏していくしかない。[23]

(3) 亀裂の進展と社会階層

近代の曙が招いた風土的な基層文化への賤視と追放は「文明化」という錦の旗を掲げ、絶対王政下でいっそう加速していった。つまり、貴族化に成功したブルジョア層の後をおうように、誘蛾灯のようなポーレット法に魅せられた多くの新富裕層がこの階段に殺到したことである。その長い列の先頭は、宮廷文化という絶対王政劇場のまばゆい闇のなかへ吸い込まれていった。このような天国への階段を昇り始めた階級と、それに無縁な一般市民層との間には、貧富の差よりもアクの強い文化的差別の亀裂が走って行く。それは人格的な卑賤ともいうべき精神面の絶対落差であった。

このような落差がひろがる時代背景として、中世末期、ルネサンス期から始まる文化史の跫音をざっと整理しておこう。

・信仰の純粋化

前節末尾で紹介した、「贖罪兄弟団」につぐいわゆる「異端」運動の鎮圧は、カトリックの普遍性を自覚する純化のプロセスであった。十二―十三世紀におけるこの信仰の純化に続いて、ルネサンス期の浄化運動がおきる。すなわちローマ西方公教会の免罪符販売に反対し、福音書重視を主張するプロテスタント運動（一五一七年）がおきた。カトリック教会の煩瑣な儀式や寄進を排し、純粋な信仰のみによる救済を主張したルターの運動がその端緒である。「通俗のカトリシズムはありえても、通俗のプロテスタンティズムはありえない[24]」。ゆえに知的エリートと、民衆文化の間には亀裂が入るしかない。

このような文化運動はルネサンスや地理的発見時代という文明の地殻変動の時期に重なっている。

・大航海による地理的発見の幕開け

一四八八年、ポルトガル人バルトロメウ・ディアスが喜望峰に到着、香辛料貿易のルート短縮につながる。コロンブスのバハマ到着（一四九二年）、バスコ・ダ・ガマのカルカッタ到着（一四九八年）、ポルトガル王国、ゴアを占領。ポルトガル人が種子島に漂着（一五四三年）。フィリピン、スペイン領に編入（一五七一年）などが続く。

・**自然観の革命**

カトリック司祭のコペルニクスが『天体の回転について』において太陽中心説を展開（一五四三年）。このような宇宙観の転覆につづいて、一六三七年に公刊されたデカルトの『方法序説』、そして一六八七年にはニュートンの『自然哲学の数学的諸原理』（『プリンキピア』）が神の意志としての万有引力の法則を明らかにする。

・**グローバル経済**

中世末期、貨幣経済の進展を背景に商行為も姿を変え、ラテン的に明文化された契約行為がひろがれば、いきおい人間関係は水くさくなる。そして、やがてグローバル化の時代がやってくる。新航路の展開による大西洋貿易や、日本の銀輸出などを含むアジア貿易によってもたらされた莫大な富の交換は、首尾よくその恩恵に浴した新興ブルジョアの登場をうながした。こうした物心両面における大転換に乗じた者とそこからこぼれ落ちた者の間にできた亀裂は、貧富の差だけでは説明できぬ精神的・文化的な地滑りを発生させた。

絶対王政という端緒的な国民国家（領域内の物的・人的資源の効率を最大化するシステム）の進展にともなうこの大変革時代は、「地域共同体の運命が国家の枠の中で決定される」事態を招き[25]、「エリート階級と庶民の亀裂を決定づけた」のだ[26]。この中央集権システムの象徴が宮廷文化である。

以上の文明化現象は、西欧社会全体を覆ったと考えて良い。

(4) 普遍をめざす文明化

時代をすこし遡るが、イタリアの都市国家に芽生えた宮廷文化という新しい文明型式は、ブルゴーニュ候の宮廷をへてルイ王朝へ移植されると、まばゆい大輪の華を咲かせることになった。太陽王ルイ十四世は起床の儀から就寝の儀まで、生理的な営みから政務にいたる全ての所作を多くの貴族たちの面前で、演劇のように披露したという[27]。

時計さえあれば、国土のどこにいても王の華麗な演技は目にみえる。宮殿から地平線のかなたへ放射される庭園路にのって、文明の映像は全国へ放射されるのだ。国家というイデーは、さらにアカデミーによる国語の統一という言語政策をもって、普遍性を獲得した。集権化がすすむ宮殿内では、国王の庇護が、限られた空間の中で必死に求められたことから、言葉遣いと身のこなしの洗練、感情の抑制が極度に重要視された。そして、当初は人目のゆえに行われたこの情念の抑制は、やがて内面化されてゆく。この過程がエリアスの「文明化の過程」にほかならない。これが宮廷文化といいいいいいいいい民衆文化との裂け目を決定的にした。「文化の共時性が失われた」(二宮素子)のだ[28]。

こうして、コミューヌ都市の成立期に一定の歴史的役目をはたした民衆層と、上層富裕層との間にはいった亀裂は決定的になった。貴族への階梯へ詰めかける上層ブルジョア市民、それにたいし、文明化プロセスから排除された民衆の風土的基層文化は賤しめられ、「文化的母胎」[29]であった大衆性は気を抜かれて冬眠を強いられた。市民革命期になると、大衆性の穢れは、エリート市民層の崇める理性の光によって消毒され、啓蒙と救済の対象に陥るしかなかった。

二宮氏によれば、普遍文化と土俗的風土性の文化的な裂け目は、フランス革命期以降に擡頭したブルジョアによる市民的公共性によって調停された、とされるが、なかなか奥の深い課題であろう。文明モデルとなったヴェルサイユ宮については話題が尽きないがすべて割愛する。カール大帝期まで遡るとされる由緒正しい家系のサン゠シモン伯爵の名前だけを記憶に止めて先に進もう。(30) 宮殿という文明化舞台の裏表をつぶさに書き留めた人物である。われわれは、産業革命期の大舞台において、彼の子孫の大活躍に接することになるだろう。

(5) 窒息する都市自治

さてここで宮廷から都市へ視線をうつしたい。舞台は大都市パリ。時計の針を中世の末期までもどそう。中世の残照のなかにあった「十五世紀の後半においては、(都市共同体の)相互扶助の絆が学識も職種も越えてむすばれていた」。そして、その濃密なソシアビリテ(人的結合)の様相は、錯綜した都市の空間構造と一体であった。

「……中世末期のパリの家屋は、独立し完結した存在とはほど遠く、壁や中庭、通路など多くの部分を隣接する家屋と共有していた。隣家の中庭を通らなければ地下室にはいることができない。あるいは隣家を経なくては入り口にたどりつけない家屋の事例もある。……紛争も絶えなかったろうが、複雑で錯綜したこの空間構造が、濃密なソシアビリテを育む条件でもあった。」[31]

このような中世の町のありかたが、宗教戦争の収束にともなう絶対王政の進展とともに変わる時が近づいていた。

「一五九四年三月二二日の未明、ヌーブ門で待つ商人奉行ルイリエらは、アンリ四世の軍隊をパリに招じ入れた。……多数の貴族と兵士を率いたアンリ四世は、商人奉行から市門の鍵を受け取り、サン・トノレ門からパリに迎え入れられた。パリの市門は、アンリ四世と通じる都市エリート層によって、内側からひらいたのである」[32]。それまで宗教戦争のなかでとかく国王と対立していた都市社団は、これを機に雪崩をうったように王権のまえに跪いていった。前年すでにカトリックに改宗していた王は、四年後にナント勅令を布告して、新旧教徒の和解を計った。

市民自治組織を牛耳る商人奉行とは、江戸時代の町名主の代表を務める町年寄のような地位にあった。特権的なエリート上層市民が選出するパリ市長といってよい。ブルボン朝がいよいよ中央集権的な幕を開けようとするこの時期、すでに庶民とエリート町民のあいだの亀裂がひろがり、中世的な市民自治は霞んでゆく。それでもまだ管理権が市民の手にあった都市の城門と城壁が、中世の残照のように横たわっていた。

市民自治が次第にやせ細っていくこの時期、城壁のなかで何がおこっていたのか。高沢紀恵氏の論考に教えられながらたどってみたい。

「一五九八年、それまで都市当局が自らの手で災いを祓い、季節を刻んできた聖ヨハネの火祭りは、アンリ四世の治世に、王の名代であるパリ総督が行列の中心をあゆみ篝火に点火する慣行が生まれた事で、その性格をかえた」のであった。

都市はもはや自治的な共同体ではなく、絶対王政の統治する社団の一つにすぎない[33]。

中世末期まで、商人奉行、助役の選挙、市参事会の役員などは、全街区から推薦された選挙人によっておこなわれ、都市の民主的自治は概ね機能していた。しかしブルボン朝の絶対王政がすすむにつれ、王は選挙結果へあからさまに干渉した。かくして商人奉行（市長）を始め、助役、参事会委員、街区長など都市自治の要職は、王の意向にそう上層ブルジョアや法服貴族が占めるようになる。そして一六三三年、都市のポーレット法とも言われる王令により、王政に組み敷かれた都市の役職は、売官制度に呑み込まれてしまった。王権に服従した都市エリートは王家から特権と権力の保証を受けとった。かくして萎れ始めた都市自治の華は、絶対王政システムの末端組織に転落する。パリ以外の都市の状況は不明だが、ルイ十四世治下の一六八〇年ごろ、コルベールの指揮下で国王直轄の地方長官制という中央集権システムの矢が放たれ、中世的な都市自治の命運は尽きたであろう。

注目すべきは、このような集権化と裏腹に進行したさまざまな文化の浄化運動である。庶民の冒瀆的無秩序は異端の魔法使いの仕業、と主張するカトリック系の秘密結社は、「職人組合の秘密の儀式や日曜日の飲酒、遊蕩、喧嘩三昧、といった……悪魔の所業」に立ち向かいながら、祝祭日を冒瀆する労働、賭博場、煙草、教会内の不敬、などあらゆる冒聖行為の改革に立ちあがった。

こうして職人などの習俗の教化あるいは文明化が進むにつれ、かつて「共通の守護聖人を仰ぐ信仰共同体、祝祭共同体」であった都市は亀裂を広げつつ、都市の共同意識を失っていった(34)。

貧富をこえた中世的な市民自治制度は確かに解体された。しかし、制度が解体されても、肉体化し、神話化した都市的団体性という生活感情や規範意識は急にかわるものではないだろう。アリの巣穴のように迷路化した高密中世都市の襞《ひだ》に生きた庶民たちの近隣感覚はいまだに大都市パリの裏町には生きている。住区内のパッサージュ商店街、居酒屋風ビストロ、パン屋、花屋、広場のマルシェ、教会の鐘、アパルトマンの生活規則などなど……。

そして、団体的合理性と統治への意志は、中上流ブルジョアの世界にとりこまれ、市民革命とともにその普遍性を全うする。だが、庶民の生きるローカルな風土的世界はどうなるのか。問題提起しておこう。

5　エリーティスムという普遍主義

(1)　旧制度の幕を引いたエリートたち

中世末期に始まったエリート主義という長い政治的伝統を辿ってきた文明化プロセスは、いまや市民革命の前夜にたどりついた。

医師としてルイ十五世につかえ、のちに財務総監をつとめたケネー(35)もまた、篤農小地主の子弟として身をおこした法服貴族であった。国内関税をなくすなど重農主義の自由主義的な経済学者として彼が考え出した経済表は、現代のレオンチェフ産業連関分析に引き継がれた発想であり、アダム・スミスもまた彼に高い敬意を払っていた。

ケネーの有能な後継として財務総監となったテュルゴー[36]もまた、パリの商人頭としてパリ市長をつとめた裕福な第三身分出身の法服貴族であり、ケネーとともに百科全書派の啓蒙思想家として知られた自由主義的な経済学者であった。王政改革に挺身したが「許し難い悪平等のシステム」としてテュルゴーを告発したパリの高等法院の反対により改革はならず、一七七六年五月に罷免された。

その後任として財務長官をつとめたネッケル[37]はスイスで生まれ、パリで銀行家として成功したブルジョアである。第三身分出身のゆえに、一般庶民にはなかなか人気があったから、ネッケルの罷免がパリ民衆の国王への不満を爆発させ、一七八九年七月十四日のバスティーユ牢獄襲撃の引き金となり、王制の命取りになった。

ケネー、テュルゴー、ネッケル、旧制度の幕引きを飾る啓蒙的な実務宰相三代の系譜は、ルイ十四世時代のテクノエリート起用に端を発するといえる。しかも、破綻した財政の舵取りを負わされた銀行家のネッケルをのぞけば法服貴族の出身である。巨大化した王国の歯車は、もはやブルジョア出身の敏腕な実務家なしに運転不能であった。行政、経済、大企業など国家権力の中枢に、エリート・テクノクラートを配する体制は、革命期につづく十九世紀という動乱を乗り越える統治文化を織り上げていった。

この中央集権型エリートによる国家運営という発想は、現代まで尾をひいている。[38] その系譜を辿るまえに、啓蒙期にあらわれた市民公共圏の景色を覗いてみたい。それは、啓蒙という錦の旗を掲げて革命へいたる温床をととのえ、その一方で、時の政権とは間をとりながら、これを監視し、批判する啓蒙的理性の市民圏でもあった。

（2）市民公共圏の誕生——文芸公共圏から政治公共圏へ

まずは革命の前夜、貴族・ブルジョア層のなかにうまれたあたらしい傾向を見よう。ルイ十五世の治世期、田園のなかに咲くヴェルサイユ王宮をはなれ、パリ市中の貴族やブルジョアの私邸で、女性主人をとりまく文芸と芸術を自由に論じる社交的なサロンがうまれていった。サロンは国王ルイ十五世の寵姫ポンパドゥール夫人をはじめ、ロラン夫人、ジョフラン夫人などの名前とともにある。都市を舞台とするそのような社交の場は、国家の中枢たる宮廷文化とは独立した市民的な結合の場であって、「市民的公論」という自由な言論の花がそこに開いた。

サロンはときに、時計職人や小売商の息子も顔を出すこともあったとされ、さまざまな身分や、職業など既存体制の枠をこえて、自由な批判精神と新たな人的結合を編集する装置となる。ポンパドゥール夫人は密かに百科全書派を応援し、その著作を愛読していた。

機知に富んだ批判的言論がとびかうこの自由な社交的スタイルは、旧い価値基準の棚卸しに手を染め、アカデミーの美的座標を解体し、さらに旧教の世界観を解きほぐしてゆく。こうして百科全書派が持ち込んだ啓蒙思想という理性の光を発する市民的公論は次第に政治的な傾向をおびていった。[39] ここに開いた市民的公共圏の奔流は、絶対王政後期の社会経済状況が開いた都市文化から流れ出たのだが、さらにその源流を訪ねれば、下層を切り離しながら上昇気流にのった中世市民都市の精神へ辿りつくのではないだろうか。

サロンを皮切りにはじまった市民的公共圏は、啓蒙思想という新た文明のトーチを掲げて革命の季節へむけて行進しはじめた。やがて、その普遍的精神は新時代の都市文化を代表するカフェ、読書クラブ、そしてそこへ情報を提供するメディアへと広がってゆくであろう。

・カフェとはなにか?

ホイジンガが「真面目すぎる世紀」と批判した十九世紀において、カフェ文化はなかなか洒落た発明だった。そこには、自由で贅沢な無為の時間が流れていた。しかし、このあたらしいアソビの都市装置は、その穏やかな賑わいの蔭に別の顔をもっている。「カフェのカウンターは民衆の議事堂である」(バルザック H. de Balzac, 1799-1850) といわれるように、それは都市の中核にあって、一朝事あれば棘のある言論の場として政治の温床になりうる市民的公共圏の一隅を担っていた。[40]

・読書クラブとメディアの誕生

大革命以前に、かなり高額の保証金をとる貸本形式として現れた読書クラブは、次第に安価で居心地の良い読書クラブへと広がったが、読書人といえば、職業がら、支配階層と直接に接触し、そのイデオロギー的影響を受けたブルジョアが多かった。やはり啓蒙的サロン文化の延長であろう。[41]

同じくこの時期に発生したさまざまなメディアは、政治記事にかぎらず、ゴシップやファッションの動向をちりばめながら、世紀末から二十世紀初頭にようやく開花した大衆文化への導火線と言えるかもしれない。

・理性の専制または啓蒙というムチ

ところでこのような、上中流ブルジョアの市民的公共圏のカヤのそとにいた民衆はどうなったか。習俗の全面的刷新によって「新しい人間」を作りだそうとする市民革命は、全生活を政治化する「テルール」あるいは「徳と恐怖」の海のなかにあった。つまりエリーティスム特有のアメとムチは、「中世の秋」いらい、長い間、ブルジョア層から突き放されていた民衆を、なんとか革命体制へ引き寄せようとした。しかし、経済格差というより啓蒙的な良識や感性、あるいは、規範意識という上流社会の文化的慣習と、そこから発した賤視感に由来する両者の溝は容易に埋まるはずもない。中世末期以来、延々とつづいてきた国家と民衆との緊張関係は、むしろ革命期からナポレオン帝政期にようやく本格化してきたとさえいえる。(42)

市民的公共圏という政治的底流を背景として断行された血腥い革命劇のはてに、行政、経済、大企業など国家権力の中枢はどう変わったか。

中世末期いらいのエリート・テクノクラートを起用する中央集権体制は終わったか？　否！　それは革命期をまたいで引き継がれ、実に現代まで尾をひいている。王政復古期から第二帝政期の権力の内幕を知り尽くした政治思想家トクヴィル（A.-C.-H. Clérel de Tocqueville, 1805-59）によれば、行政的中央集権とエリート主義こそは、フランス革命をこえて生き残った唯一の文明遺産であった。[43]

このようにして、革命後も生き延びたエリーティスムは、家柄よりも個人の才能、国家への貢献などのブルジョア原理に支えられていた。[44] 科学的普遍主義という神殿がかれらの新たな信仰の拠り所になるだろう。

次に新しいエリーティスムの人物系譜にたち入ってみたい。そこに人々は、西欧世界の中原にあって、強国に囲まれたこの国が、産業革命期に築いた都市文明の正体を見るであろう。

(3) 綱渡りする普遍主義の守護神――進歩という新宗教

綱渡りするように革命期を乗り越えたエリート層といえば、話はつきないが、新旧のつなぎ目を蝶つがいのようにつないだ二人にフットライトを当てよう。文明の奔流が洗い出した奇矯な人生がそこにある。

すでに見たように、国王の側近として政治の中枢を握った旧制度下の法服貴族たちは、ビジネスに長けたブルジョア家系出身ならではの戦略感覚を発揮し、産業、経済、財政のテクノクラートとして活躍した。

注目すべきは、旧制度末期いらい、革命後の経済社会そして軍政を牛耳ったエリート技術官僚を養成する教育機関の発足である。民主的な国民国家の基礎を築く黎明期において、新旧時代の連続性を演出したのはまさしくこの普遍主義的な教育機構であった。われわれは再び旧制度末期へ遡り、そこから歴史の奔流を下ることになる。

エリート技術者重視といえば、重商主義の立場で国土開発を進めたコルベールの肝いりで発足した土木監査官僚団（corps des commisaires des ponts et chausses）に始まるだろう。

国立土木学校（現在のENPC Paris–Tech）はルイ十五世期の一七四七年開校（初代校長ペロネJean-Rodolphe Perronet）、さらに、高等鉱山専門学校（一七八三年、現在のMines Paris-Tech）など、現代においてなお、学会、産業界、官界を牛耳る技術系トップエリート養成校が開校されていた。このような、民生技術学校とは別に、ルイ十五世の治世一七四八年に、軍の技術士官を養成するメジエール王立工兵学校（École Royale du Génie à Mézières）が発足する。このエリート校は革命期にいちど閉校したのち、パリへ移って改組され、エコール・ポリテクニークとして再発足した。前二校とともに革命後もひきつづきフランスの技術、産業界のエリーティスムをになって現代へいたっている。こうして、革命後の共和国を守護する新エリート養成機関が発足した。その事情に目を向けてみたい。

没落と祥雲の乱気流に揺らいだ革命期、新エリート主義の誕生を促しながら、自らは数奇な運命をたどった二人の技術系学者・思想家にフットライトを当ててみよう。

そのひとりの名は、メジエール校の教授をつとめていたガスパール・モンジュ[45]。今日、理工系の学生なら誰でも一度は洗礼をうける製図学の基礎となる画法幾何学の完成者だ。革命推進の急先鋒としてジャコバン派を支持、ナポレオンにも重用される。メジエール校の廃止後、その教育内容を刷新する形でモンジュはパリのエコール・ポリテクニーク[46]の設立にかかわった。というより中心人物といってよい。この理工系最高学府はメジエール技術士官学校の学統を継いで、いまでも国防省の管轄下にある。

この理工系エリート養成校の設立には、モンジュのほか、フーリエ解析で知れたジョゼフ・フーリエ男爵（Jean Baptiste Joseph Fourier, 1768-1830）、流体力学のC・ナヴィエ（Claude-Louis Navier, 1785-1836）など、時代の尖端を磨く科学者が顔を揃えていた。解析学のコーシー（Augustin Louis Cauchy, 1789-1857）は、ポンゼショッセ卒業後、軍港工事にたずさわり、のちに数学者として名を成した。ポリテクニーク教育は、高度の数理、物理学と並んで、文学、歴史なども含まれていた[47]。そのカリキュラムは、技術的実務の基礎であるまえに、新国家を導く百科全書派的な啓蒙主義教養のもっとも先鋭な表現と言って良い。

モンジュはその後、上院議長まで登りつめて叙爵（Comte de Pélus）されるが、ナポレオンの退場のあとを追うように失脚、すべての名誉をうしなう。いまでもパリ五区にその名をとどめるモンジュ通りは、モベール広場を抜けた向こうでラグランジュ（ポリテクニーク初代校長）通りになる。ポリテクニーク旧校舎のすぐ裏手だ。フランスの市民革命期から王政復古期は、技術思想が幾何学主義から解析力学へ転換する大変革期でもあった。

さて、メジエールの王立工兵学校でモンジュの数学講義に列席した学生に、サン＝シモン[48]という由緒ただしい伯爵家の御曹司がいた。貴族社会の常として家庭教師から教育をうけ、幼くして数学者ダランベール、ルソーなど啓蒙派の思想に親しみ、流体力学を学んだという。

革命が一段落してみれば、そこには荒れ果てた祖国があった。人心の荒廃、経済の疲弊、共同体の瓦解……この惨状を救わねばならぬ。国の統治をになう気高い貴族の血を継ぐサン＝シモン青年はたちあがった。

このような危機に立つ人間はまず超越者を仰ぐ宗教に救いを求めるであろう。だが旧教の威光が衰えたこの時期、仰ぐべき思想はどこにあるか。全宇宙を統べるニュートンの万有引力の世界に傾倒していた彼の脳髄に芽生えたのは、青年期に洗脳された科学という新宗教への帰依である。信を失った伝統的な宗教にかわる絶対者がそこに坐した。

世俗的で人道的な新時代においては、人民を幸福にするはずの科学者・技術者が国家の司祭になるしかない。そう信じたサン＝シモンは一七九八年、設立まもないエコール・ポリテクニーク門前のアパルトマンに居を構え、同校の数理・物理系の教授たちの講義を聴講、猛勉強の日々をおくった。四十の中ほどを過ぎた彼にとって教授たちは新宗教の司祭に見えたであろう。ここで恩師モンジュと再会したと思われる。

革命はそもそも富の偏在から生じた混乱である。これを是正するには国民の富を増大せねばならない。悩める若き思想家の胸には、独立して間もないアメリカの溌剌とした姿があった。産業革命の跫音に耳を傾けていた彼の胸には、商業という交易が生む虚構の富ではなく、産業による富の増大が輝いていた。若い旧貴族の胸は、啓蒙主義に立ちながらも、その理性的均衡を打ち破り、その先に羽ばたくダイナミックな技術と産業へ開いてゆく。「テクノクラートの予言者」であり、進歩主義の開祖ともいえるサン＝シモンにとって、技術だけでなく、社会と経済の計画的制御もまた科学という普遍的な新宗教の命に従うべきであった。

エコール・ポリテクニークをはじめ、その卒業生が進学するポンゼショッセ国立土木学校、エコール・デ・ミーヌ高等鉱山学校などの専門実務技術を学んだ新エリートたちは、そうじてサン＝シモン思想の洗礼をうけたひとびとであった。こうして、テクノエリートによる産業革命期の国家運営体制の思想基盤が敷かれて行く。

良し悪しはともかく、旧世界と新世界の二世を一身にして生きた人間類型として、そしてまた、革命後の落魄の人生に耐えながら、社会の安寧と統治をきづかうエリート精神を持ちつづけた人物として、奇矯な没落貴族サン＝シモンは記憶されて良い。

さて、新しい神の概念と産業はどう結びつくのか。ベネディクトゥスの戒律にしたがう修道院の精神「労働は祈りにつながる」を思い出そう。祈りと労働の場であった中世の修道院が、大規模な開墾を推し進め、医薬や農産加工品の発明で富をもたらしたことをおもえば、サン＝シモンが晩年（一八二五年）に唱えた産業を基盤とする新キリスト教が、人類の兄弟愛、弱者の生活基盤の向上という倫理性を帯びても不思議はないだろう。最後の貴族にして、最初の社会主義者とも称されるサン＝シモンの投げた思想的砲声は、遠く現代までとどいている。「自由、平等、友愛」そして技術的進歩主義という普遍概念の弾丸とともに……。革命の理念は輝かしい。だが、理想を実現する方法をどこに求めるか。それが問題であった。サン＝シモンは、カトリック、、、、の普遍性、、、をサイエンス、、、、の普遍性に読み替えて、難問に立ち向かった。

（4）産業ユートピア――サン＝シモン主義の射程

フランス革命は旧体制の批判にはなったが新しい社会発展の原動力にはならない――。そう考えるサン＝シモンは、「産業者」という人間類型をみいだした。新社会を建設するためには、社会にとって有益な産業の振興が不可欠であり、ゆえに産業者が統治する社会をつくるべきだ。「産業者」という社会階級は農業者、製造業者、資本家の全てである。そこに、資本家と労働者という対立概念はなく、資本主義と社会主義の双方の概念をふくむ、とされる(49)。

市民革命後に本格化した産業革命の中で、急速にのし上がってきた新興テクノクラート型の新ブルジョアや官僚エリート層が、十九世紀後半の天下をにぎり、あたらしい国家貴族層を成したのは時代の趨勢であった。このサン＝シモニアン人脈のなかで、鉄道、運河などのインフラ整備、投資銀行の創設など資本主義の基盤を築いた立役者が顔をそろえている。

こうして燃えあがったサン＝シモン思想の放射熱は、おおくの後継者を輩出し(50)、やがて第二帝政期、オースマンという有能な行政官の采配により、この時代を総括する都市の華を咲かせることになる（第3章第4節参照）。この時代、サン＝シモニストの星雲の志は、パリを中心に放射する鉄の道となって、山野をかけぬけ、近東へいたる。このヴェルサイユ庭園の十九世紀版は、またパリへ踵をかえした世紀末、シャン・ド・マルスの水辺に、亭々と聳え立つ鉄の巨木を植えるだろう。エッフェル塔のことだ。二十世紀はじめ、その鉄の気概はさらに地下鉄網となって、ベル・エポックの華やぐパリの根茎になるだろう。(51)

ところで、窮乏と失意のうちに世を去ったサン＝シモン亡き後、アンファンタンらに指導されたサン＝シモン教団の信者たちは、一時、パリの下町で共同生活を営む。このいささか中世的な共同体もサン＝シモンの理想主義の一面であった。この共同体は、カルト的な急進性のゆえに治安上の不安を持つ王政復古期の政府に告訴され、解散を余儀無くされた。だが、産業革命という大波のなかで、このような神秘性を潜り抜けたシュヴァリエなどの技術者は、やがて鉄道建設を中核とするフランス産業革命期の立役者になる運命であった。また、第二帝政期に国家諮問官をつとめたル・プレー（一八〇六―八二）のように、サン＝シモニアンの流れを汲みながら、革命前の市民共同体につよい関心をしめし、中央集権制に疑問を呈する人物も出た。産業は所詮、手段にすぎない。サン＝シモンは、そこにおさまらぬ人物であった。

エリーティスムの系譜は、ここで切り上げるが、ポリテクニシャンをはじめグランゼコールの卒業生を中核とするフランスのエリート制は、今なお盛んである。フランス革命期をさかいに、産業革命期の国家理念を体現したテクノエリート集団の後裔と考えられるかれらは、旧制度下の法服貴族から受け取ったバトンに啓蒙主義の文字を刻んだ新「国家貴族」といえる。(52) 市民革命をまたぐエリーティスムの連続を見抜いた十九世紀中葉の政治思想家トクヴィルの洞察は正しかった。旧制度から新制度へ、この文明の奔流を走りぬけたサン＝シモン主義のバトンは遠く現代へ届いているであろう。

さて、この章を顧みておもうに、エリート主義はひたすら普遍主義の坂を登る西欧文明の業のようにみえる。普遍という文明の気高い志は、カトリック内部の異端を排除し、自らを純化する歴史プロセスで自覚された正統文明の精神であった。近代にはいると、くまなく世界を照らすその強い光源は啓蒙思想に変調し、やがて新しい宇宙観に支えられたサイエンスという筋金いりの普遍思想に脱皮した。十九世紀にはいると、この啓蒙的な正統思想は技術化され、産業革命の旗手として鉄と蒸気をもって驀進するが、ロマン主義という「風土性異端」（本章注（14）参照）の血筋をひく芸術運動から激しい抵抗をうけた。この社会思想劇の行方は第3章以下で瞥見することになるが、そのまえに、次章のページをめくる我々は、マジメな普遍志向のエリート主義とは裏腹の、いたって民衆的な風土性文明の流儀に接し、いささか息抜きすることにしよう。それは普遍と風土の間をたゆたう、日出ずる国の春風駘蕩の文明である。階級を超えたこの風土性文明の香りは、西欧近代の「異端」を演じた芸術家の心を激しく揺することになるだろう。

注および風土資料

（1）Cornelius Tacitus（A. D. 55-120?）ローマの属州、南仏・地中海のほとりのナルボネシス州領の有徳の家系にうまれ、執政官（consul）をつとめた。「新興の、若い剛健な北欧の自然民族の力と、未来と、抑えがたい政治的自由への意気」をしめす新興のゲルマニア種族、他方「開化し爛熟し、富裕化し放恣し、ゆえに貪欲化し陰謀化し、悖徳《はいとく》化して、自壊作用をおこしつつあったローマ」。泉井久之助『ゲルマーニア』（岩波文庫、一九七九年）は、この「悲痛な対照」（一二三五頁）を見据える憂国の書である。

（2）増田四郎『ヨーロッパとは何か』岩波新書、一九六七年、一三六頁。

（3）西欧中世の政治・社会・経済基盤。

1　キリスト教という文明原理

「労働は祈りに通じる」というベネディクトゥス（Benedictus de Nursia, 480?-547?）の言葉は、官僚的制度国家と奴隷の労働を蔑む古代世界に決別し、自給自足的な経済単位で生きる「精神的人間」（ホモ・スピリチュアーレス）という文明原理の宣言である。信仰の絆と自足的な集団生活を尊ぶ修道院は、新世界を指導する精神と生産の拠点地であった。集団合理性を重んずる中世都市の原型の一つであろう。

修道院から発する中世的な光の発信者たちは、祈りとしての労働から生まれた農業生産技術、食品加工、印刷術、建設術などを身につけた。やがて原野開墾による地主化、市場経営、そして金融業などにも進出して蓄財し、経済の中枢をにぎると、武装した聖界領主として中世封建制度に組み込まれ、粛清と腐敗を繰り返した。

修道院とはべつに、西方公教会が管轄する司教区制度の末端組織として、教区制度が住民の日常生活の世話役をつとめた。現在の基礎自治体（コミューヌ）は、十二世紀ごろに成立した小教区の地理的輪郭を引き継いでいる、とされる。

2　封建諸侯の決断——知略と忠誠の自治

堅固な城塞を中心とした上級領主の政治基盤は土地所有ではなく、一円領域支配とバン（罰令）封建制である。君臣関係は、契約制（兵役期間、出兵義務の地理的限定）であり、複数君主制であった。忠臣は二君に見《まみ》えず、ではない。これを西欧個人主義の原点の一つとする見方もある。

3　集村化と農業革命

焼畑を中心とする粗放な古典荘園から三圃制集村へ移行。聖俗両界の在地領主の指導のもとに産声をあげた三圃制農村において、家畜の繋駕法、重量鉄鋤、水車などの技術革新にともない、農業生産性は飛躍した。折からの貨幣経済の発展を背景として、領主階層の人格的支配を拒み、これに対抗する集団的な農民という社会意識がそだってゆく。三圃制農園は集団耕作というゲルマン的伝統と、修道院領主などの指導というキリスト教文化の融合とされる。ゲルマンとラテン両文化が融合するパリ周辺のノイストリアにおいて、中世的な経済・文化システムがもっとも発達した。そこは初期ゴシック大聖堂の分布にかさなる中世文化の花園でもあった。

参考文献（ヨーロッパ中世都市成立史全般の参考図書）

1 H・プラーニッツ、鯖田豊之訳『中世都市成立論』（一九四〇）未來社、一九五九年。
2 増田四郎『ヨーロッパとは何か』岩波新書、一九六七年。
3 堀米庸三編著『西欧精神の探究』日本放送出版協会、一九七六年。
4 井上泰男『西欧社会の市民の起源』近藤出版社、一九七六年。
5 鯖田豊之『ヨーロッパ封建都市』講談社学術文庫、一九九四年。
6 増田四郎『西欧市民意識の形成』講談社学術文庫、一九九五年。
7 J・R・ピット、手塚・高橋訳『フランス文化と風景』東洋書林、一九九八年。通史的に、フランス文化を風景史的につづった好著。
8 堀越孝一『中世ヨーロッパの歴史』講談社学術文庫、二〇〇六年。
9 T・シャルマソン、福本直之訳『フランス中世史年表』白水社、二〇〇七年。

（4）サラセン人（トゥール・ポワティエ間の戦い、七三二）、ノルマン・ヴァイキング大侵攻（八四一、八四五・パリ占拠、八四八・ボルドー来襲、八五三、八五七―八五八、八八五、八八七・パリ包囲）、マジャール人（九三〇―九五〇年代、フランス・イタリア・スペインへ侵攻）など。

（5）神の平和（paix de dieu）十世紀末に始まり、一〇二七年エルヌ宗教会議で戦闘行為が禁止された（神の休戦）。その制裁と和解形式はつぎのようであった。①公開裁判と示談による和解、②精神的制裁または永久与福、免罪、破門、埋葬権剝奪、臨終等秘蹟拒否、③軍事制裁。（参考文献　柴田三千雄『フ

ランス史10講』岩波新書、二〇〇六年、三三頁)

(6)白頭巾講(confrérie des capuchonnés) 清貧で結束のかたいこの平和講は、一部の貴族や司教、修道院長までも巻き込みながらやがてその矛先は領主階級へ向けられ、特権階級を脅かした。都市コミューヌ発生の精神的地盤を知る上に欠かせぬ史実であろう。ところで、全国を荒らし回った封建領主たちの横暴には、多くの傭兵が含まれていた。失職中の傭兵は野武士、野盗になるしかない。傭兵か野武士か、これもまた、領主網の再編成期の不幸であった。(A・リュシェール、木村尚三郎監訳、福本直之訳『フランス中世の社会』東京書籍、一九九〇年、二四頁)

(7)フィリップ二世(Philippe II, 1165-1223) フランス・カペー朝第七代の王(在位一一八〇―一二二三)。まだ国民国家の概念のない時代、パリ周辺に過ぎなかった王領をひろげ、臣従する諸侯領をふくめて、フランス領土の基礎を築き、西欧の強国とした名君。

(8)リュシェール、前掲書、三一九頁。「……至るところ、領主は粗野で物盗り同然の乱暴者である。彼らは戦争をするか、騎馬試合に出るか、平和時は狩猟に費やし、贅沢三昧にふけり、農民から搾りとり、隣人から身代金を挑発し、教会の土地を荒らし回る……」

(9)井上、前掲書、一七六頁。

(10)井上、前掲書、一八〇―一八三頁。フェルメースの説を紹介。

1 弱者保護(一方的な身柄拘束の禁止、恣意的課税阻止、つまり慣習法による人格と財産の保護)

2 暴力に対する抵抗、都市民相互の犯罪防止、相続の係争防止

3 都市全域をインミュニテ(特免)とする(平和のオアシス)

4 住人、旅行者すべてに対し都市内部での武装禁止

5 「法によって秩序と正義を実現する」

(11)井上、前掲書、一五九頁。

(12)特許状にもとづく都市法、自治権の内容(井上、前掲書などを参考)。

1　人格的自由
2　政治的自由　裁判権、警察権、市場開催権・役人選任権（市長と市議会議員）
3　人民軍（市長を指揮官）、城壁建設権、宣誓の拒否は破門、追放。軍役義務の拋棄は家屋破脚（サン・カンタン）
4　経済政策（度量衡制定権、市場等移設権、食糧安全保障など）

特許の内容は都市によってかなり異なるが、貨幣鋳造権、上級裁判権（流血裁判）、関税徴収権などは上級領主に留まることが多かった。

(13)　プラーニッツ、前掲書、四二、七七頁。

(14)　異端とは何か　市民都市を生むコミューン運動が盛んな十二世紀の中頃、イエスと弟子たちの清貧な使徒的生活（一所不住、私有財産の否定など）を実践しようとする人々の「贖罪兄弟団」と称する激しい「異端」の運動があった。山野に伏して厳しい修行に励む隠修士、半俗修道士などのほか、貧しく身分の低い民衆を巻き込んだこの運動は、俗人にゆるされない説教活動までおこなったため教会から睨まれていた。ローマ公教会の公式見解から逸脱していたとはいえ、過激で原理主義的なこの宗教社会運動は、グレゴリウス改革の精神にそう真摯なものであったから、公教会もその扱いに苦慮したが、ついに異端禁圧令を発する（一一八四年）。

その一方で、小鳥に説教したとされるアッシジの聖フランチェスコの名とともに記憶される托鉢修道会が、穏健な都市型説教集団として教皇に認可され、過激派の防塁の役をはたした。ともかく南仏を中心に吹き荒れたこの社会宗教運動体は、聖王ルイの時代、アルビジョア十字軍によって制圧された（ピレネーのセギュール、一二四四年）が、これ以降、実に十九世紀前半まで、西欧全体で異端審問裁判が絶えなかった。托鉢修道会はこの異端告発の一端をになったとされる。

ローマ公教会が、カトリック（原義は普遍を意味するギリシャ語 *katholikos,* universel）における「正統」の系譜を自覚してゆく契機となったこれらの異端運動は、コミューヌという政治運動とならぶ第二の市民的文化運動といえるかもしれない。異端成敗とならんで進んだ王権拡大と相まって、十二世紀こそは西欧文明の普遍性が内発される一大転機であった。

参考文献

1　堀米、前掲書、一三一頁。

2　阿部謹也『中世の窓から』朝日新聞社、一九八一年、五〇頁。

(15) リュシェール、前掲書、第十三章、五一四頁。

(16) ジャック・クール（Jacques Cœur, 1395-1456）　なみはずれた商才と世渡り術により、下級聖職を足がかりとして滑り込んだ闇閥の触手を伸ばし、王立貨幣鋳造所の入札に成功したクールはついに貴族の身分を手にする。シャルル七世の会計方にしてかつ宮廷御用商人。国王へ無償の資金援助、特権と権勢、政争、投獄、脱獄（シャルル七世の愛妾アニェス・ソレルの殺人罪や公金横領罪）、十字軍総司令官、戦死……。いささか伝説的な波乱万丈の生涯であるが、まったくの御伽話ではない。現代にひきかえていえばニューヨークのような先端文明の地、ダマスカスまでなんども往復したとされる。ブールジュの窮巷にとぐろを巻くこの大商人の居館はいまも観光客が絶えない。

(17) 売官制度（ポーレット法）　アンリ四世の治下の一六〇四年、売官の慣習はポーレット法により制度化された。ブルジョア上がりの貴族は、売官によって得た司法もしくは行政職におうじたユニフォーム（法服）を纏っていたから法服貴族（noblesse de robes）と呼ばれ、法務をはじめ、司法、行政、軍務に及んだ。これに対し、フランク帝国期の地方武官がそのまま世襲的に在地貴族化したいわゆる「闘う人」の末孫は、血統原理にもとづく帯剣貴族（noblesse de l'épée）とよばれる。売官制によって得た官職は毎年、一定の官職年税をはらえば売買、譲渡が可能な家産であり、年季と功績により、貴族の地位へ昇格され、ポーレット税と引き換えに世襲された。領地の買収により、叙爵される。大革命期にはほとんどの法服貴族は相続されていた。

最高司法機関とされ、ルイ十四世期に、一三ヶ所の高等法院（パルルマン）に属する一一〇〇人の司法官は、勅令の審査・登記権や国王の権限など立法的行政権をもつ最大の権力集団であり、貴族によるフロンドの乱（一六四八―五三年）のようにしばしば王権と対立し、貴族の革命とされる大革命初期、ことごとく王権に衝突する最大の抵抗勢力になる。

(18) 柴田、前掲書、八八頁。

(19) 阿部、前掲書、一五三―一五四頁。

(20) J・ホイジンガ、高橋英夫訳『ホモ・ルーデンス』中公文庫、一九七三年、三六七頁。

遊びにあふれていた中世生活について、陽気な民衆の遊びや騎士道についてこう述べる。「それらがギリシャ・ローマの思想につながらず、むしろ直接にケルト・ゲルマン的過去、あるいはもっと遡った土着的過去の上に築かれた場合」にも、「遊びの因子の創造的活動を受け入れる余地」が残されていた。しかし、ルネサンス的精神圏に入ると、自らを「卑俗な大衆から引き離そうとする選良が、人生を芸術的完璧という遊びのなかに捉えた」（三六八頁）とする。かくして、下層民衆の遊びの価値は、文明化という錦の御旗のまえに歴史の深海へ沈んでゆく。

(21) 二宮素子『宮廷文化と民衆文化』山川出版社、一九九九年、〇〇二頁。

(22) 阿部、前掲書、二八四頁。

(23) 潜伏する基層文化　たとえば次のような基層文化である。それらは中世においてすでにゲルマン的な「祭祀的意味を失って純粋な悪戯と道化になった」が、なお異教的要素を持つとされる（ホイジンガ、前掲書、三六七頁）。

①**聖史劇**　「聖史劇には教訓的・道徳的な教えが込められているにしても、倒錯的な嗜虐、貪欲と恬淡、宗教的神秘と世俗的現実が共存し、ときに人々は官能に酔いしれ、死に魅了されていた」とされる。この大衆的な荒唐無稽ぶりが正統キリスト教による抑圧の根底にある。

一五四一年にはパリ高等法院検事が聖史劇を告発したうえ、「信仰について公に語ることは、もはや学者や知識人などこの問題に精通している人間の問題」であるとし、「アルファベットも読めない無知蒙昧な民衆」を追放した。聖史劇の終焉は時間の問題であった（フランス中世演劇研究者・片山幹生氏のブログによる）。

②絵画　中世的世界において、貧富、貴賤の差をこえて蔓延していた荒削りの感情の起伏や、常軌を逸した民衆の狂信や残酷ぶりは、この時代の絵画にも表れている。たとえば、コルマールのイゼンハイムの祭壇画におけるグリューネヴァルト（一四七〇―一五二八頃）のキリスト磔刑の図。風土病におかされ腐敗してゆくイエスの肉体。さらに同祭壇画右翼の「聖アントニオの誘惑」など、現代美術に譬えれば表現主義的なその凄惨なリアリズムはただごとではない。グリューネヴァルトやヒエロニムス・ボス（Hieronymus Bosch, 1450?-1516）などにおける執拗に写実的な細部描写は、型にはまった中世的古拙を抜けた新風を吹かせながらも、その怪異な倒錯や嗜虐の裏側には、ゲルマニアの森の精霊や人間の獣性が乗り移っているようだ。K・クラークによれば、神秘主義的書物にしたしむ彼らの描く自然の姿は「人間精神の凶悪な表現」であり、その「ぞっとするような静寂」は、「本質的に北方的、反古典的芸術表現」であって、イタリアのルネサンスには見られぬ風土性が強いのだ。森のなかで生まれやがて家庭化されたクリスマスツリーは「古きゲルマン人につきまとう恐怖のシンボル」だという（『風景画論』岩崎美術社、一九六七年、六〇―六二頁）。このような呪術的世界を描くボスやその影響にあったブリューゲル（Pieter Bruegel de Oude, 1525/1530?-69）の宗教的異端性は、純化した普遍的キリスト教を求めるエリート階級を不安にさせたであろう。

③祭礼など　西欧社会に広く行われていた農耕儀礼と関係の深い謝肉祭（穀物神、家畜、野獣、魔女、悪霊、冥界の住民が仮面で登場）の伝統をひくさまざまな行事、聖ヨハネの火祭りなどの停止や変容が相次いだ（本章第4節（5）参照）。

ニュルンベルクの仮面祭りシェンバルトは厳格な宗教改革者A・オジアンダーの反対にあって変質し、一五三九年が最後になったという。「貨幣を媒介とした人間と人間の関係に、ローマ法に基づく新しい秩序を成文化した形で与えようとしていた市当局は古代の遺物としてのシェンバルトは大変危険な爆薬」と考え、この祭りに一挙にとどめを刺す決断をくだしたのである（阿部、前掲書、一五三頁）。

現代に残る中世的な祭りは、無毒化した観光行事であろう。バイエルン南部のオベールアマルガウで一〇年にいちど上演される村人総出のキリスト受難劇は、一六三四年いらいの末流であるが、中世的世界の残り香といえる。

少し性格を異にするが、通婚圏外からの嫁入りなど、ローカルな風土圏としての街区共同体の慣習に逆らった人物にかけるストーム・シャリバリ（どんちゃんさわぎ）など、民衆的な古俗も次第に姿を消していった。賭博の禁止もそのような文明化の一例である。

タキトゥスの『ゲルマーニア』にもでてくる賭博は、呪術的意味があるとされ、賭け事は祭祀に包含される（阿部、前掲書、二七三頁）、さらにまた、「賽子遊びが祭祀の中に位置を占めているということは、賽子遊びが真の遊びの性格をもっているから」（ホイジンガ、前掲書、一三二―一三四頁）である。

④魔術的裁判

・魔女裁判。英国では一八三六年までつづいた。民衆に深くねざしたこの土俗的な情念の深さに驚くしかない。

・決闘裁判。有名な『狐物語』の最終場面で主人公の悪狐ルナールとその不倶戴天の敵、狼イザングランが、諸侯の見守る国王裁判の結果、決闘によって正邪を決する。『狐物語』は十二世紀ごろに成立したフランス中世文学。宮廷につどう諸侯を様々な鳥獣に仮装し、当時の宮廷をめぐるドタバタをパロディー風にえがく。物語の最終場面、正邪を決する決闘裁判はゲルマン古法から継承された、という。「決闘という習慣は、神をためしていることに他ならないと気づいたキリスト教会により種々の規制が加えられ……十五世紀頃にはこの野蛮な異風もようやく姿を消した」とされる。（参考文献『狐物語』鈴木覚・福本直之・原野昇訳、岩波文庫、二〇〇二年、二六一頁）

(24) 阿部、前掲書、一五四頁。

(25) 阿部、前掲書、一五四頁。

(26) 柴田、前掲書、七六―七九頁。
(27) 二宮、前掲書、五二―五三頁。
(28) エリアスの文明化理論、これについては第5章第4節(2)参照。
(29) 柴田、前掲書、一〇六頁。
(30) サン=シモン伯爵(Louis de Rouvroy, duc de Saint-Simon, 1675-1755) 革命期から王政復古期にかけて殖産興業の基礎理論をかかげ活躍した、C・アンリ・サン=シモン(Claude Henri de Rouvroy)の遠縁の祖先にあたる(本章第4節参照)。
(31) 高沢紀恵『近世パリに生きる――ソシアビリテと秩序』岩波書店、一六―一七頁。
(32) 高沢、前掲書、一二一頁。
(33) 絶対王政初期のパリにおける自治機能(高沢、前掲書、九二頁)。助役四、市参事会二四―二六、街区長一六、小街区長一五四、街区システムの機能(戸籍、不審者など街区民の掌握、徴税機能、代表選出機能、街区から都市社団へ統合する象徴的・宗教的機能としての祝祭)、自衛・自警機能としてパリ総督の管理下に置かれた民兵組織。
(34) 高沢、前掲書、一九四―一九六頁。
(35) フランソワ・ケネー(François Quesnay, 1694-1774) フランスの医師、重農主義の経済学者。一七五八年に、重農主義の考え方の基礎を提供した *Tableau économique*(『経済表』)を出版した。国王の第一顧問内科医として近侍し、王の信頼を得たのち財務総監。ケネーを貴族に叙したとき、国王はケネーの腕に三本のパンジーを飾った。
(36) ジャック・テュルゴー(Anne-Robert-Jacques Turgot, Baron de Laune, 1727-81) 絶対王政下の経済的な危機を救うため、同業組合の廃止、仲間職人の結社、集会の禁止などを提案するテュルゴー勅令(一七七六年)は、旧制度の崩壊に繋がることをおそれた貴族層の反対にあい失脚。
(37) ジャック・ネッケル(Jacques Neckel) プロイセン出身の公法教授の息子としてジュネーブに生まれ、

パリで銀行家として成功した。貴族ではなく、庶民に人気。

(38) 田中文憲「フランスにおけるエリート主義」『奈良大紀要』三五号（二〇〇七年三月）、一三一―三二頁。

(39) 市民的公共圏　ドイツの社会哲学者ユルゲン・ハーバーマス（Jürgen Habermas, 1929-）が提唱した概念。それは「公衆として集合した私人たちが、理性を公的に使用する空間であり、政治的には国家の支配からまぬがれ、国家の活動や基礎にたいする批判的な議論や意見のやりとりの空間として画され、社会学的には、公権力の領域に属する宮廷からも、また批判的議論に接近できない民衆からも区別され、その意味でブルジョア的」とされる。（参考文献　岡村等「フランス革命期における反結社法の役割に関する研究（1）」、『早稲田法学会誌』第68巻1号（二〇一七）、一二三―一七八頁）

(40) R・バルト、宗左近訳『象徴の帝国』新潮社、一九七四年、四三頁。パリ六区のカフェ・プロコープは市民的公共圏の残影である。

(41) 読書クラブ（salon de lecture）　フランス革命期にはじまった読書クラブは右岸のパレ・ロワイヤル界隈に多く立地し、金融業者や大卸売業者、製造業者、土地所有者、富裕な階級が多かった、本来の民衆階層は極めて少ない、とされる。（参考文献　フランソワーズ・パラン、山田登世子訳「パリの読書クラブ」、『都市空間の解剖』アナール論文選4、藤原書店、二〇一一年）

(42) 柴田三千雄『フランス革命』岩波現代文庫、一〇七、一二八頁。柴田氏によればブルジョアと民衆の対立は「十九世紀」に本格化した。されている。エリートに対立する曖昧な民衆概念とは、この時代で言えば「農民をはじめ手工業者、小売商人、家事使用人、種々の雑役夫」など社会的、経済的に下層の雑多な階層を含み、全住民の八、九割を占めていた（二〇五頁）。両者の文化的な隔離性向を保持した街区共同体のなかで台頭した手工業親方も、食事のさい、職人とテーブルを異にするなど、民衆との政治的な提携の一方で、革命進行期においてなお、両者の文化的距離感は解消されていない。

(43) 田中、前掲書、一三一―三二頁。

(44) 柴田、前掲書、二七三頁。

(45) ガスパール・モンジュ (Gaspard Monge, 1746-1818) 十八歳で故郷ボーヌの詳細な都市計画を提案。驚嘆した市当局からメジエール王立工兵学校（前出）へ推薦されるが、貴族でないため正規の入学は不許可となり、製図士として門をくぐる。やがてその偉才ぶりを認められて教授就任。革命で廃止されたメジエール校での教育経験をいかして、エコール・ポリテクニーク構想の中心人物として開校の父とみなされている。（参考文献「王政復古政権は、モンジュを教授職と科学アカデミーから追放したように、彼がエコール・ポリテクニーク生みの親であることを抹消した。」Patrice Bret, « Les biographes de Monge », *Bulletin de la Sabix*, Société des amis de la bibliothèque et de l'histoire de l'École polytecnique, 41/2007. モンジュは「ポリテクニシャンの父」と呼ばれている。Emmanuel Grison, « Gaspard Monge », *Bulletin de la Sabix*, 23/2000, 28-36.)

(46) エコール・ポリテクニーク (École polytechnique) 啓蒙思想とフランス革命精神を継承するべく、厳しい競争原理で選抜された新国家エリートの要請機関。メジエールの陸軍技術士官学校を廃止、改組して、パリにて一七九四年、モンジュ、ラザール・カルノー（一七五三―一八二三）らにより、当初、公共事業中央学校 (École centrale des travaux publics) の名称で設立される。初代校長は数学者ラグランジュ (Joseph-Louis Lagrange, 1736-1813)。

一八〇四年、ボナパルトにより軍管理になり、パリ第五区に移設。いらい現代まで国防省の管理下にあり、軍籍を有する学生は、一年次に準備期間三ヶ月、海外基地をふくむ陸海空軍または治安維持部隊で、士官として軍事訓練五ヶ月が必須。学長は原則として、将官級の軍人。国家行事で学生は軍人礼服を着用する。

サン＝シモンは一七九八年前後の草創期に、物理学などを非公式聴講し、教授陣と親交を重ねたようだ。この卒業生は、社会、国家、経済を機械論的、実証主義的な科学精神でとらえることを至上とするサン＝シモン主義に忠実なエリートを自他ともに認めた。卒業後は、エコール・デ・ミーヌ（国立鉱山学校）、ENPC国立土木学校、ENA国立行政学院そのほかの技術系国立高等専門学院（grandes écoles）に進学する。いまでも高級国家行政官（corps d'état）をはじめ、科学者、技術者はもとより軍人、政治家、産業、金融関係など各界の要衝をしめる卒業生の結束は固い。サン＝シモニアン思想の基調音はナポレオン三世政権におけるMichel Chevalierをへて、現代までつづくといえる。基礎的素養の中心をなす高度の数学、物理学は、サン＝シモン主義をささえる理性神の言葉であり、科学者のみならず近代国家を運営する多方面のエリートの脳髄に刻まれている。七月革命、二月革命時に、民衆側にたって街頭に出たポリテクニークの学生たちは。自由、平等、友愛という市民革命の理念をひきつぐフランス共和国の守護神であろう。毎年五百名入学、うち百名は留学生。グランゼコール進学の前提になる予備過程（プレパ）については、本校進学を希望する場合Louis le Grand高校付属など数校しかない。

現在は、首都圏の理工系グランゼコールの連合体（Paris-Tech）に加盟、女子学生の入学も可能。

（47）参考文献

1　北河大次郎『近代都市パリの誕生』河出ブックス、二〇一〇年。フランス産業革命期における、工学技術教育と鉄道建設の経緯について詳しい。

2　A・ギレルム、中村良夫「（対談）近代土木――源流からの眺め」、『研ぎすませ風景感覚2　国土の詩学』技報堂、一九九九年、一八六頁。

ギレルム氏によると、中世いらい、土木技師は築城、兵站術、戦術地理、などを専門とし、作戦計画を絵図にまとめた。景観概念の発生源の一つはこの点にあるという。治水、水田開発など領国経営に発する日本の土木技術とは発生系統が異なるようだ。

メジエール王立工兵学校の土木技術も軍人教育であり、築城建築術のほか、景観地理分析、斥候・偵察術、地理学、地図作成と判読による兵站術（logistics）、戦略術が中心であったという。産業革命が本格化する王政復古期から教育方針が英国式にかわり、構造物設計主義に移行し、設計法も画法幾何学から解析的構造力学が中心にかわる。

（48）サン＝シモン（Henri de Rouvroy, Comte de Saint Simon, 1760-1825）　シャルルマーニュの治世に遡ると

される帯剣貴族の血統を引く貴族の末裔である。ルイ十四世治下の宮廷生活をつぶさに記した『回想録』のルイ・ド・ルヴロワ・ド・サン＝シモン伯爵（一六七五―一七五五）はサン＝シモン家の先祖とされる。

サン＝シモンは幼くして、教育に手こずる気むずかしい子であった。家庭教師から、ダランベールやルソーの思想を学び、流体力学に関心を持つなど啓蒙主義の閃光をあびて大悟し、自然科学崇拝の境地に没入した。ニュートンを聖者と崇めたこの青年にとって、万有引力の場は、神の化身であったろう。十七歳でラファイエット将軍率いる義勇軍に入隊、アメリカ独立戦争に参加。英軍の捕虜、ジャマイカ配流をへて二十三歳で帰国、たまたま軍の駐屯先に近い母校メジエールの王立工兵学校の門をくぐった。講演に赴いた将軍に随行したと思われる（一七八四年頃）。ここで、かれはモンジュの数学講義に接した。

「新時代の宗教としての科学」という論文を書いている。柔らかく多感な脳漿を科学と産業の大海に投げ込んだこのいささか奇矯な青年は、革命に賛同して自ら爵位を放棄し、名家を勘当され出奔、経世済民の情に身を焼き尽くす一生を送った。

貴族から没収した土地の民間払い下げに乗じ、不動産投資による多額の利益をもって後半生の政治活動にそなえるが、革命期には一時拘束、ナポレオン期に赦免。王政復古期に寂しい最期をむかえた。

(49) 参考文献（サン＝シモンの思想）

1 サン＝シモン、森博訳『産業者の教理問答』岩波文庫、二〇〇一年。

2 鹿島茂『絶景、パリ万国博覧会――サン＝シモンの鉄の夢』小学館文庫、一九九二年。

(50) サン＝シモンの系譜

J・N・オーギュスタン・ティエリ（Jacques Nicolas Augustin Thierry, 1795-1856） エコール・ノルマル卒、サン＝シモンの秘書を務め、のち歴史学へ転じた。主著『第三身分史概説』*Essai sur l'histoire de la formation et des progrès du tiers état*, Genève, Mégariotis Reprints, 1978（原著1850）。都市 Amiens などの市民自

治の歴史を研究した。

オーギュスト・コント（Isidore Auguste Marie François Xavier Comte, 1798-1857）　実証主義的社会学の始祖。エコール・ポリテクニーク卒。サン＝シモン最側近のひとり。

B・P・アンファンタン（Barthélemy Prosper Enfantin, 1796-1864）　エコール・ポリテクニーク卒、サン＝シモン主義推進の旗頭。七月王政期、同校OBを中心にサン＝シモン主義的な共同体生活を実践、社会不安煽動の疑いで一時投獄。クレディ・リオネ銀行創立にかかわる。パリ―マルセイユ鉄道創始者、スエズ運河実現にも邁進。

A・デュフール（François Barthélemy Arlès-Dufour, 1797-?）　リオン商工会議所、リオン―パリ鉄道創設、スエズ運河創設などの企画、財政の面で尽力。

M・シュヴァリエ（Michel Chevalier, 1806-79）　エコール・ポリテクニーク、エコール・デ・ミーヌ（高等鉱山学校）卒、英仏海峡鉄道構想。一八三〇年七月革命政権期、アンファンタンを補佐しサン＝シモン教団のスポークスマンとなるが、反体制との烙印を押され、一時投獄される。まもなく釈放後、米国産業の視察を命じられる。以後、アンファンタンと絶縁。サン＝シモン主義の組織体は消滅したが、その思想がエリート層に刻印される。第二帝政期の主流派としてサン＝シモン政策指導者、国家諮問官、コレージュ・ド・フランス経済学教授。上院議員。浩瀚な世界的視野をもち地中海世界の一体的発展を説いた。一八六八年パリ万博の立役者。

プレール兄弟（Émile Pereire, 1800-75, Isaac Pereire, 1806-80）　ポルトガル家系の実業家。パリ・サンジェルマン鉄道、クレディ・モビリエ銀行創設（オースマン事業で、沿道土地の超過収用と開発権を得る）。そのほか、アルカション避寒保養地開発、海運会社、保険会社などを起業。

ル・プレー（Pierre-Guillaume-Frédéric Le Play, 1806-82）　ポリテクニシャン、エコール・デ・ミーヌ卒、同校教授。第二帝政期の国家諮問官、上院議員。労働者と資本家ブルジョアジーの社会的結束としての「産業者」を基盤とし殖産興業を推進するサン＝シモン思想の流れを汲む。一八六七年、第二回パリ万博組織委員長。進歩主義的な啓蒙思想に踊らされた市民革命に疑問を呈し、労働者階級の生活条件の向上に強い関心をもちつつ革命前の市民共同体、家父長的団体制を再評価する。君主制の国家と民主的地方自治体制という混合国家を構想し、中央集権的なフランスを批判。英国の自治主義的体制を擁護したとされる。晩年、カトリックに帰依。サン＝シモンの弟子コントの実証社会学に沿って地を這うような綿密な実態調査により、社会改革をめざしたユニークな社会思想家である。（この項、下記を参照
https://biography.yourdictionary.com/guillaume-frederic-le-play）

アンリ・ジェルマン（Henri Germain, 1824-1905）クレディ・リオネ銀行（最初の利子付き口座）の創設者。デュフール、アンファンタン、シュヴァリエなどサン＝シモニアンの重鎮が株主として名を連ねる。

その他、スエズ運河ならびにパナマ運河のプロモーターとして著名な、F・レセップス（Ferdinand Marie vicomte Lesseps1, 1805-94）、リオン―マルセイユ鉄道の Paulin Talabot（1799-1885 ポリテクニシャン）などもサン＝シモニスムの傍流といえる。

現代にいたるポリテクニシャンの影響。

若きポリテクニシャン有志によるフランス経済再建への研究提言機関 Groupe X-Crise（1931）、Groupe X-Sursaut（2005）など、ポリテクニシャンによる政策提言グループはサン＝シモン主義の後裔であろう。https://halshs.archives-ouvertes.fr/halshs-00269386/document

（51）参考文献

1　ジャン・ロム、木崎喜代治『権力の座についた大ブルジョアジー』岩波書店、一九七一年、一一頁。

2　北河、前掲書、一七四頁。

（52）参考文献

1　P・ブルデュー、立花英裕訳『国家貴族Ⅰ・Ⅱ』藤原書店、二〇一二年。

国家貴族になる学生は、統計学的に両親の学歴資本、文化資本、経済資本、社会関係資本が高いこと

を挙げている。十八世紀以降、貴族たちも資本主義社会におけるビジネスの重要性に気付き、ブルジョア階級の有力者たちと婚姻関係などを通じて習合した。

2　P・ブルデュー、石井洋二郎訳『ディスタンクシオンⅠ・Ⅱ』藤原書店、一九九〇年（普及版二〇二〇年）。

3　清水亮「文化資本と社会階層」、『ソシオロゴス』No. 18、一九九四年、二六〇―二七二頁。

第2章

日本風土自治の系譜

図 2—1 「千本焔魔堂」（『都林泉名勝図会』、日文研データベース）

中世の京洛にめばえた盛り場の原型のひとつ。フロイスの『日本史』にもその盛況ぶりが記録されている。死者の霊魂が集まるこの場所は、鳥辺山に近い六道珍皇寺とならんで中世芸能の故郷であった。

1　風土自治の発生と展開――騒乱の巷から町衆自治へ

（1）騒乱の巷――惣村自治（土一揆）との抗争

王朝の世界が遠景にさり、いよいよ中世的世界が色濃くなってきた南北朝、政治の荒波と世情の不安は、民衆の地平にあらたな蠢動を産んでいった。そこに芽生えた自衛する農民の自覚は、在地領主による支配分断を退け、地縁的生活原理にもとづく一体化を進めて行く。貢納の村請け、宮座合議制、村財産の管理運営など生活自衛組織としての総村、郷村がその姿を現してきた。

自治組織としての惣村や郷村は、国人など在地領主の重税や戦禍にたいする自己防衛ばかりか、しばしば逃散、一揆といった積極的な抵抗手段をとった。(1) 農村部において成熟するこのような自衛的な自治のうごきに呼応するように、京洛においても「町」やその結合体である町組《ちょうぐみ》とよばれる自治組織が育っていく。応永八（一四〇一）年のころ、三条おもての両側に一町ごとの「町」が作られ、四町まとめた総町が、北山殿から六角堂へ知行されている。(2)

貨幣経済が発達し始めた鎌倉時代には、このような都市の自治組織の一つとして生まれた商工者の同業組合すなわち都市座は、それぞれが本所とする有力な寺社や貴族に庇護され、おおくの特権と引き換えに、そこへ奉仕しながら、治安維持と相互扶助をめざす自治的な町衆組織であった。(3) 商人たちは、しかるべき課税、課役をうけいれながら、自由通行権、独占販売権、仕入れ権などを享受した。

こうして生まれた商工者の集住組織は、やがて、保官人に任せていた治安維持をみずから行い、さらに、環境維持にいたる生活万般を自主的に管理する「生活共同体」へと熟していく。都市民衆の連帯意識が変化したその時期を林屋辰三郎は応永から嘉吉へかけての五〇年とし、これをもって町衆の初姿としている。このような、自治意識の画期は都市の空間構造に表現されるであろう。すなわ両側町の誕生である。[4]

平安王朝期の坊条単位が、道を挟んだ両側を一組の「町」と読み替えられる。こうして応永八年、四町をつらねた三条面総四町（林屋）という町組《ちょうぐみ》または総町《そうちょう》が出現する。これをもって、生活共同体として自治意識をもった都市生活単位が生まれたとされる。やがて大永七（一五二七）年に「町の囲い」がなされ、総町は視覚的なまとまりを強めていった。

そうした自治組織の中心になったのが、鎌倉末期から力をつけた酒屋・土倉（商人高利貸し資本）である。これらの有力町民層にたいし、貞和年間（一三四五―四九年）にはやくも幕府は課税を開始している。

自治意識の高揚にとって土一揆にたいする防衛はおおきな転機であった。嘉吉の変[5]のあと幕府の信頼失墜とともに、盗賊、闘乱など治安が悪化するにくわえ、高利貸しをいとなむ土倉・酒屋をおそい、質物を収奪し、証文を破棄する土一揆が頻発するようになった。これに対し、戦国期には共同防衛する必要に迫られた公家や町衆が大永七（一五二七）年、先にのべた「町の囲い」をつくってこれに備えた。このような経過をへて、十六世紀なかば、すでに成立していたいくつかの町組を結びつけ、連合した惣町組織が、上京、下京それぞれ独自に成立したのであった。この組織は町ごとに輪番で選ばれた月行事《がちぎょうじ》によって運営された。

文明年間ごろから、金融機関としてなくてはならぬ土倉や、商業・手工業に従事する町人の一体感がふかまる。土一揆などへ備える防衛力は、土倉の傭兵はもとより町々の志願兵をふくんでいた。富裕な土倉と町衆は、土一揆やそれに便乗する京中悪党に対し運命をともにして防衛したのである。[6]

こうして、法華一揆[7]へとつづく治安の悪化は、織豊政権による「弥勒の世」が訪れるまでつづいた。その後も信長上洛どころか、徳川政権の初期まで混乱は散発したようだ。[8]

応仁の乱に前後してはじまったうち続く戦乱の果てに、町衆たちの生活はどうなったであろう。天文年間（一五三二―五五年）の頃になると公家階級といえども家計はくるしく、町衆となんら変わりない生活を強いられた。公家と町衆はいつしか溶け合うようになっていく。三条室町あたりの銭湯では、文字どおり町衆と裸の付き合いをした公家さんもいたという。こうして、土倉衆の巨大な富を味方につけ、さらに公家衆の豊かな文化力をも吸収した町衆の自治組織が育っていく。町衆は公家を経済的に援助し、和歌などの古典文化を伝授された。

林屋によれば、「町衆」という呼称も町の生活者に溶け込んだ公家がとなえたもので、両者の間に疎外感はなかった、とされる。公家の雅びを吸収した町衆の生活は日本の都市文化を方向づけたと言ってよい。[9]

乱世にめばえた西欧中世の都市自治は、ときに国王と結んで諸侯を牽制しつつ自治権をにぎった。その点で、日本の中世都市は、そのような超越的勢力と同盟する外交力を発揮する状況になかった。堺などもふくめて、畿内の町衆自治は、近代主権国家のモデルになるような政治的プレゼンスには達しなかった。しかし、苦しい善戦が育てた団結にくわえて、朝廷を支える公家の雅びを、自らの富によって吸収した京の町衆文化は、いわば風土自治とも言える奥深い文化的果実をもたらした。結論を先取りしよう。時代はややくだるが、慶長・寛永期の特権門閥商人の時代、本阿弥光悦のような秀でた旦那衆は、公家と町衆の文化的合流を指揮した記念碑的な群像であった。町衆は軍事力ではなく文化という政治力をもったのだ（第5章第3節参照）。階級をこえた日本の都市文化を考える時に、京の町衆文化は忘れ得ぬ宝庫といえる。

（2）町衆自治の空間装置——寄り合いの場所

町衆自治の空間装置に目をむけよう。

・町堂

京都三条の賑わいを抜け、寺町通に沿って南へやや下がると、こぢんまりした寺がみえる。明治期までは寺町きっての大寺院として賑わったこの誓願寺[10]の門前から西へ折れ、古風な家並みにそって六角通を歩くと、やがて、烏丸通へぬける手前に古いお堂が目にはいる。天台系の古刹、紫雲山頂法寺。またの名を六角堂という。立華の発祥の地として名高いこの聖徳太子ゆかりのお堂は中世

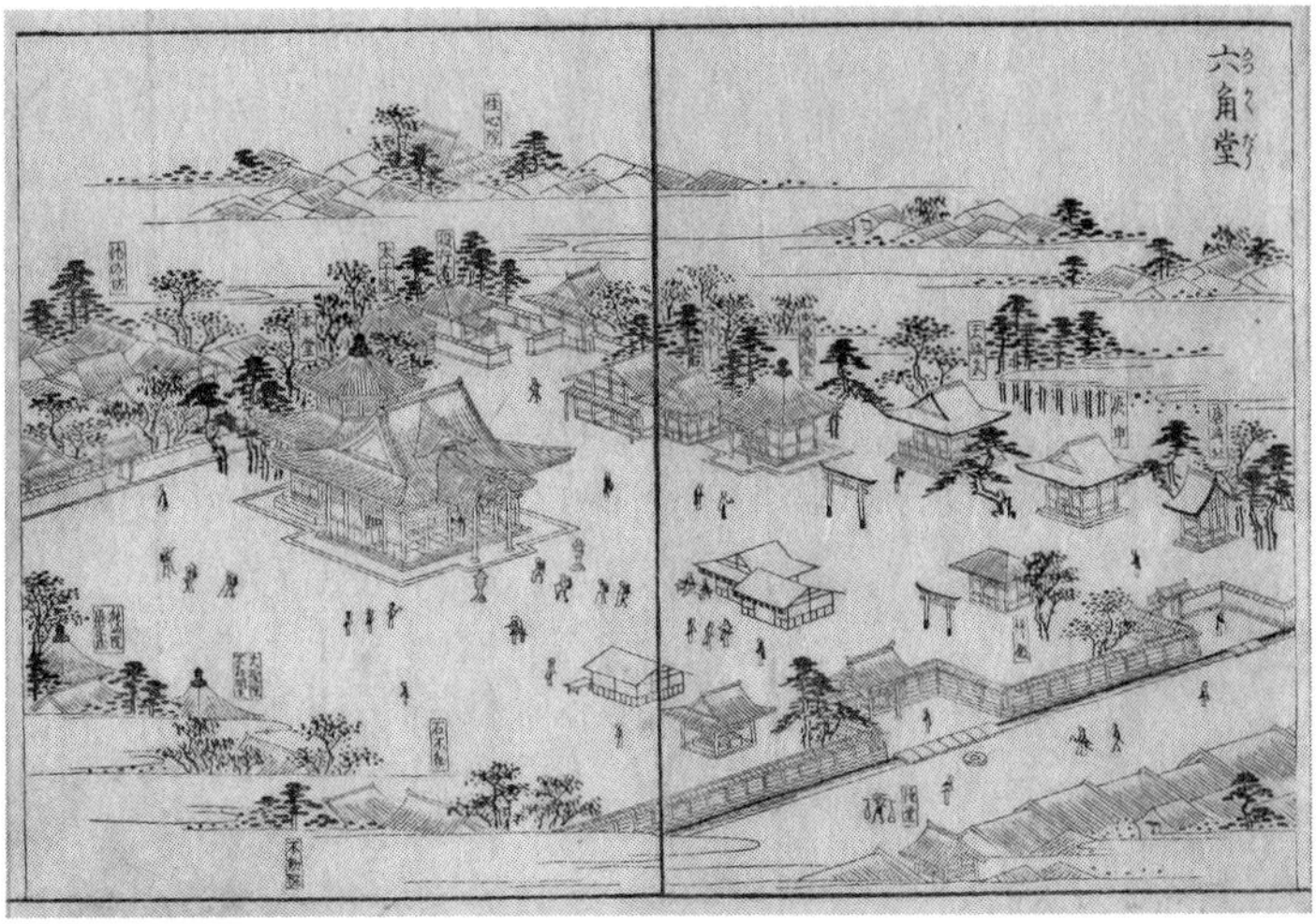

図2―2 「六角堂」(『都名所図会』日文研データベース)

下京の商業座の本所として、町衆の寄り合い場所になっていた。町衆自治の議事堂である(**図2―2**)。

応仁の乱の前後から姿をあらわした町衆自治は、とかく物騒な世情にたいする自己防衛という観点から語られることが多い。治安の乱れは自治的結束を促す大きな契機に違いはないが、このような騒乱をくぐり抜けて町衆文化は芽吹き、やがて大輪の花を咲かせてゆく。

この時期、下京の町衆がことあるごとに寄り集まって衆議を決したこのお堂は、西国三十三観音巡礼の地として知れ渡り、死者供養の施行銭を貧しい人びとへ配る場所でもあったという。下京の臍とも呼ばれたこのお堂は、古くから六角堂とよばれて庶民に親しまれ、祇園会山鉾巡行のくじ取り式や曲舞《くせまい》の勧進興行で賑わった。なによりも立華のセンターとして天下に名を馳せたこのお堂は、戦乱の泥沼に開いた蓮の花である。門前はいつも盛り場の熱気が渦巻いていた。

仏前の供養とされ、鎌倉時代から七夕会などに展観された立華は、御室・嵯峨という古い流派があり、また室町将軍家の同朋衆や貴族にも立華の上手・数寄者の集団がいた。彼らの集う席へ招かれ、一同を感服させたのが六角堂塔頭の寺僧、池坊専慶とされる。応仁の大乱の予兆がくすぶり始めた頃であろう。堂上の七夕法会に発した立華は、やがて歌を詠み酒を交わす社交の場を飾る。このお堂では、毎日の勤行のみならず、角飾り、婚礼、酒宴、祭礼など町衆の生活に、リズムと形を与える季節の行事が催された。生き生きした供花の姿が洛中の評判となり、町衆の自由な息づかいが立華をつうじて宮廷へもたらされ、七夕法会などの行事に新風を吹き込んだ。こうして天台宗系の僧侶が編み出した仏前供養の華が、宗教の壁をこえて町衆の生活を飾る花へと躍り出し、このあたらしい生活感覚が、貴族の世界へ上昇した。応仁・文明の前夜、騒乱と文化は重なっていた。

立華はその後も公家に愛され、天文年間には池坊がしばしば宮中にも祗候したし、寛永期の後水尾帝のサロンは生け花の楽園であった。やがてはじまった家元制によって、生け花という芸能は巷に大きな波紋を広げてゆく。町衆の議事センター六角堂は、祈りと曲舞と華の舞で門前の盛り場を育んだ。政治というより風土性市民センターの古典として、深く胸に刻んでおきたい。

天正年間以降この近くには、精霊送りで賑わう矢田寺、狂言の勧進興行で知れた印播堂など、庶民信仰ととけあったにぎわいの渦が見えはじめた。近世に大輪の華をひらく盛り場の初姿である。それは自由な公界《くがい》に渦巻く宗教的な余熱でもあった。

・茶屋

高橋康夫氏の研究を頼りに、中世中期以降に見えはじめた京洛の市民的世界の誕生をさぐってみよう[11]。東寺門前のような有名な寺社では、古くから振売、立売で茶をすする習慣はあったようだが、やがて街中にも茶屋が見え始める。

享徳四（一四五六）年、祇園社犀鉾神人《さいのほこじにん》は、四条猪熊と堀川との間にあった家の前、小川にさしかけた佇まいを茶屋にしたてた。茶屋の内部は土間で、竈の傍に客用の床几を据えている。この点で畳に座って嗜む「書院茶」とは異なる世界がみえる。規模は小さいが、外側は街路へむけて吹き抜け、現代ヨーロッパでみるオープンカフェにちかい。応仁の乱（応仁元／一四六七―文明九／一四七七年）に先立つ時期、町人茶を介した「都市民衆の交流ないし社交の場」（高橋）は、「都市的な場において大衆化、町屋のウラにおいて芸術化の双方向への両極分化」を遂げたとされる。いずれも貴族的な堂上書院茶を超えた大衆都市文化の芽生えである。

・市中の山居

桃山期には、戦乱をさけて山野に廬を結んで引きこもる隠者の姿を都にひきうつし、町屋の奥深くに「市中の山居」をかまえる風習がひろまった。上田篤氏によれば、その閑静なやつしの場は、「接客、遊興、文化の生活空間、すなわち情報交換の場として装置された」のであった。

このような、蓄財のあとのアソビこそが、「……江戸時代の低い経済成長にもかかわらず、明治にいたって日本が、列強にまけずに近代化できた秘密であり……『低度経済成長』を『高度文化成熟』がおぎなっていた」とされる。[12]

(3) 貴族を呑み込む大衆文化

銭湯の歴史はふるく、少なくとも永享年間(一四二〇年代)までは記録があり、また貴賤をとわず、人気の社交場でもあった。

時代は天正期にくだるが、「洛中洛外図」にもその詳細が見える。上京総町の寄り合い所であった寺院、革堂《こうどう》の経営かと推察される(高橋)銭湯は、まさに信仰と愉楽社交の中心として栄え、近隣に居をかまえた公家、山科言継もこのんで通った。このころ公家たちの風呂屋通いは盛んで、ときには止め湯もあったようだが、ともかく大乱以降の公家と町衆との裸のつきあいの様子が伝わる興味深い逸話である。天文年間には、博打、遊船、夜行遠射などとともに一時、禁制になったというが、ひろい流行がうかがえる。[13]

都市の山水立地、市中の山居、盛り場、茶屋、銭湯などの空間構造は社交、愉楽をつうじた人的結合の場であった。清々しい山水の気配、社会層の融合など、江戸期の町民文化のスタイルが室町、戦国期の京洛においてうぶ声をあげていた。

2　町衆精神の文化的表現

（1）文化の下克上——芸能の季節

日本の芸能史を瞥見しておきたい。日本都市の祭祀的な活力と大衆性をみるために欠かせぬ問題だからだ。

おおくの芸能は神事に発するという。家に招かれた神の祝福をうけたあと、列席のめいめいが、「順次に歌を披露して神をもてなし、送り返す」という「順の舞」の仕草を繰り返す。したがって、この神遊びの饗宴には「見物」というものはない、とされる[14]。

以下、小笠原恭子氏に教わりながら考えていこう。

古くから京の町なかでは、地蔵の縁日にさいし、古典や仏典に範を求めた仮装を身にまといながら、歌舞音曲、お囃子をともなって練り歩く習わしであった。この祭りの様子やつくりものは風流《ふりゅう》とよばれた。

この賑やかな宗教行事は、疫病などを招く悪霊や厄神たちを踊りに巻き込んでつつがなく彼の地へ送り返す呪術行為とされる。あちこち移動しながら、祟りをなす御霊を誘い出すため、おどろおどろしい異形の美意識による奇抜な趣向が求められた。祇園会の山車などに残影をみるその土俗的な美の系譜は、歌舞伎や江戸後期の奇想の画家たちを経て現代まで生きている（本章第4節参照）。

この賑やかな呪術行為の根はなかなか深い。たとえば、衆生を集団的な法悦境に誘う踊りを、たくみに布教の手段として諸国に広めたのが、一遍上人（一二三九―八九）の踊り念仏だ。盆の行事が庶民へ浸透するにともない、この時宗系の念仏おどりが、盆に集中して踊られ盆踊りになった、という。(15)

室町将軍家の同朋衆(16)に観阿弥、世阿弥、音阿弥など時宗系の阿弥名をもつ茶道、猿楽、立華、水墨画、造庭など、いわゆる「芸能者」が多かったのも時宗の血筋なのだろう。ともかく祇園御霊会に代表される絢爛豪華な踊り鉾、笠車など、風流《ふりゅう》の鉾山が練り歩くようになったようだ。町ごとのこしらえものは、応仁大乱のまえにすでに五八に及んだという。大乱に先立つこと三〇年。都市の華・芸能の根は深い。

このような町民的な祭礼の熱風は、禁裏の結界をこえて主上の足下にまでおよんだ。祭りの勢いあまって、後小松上皇の仙洞御所近くまで山鉾が闖入した参内事件はよく知られた珍事だ。後小松上皇といえば、京の焔魔堂などで町童に評判の曲舞をご覧になったり、北山殿にお渡りになって観能遊ばされたりと芸能好きでしられた帝だが、応永三十一（一四二四）年六月の祇園会のおり、仙洞様すなわち後小松上皇は、またまた墨傘をさされて築地の上にお登りになり祇園鉾を見物されたという。地下人はあわてたが、後祭にも風流者や山鉾がおしかけ、あいにくの夕立にもかかわらず仙洞様は傘をさされてご叡覧あそばしたという。これはひとつの珍事であろうが、曲舞や、猿楽能などにひきつづいて、主上までもまきこんだ当時の貴顕文化圏と町衆文化のおおらかな間合いを象徴する場面といえよう。

大乱から立ちあがった京の町では、町組単位で踊りが催されるようになり、町衆の踊りが公家の邸宅や門跡寺院へおしかけて。門前で踊りを披露し、盃をうける。やがて公家は、町衆の踊りを門内に招き入れるまでのめりこんでゆく。それどころか、天文後期（一五四一—五五年）には公家、町衆、奉公衆が踊りの掛け合いまでしたそうだ。貴賤の混じり合いとは何であったか。両者の間に通奏する列島の基層文化があるのではないか。

風流踊りにつらなる盆踊り系の熱気は、社会規範を揺るがしかねないエネルギーにあふれていた。それを恐れた為政者のかさなる禁止令にもかかわらず、その勢いは止まるところを知らなかった。このような、祝祭の形式をとった生命の燃焼は、南北朝いらい流行した婆娑羅や、歌舞伎の語源となった「かぶく（傾く）」という異相の風波と重なりながら、正統文化の中心を揺する。すなわち「踊りは芸能史上の下克上[17]」であった。

中世文化の中枢に二つの無常を認める。その一は禅林に発し、宗祇をへて利休、芭蕉へ流れ下る冷えさびた無常であり、その二は、ばさら・風流系の「熱い無常」だ。この無常感の双対こそは、生の儚さと輝きを教えた禅の精神を、芸能の華やぎをもって表現した町衆の自己了解の姿であり、山水にいだかれた町衆都市の気迫でもあった。

なにせうぞ

くすんで
一期は夢よ
ただ狂へ

（『閑吟集』より。永正十五（一五一八）年ごろ成立）

大乱という無常の白い風を吸い込み、そして吐きだした息は、冷え寂をその芯に秘めながら、狂い咲くような熱い無常を纏っていた。狂う、は能楽において、ワキがシテに舞いを促す決まり文句、「面白う狂いたまえ」（「班女」）など、くるくる回って神がかりになることに発する。先に見たとおり、この国の祭りの基本形式は「来臨する神を迎えてその祝福を受け、饗応してともに遊んでのち送り返す」仕草である。都市の芸能的な興奮は、このにぎにぎしい神事に起こった。

祭祀的エネルギーの爆発した熱い芸能は、民衆の身体に生きていた始元性の表現であろう。政治的自治とはまったく別の、むしろ風土的自治ともいえる基層文化の次元に属するこの情念は、変幻自在にその姿をかえながら、世代をこえて受けつがれる風土資産といえる。[18]

乱世とはすなわち狂い咲く芸能の季節であった。

（2）勧進芸能と盛り場の誕生

このように踊り狂う波にのって法悦に浸る民衆の祝祭は、まさしく見物客がすなわち演者であり、演者がすなわち見物客であった。芸能の源流にある神遊びを思わせるその様子は、自他未分、美醜不二の生命の祝典であろう。限界芸術の世界だ。[19] 湯玉のように煮えたぎるこの生の狂宴は、ときに社会規範からの逸脱を誘いかねず、治安の崩壊を恐れる支配者の抑圧を招き、次第に下火となってゆく。

ところが、諸国を放浪しながら田植えを祝い、あるいは寺社の祭礼に臨んで芸を奉納し、その妍を競う芸能のプロ集団は絶えなかった。かれらのおおくは、有力な寺社に隷属しながら庇護される神人《じにん》であったが、よく賤視にたえて精進し、祭礼にあたって神事としての芸能を披露しながら、諸国を遍歴する自由交通権をえていた。

また、一方このような遍歴芸人に勧進興行の機会をあたえる勧進僧とよばれる特殊な集団が活躍していた。勧進僧は、いわば芸能の企画・宣伝、舞台や桟敷の設営などを引き受ける僧形の演芸プロモータであって、清水寺や北野天神などの有力な寺社に専属するほか、野辺送りの無常所に通じ、『徒然草』にも出てくる上京の千本焔魔堂、東山の鳥辺山に近い六道珍皇寺など、昔から霊魂が集う場所とされた小さなお堂を本拠にしながら、同時にそこを勧進芸能の舞台にした。先にのべた、六角堂や矢田寺、印旛堂なども加えてよい。神社の境内や門前はもとより、河原のような無主の地など、勧進興行にふさわしい場は、貴賤をこえた民衆が集う盛り場の胚胎する聖地にほかならない。[20]

（3）お能のこと

こんにち日本を代表する諸芸能は、土くさい田の畔の神遊びや、寺社の庇護と奉仕のなかで営まれる勧進興行の小屋掛けから次第に上層社会へ澄み登ったのであって、いずれも蓑をまとって大和や近江の山野をさすらう賤民の芸能座が極めた芸能であった。武門貴族社会において式楽化したお能にしても、貴顕、庶民が入り交じる社頭において催された素朴な申楽延年の舞いにはじまるであろう。五穀豊饒や民の幸福を山川の神々に祈るまつりごとに発した日本の芸能、和歌の類は、貴賤を超えた風土表現の古典といえる。

猿楽がまだ乞食の所業と蔑まれていたころ、興福寺に庇護されていた大和猿楽の一座に結崎三郎清次、のちの観阿弥（一三三三―八四）がいた。将軍に近侍し、諸芸に秀でた同朋衆の南阿弥（?―一三八二）がこの才人に驚き、義満に上覧を勧めた、という。こうして、応安七（一三七四）年、今熊野神社の社頭で義満が観阿弥の舞を上覧したとき、将軍の眼にうつった十二歳の稚児がのちの世阿弥（一三六三―一四四三）である。それからやや時がたって、義満の別邸北山殿にお渡りになった後小松天皇は、世阿弥の猿楽をおおいにお気に召したようだった。下賤の旅芸人を召すことに、ひそかに眉をひそめる貴顕のおおかったこの時期に、神楽の余興から生えあがった猿楽がついに天覧のたかみに達した瞬間であった。この若い世阿弥を寵愛した将軍は、四条東洞院の桟敷で祇園祭などを共に見物したという。(21)

そもそもきっかけは南阿弥が洛外の醍醐寺で演じられた勧進の猿楽能をみたことである。これが大変な評判で京童にもて囃されたらしい。

旅路に伏して草枕する日々を重ね、ひと知れず精進した果てに、その藝がついに天聴に達した。

その高みから見下ろせば、寺社に隷属しながら田の畔の宴に舞う数知れぬ芸能者の姿があった。それは、つい昨日までの我が身でもあったろう。

将軍家に抱えられた観世座・金春座によって式楽化の進行するかたわら、さまざまの流派の素朴な手猿楽が町人によって演じられていた報徳二（一四五〇）年、子犬というものが、東山において勧進猿楽を演じようとして、管領の仰せで禁止されたりしている。(22) 観世・金春両家を抱えこむ能の式学化の余波であろう。

このころ既に、鳥辺山のほとりの六道珍皇寺や西の千本焔魔堂では、年中行事をもりあげる芸能者が舞い、寺社の境内は大衆娯楽センターとして盛り場の感を呈していた。猿楽に取り入れられた曲舞《くせまい》(23)なども人気であったろう。文正元（一四六六）年、千本焔魔堂では女猿楽が人気であった。文正といえば応仁の乱の前年である。

応仁の大乱がすぎ大永・永禄期になると、町衆自身による手猿楽が盛んになり、なかにはその芸を認められて禁中に祗候するものも後をたたなかった。町衆文化のなかに散り入った猿楽の花びらが、禁裏にまで舞い込んだのだ。土倉衆の経済力を背景とした「町衆の構成のなかに、公家が吸収されたいた」（林屋）のだ。(24) このように見て来ると、律令体制が崩れ去った瓦礫に産声をあげ、すくすくと育った町衆自治は、血腥い空気を吸いながらも、すっかり文化的衣装を身につけていた。

注目すべきこと、それは中世の中・末期において、寺社、河原などの盛り場が、民衆に発した芸能を媒介として、「貴賤の交差する場」の役を担ったことである。日本の基層文化の超階級的な性格はここにその正体を現した。

（4）お国とはだれか？

天正年間から、慶長年間の中頃にかけて、出雲のお国という女性が京洛に出入りして、宮廷、貴顕の屋敷にまねかれ、あるいは寺社、五条河原で勧進興行を催しおおいに喝采を受けた。大人の恋の小歌を地にして、愛らしい素振りをみせた童女が、諸国を遍歴しながら芸をみがいたこと、そして出雲大社でもその勧進芸をみとめられ、巫女の肩書きを許されたお国が、ハクをつけて都へ上ったのかも知れない（小笠原）[25]。

勧進興行で芸をみがいた漂泊の踊り手であったお国はやがて女ざかりになって、北野天神の境内に常舞台をもつスターダムに登りつめた。いわゆるかぶきものめいた男装のお国が、茶屋で美女と戯れるという、いささか社会規範を無視し、肩で風切るような芸の新風はおおいに喝采を受けたという[26]。お国の歌舞伎おどりに酔いしれた大衆の耳には、風流踊りの余韻が響き、その艶やかな衣装に婆娑羅ふうの心意気をみて、快哉を叫んだのであった。

やがてお国が巻き起こした虹色の旋風は、遊女かぶきをへて江戸の町人たちを沸かした官許三座の大舞台へと吹きあげて行く。

3　都市・江戸の町民自治――イエ・まち共同体

「地方自治などということは、珍しい名目のやうだけれど、徳川の地方政治は、じつに自治の実を挙げたものだヨ。名主といひ、五人組といひ、自身番といひ、火の番といひ、みんな自治制度ではないかノー。」

勝海舟の座談だ(27)。旧幕臣の言であるから、いくらか割り引くにせよ、ポイントは外していない。明治も後期に入り、市民自治が話題になってきたころの発言である。さて、実態はどうであったか。江戸の町といっても、初期と幕末ではかなりの違いはあったにせよ、都市の社会組織はおおよそ次のようであった。身近かな町務を取り仕切っていたのは町名主あるいは京都では町代とよばれる町役人で、その職務は、戸籍管理、町奉行からのお触れや諮問の中継ぎ、町費の徴収などのほか、町法によって執り行われる祭礼行事、消防、衛生、町割りや不動産登記などに加え、軽犯罪の取り締まりと下級警察権など司法制度の末端を受け持つなど、日常生活の万般にわたっていた(28)。

地主や家主そして、町民の代表であった町名主といえば、士分はなかったとはいえ名字帯刀、門構えも許されていた。家康入府いらいの格式のある草創《くさわけ》名家は世襲がおおく、新年の祝賀や慶事には将軍拝謁が許されていた。

興味深いのは海舟の談話にもでてくる、町ごとの自身番という街区自治制度だ。町の寄り合いと町内警護のセンターとして、初期には地主たちが自ら詰め、のちには町内会費で雇用された書記役や月行事《がちぎょうじ》が常駐して、町務を担当していた。このような自治単位としての町の入り口を仕切る木戸は夜は閉じられるが、住み込みで雇われた木戸番という町民の自身番の許可を得て、通行人は潜り戸から出入りする。怪しい者が通過すると、木戸番は送り拍子木を打って、町の出口の木戸番に知らせたというから、なるほど六〇間を単位とする町の大きさはまことに人間の身の丈にかなった街区共同体をなしていた。木戸番は火事の半鐘を打ち、火消への炊き出し、さらにまた捕り物の片棒も担いだそうだから、なかなか便利なガードマンである。薄給であったらしく、内職に金魚、焼き芋、草履、炭などの荒物を売っていたという。今ふうにいえば、木戸で仕切られた町は警護、コンビニ付きの居住区だ。

町民自治といっても幕藩体制の末端組織にすぎないといってしまえば、身も蓋もないが、人間の付き合いの実態はどうだったか。自身番屋を舞台にした町民と侍同心の滑稽話が、古典落語にのこっている。侍は威張っているが、町民の風土性重力圏内にあった(29)。

さて、江戸の町では、正式の町民と認められていた地主と、借家など管理をまかされていた家主は五人をひと組みとする相互扶助と連帯責任をおわされて末端の行政を担っていた。大店の連なる大通りを逸れ、木戸をくぐって入る裏路地には棟割長屋が軒を連ね、突き当たりに共同の井戸や雪隠などが設けられている。そこにひっそりと稲荷が祀られてあったりする慎ましい裏長屋の管理を任されていた家主または大家も、世襲が多かったようだ。その職務は軽犯罪の叱責注意や、民事の内裁調停はもとより、縁組み、夫婦喧嘩の仲裁など私生活にまでたちいることもあったという。江戸落語の八っつぁん、熊さんの話にでてくるように、大家といえば親も同然、というありさまで、良くいえば家父長的な抱擁力、悪く言えば余計なお節介の染み付いた隣組のイエ型共同体だった。

このような路地の奥の住人のなりわいはさまざまであったが、式亭三馬の「浮世床」の舞台になった日本橋あたりと思しき表店のわき、路地裏長屋の入り口の様子が挿絵から推察できる。表通りには大声で売りあるく振売。そして「男女ご奉公人口入所」つまり職業紹介業の看板が、床屋の軒に大きくぶらさがる。路地へ入りかかる物売りの頭上に、裏長屋の住人とおもわれるさまざまななりわいの表札が掲げられ、そのわきに、「借金取りの大声禁止」とある。神道者の「祈禱」、「外科の医者」、「宋学者寓居」は漢籍素読の先生であろうか。「産婆」、「常磐津」のお師匠さん、「灸すエ所」、「尺八指南」などと読める。遊芸のお師匠といってもピンからキリまであったろうが、風流な音色が流れる路地裏であった。階層をこえた遊芸文化の大衆化を彷彿させる一幕である。[30]

こうした江戸の町政の費用はすべて地主たちの負担でまかなわれており、いわば国家管理されたこの都市自治体は、地主の所有する最小単位のイエを数多く包み込むマチであったが、それもまた家父長的な生活感情とムラ社会の規範意識にみたされたおおきなイエであったか。つまり、それは厳格な治安維持と人情あふれた向こう三軒両隣の併存する、いわば家父長的なエートスをもつイエ・まち共同体であった。

江戸の町民自治は、室町時代いらい京の都で育ってきた町衆の自治組織も参考になったろうが、むしろ中世の惣村が育んだ名主や五人組あるいは、村落共同体の家父長的な自治制度など、多分に村落の生活感情と規範意識を引きずっていたようだ。

さて、幕藩体制の崩壊とともにその行政のタガをはずされ、大通りの大木戸も引き倒されて町の閉域性が解体されてしまう。地主や家主に統率されたイエ・まち共同体は、糸の切れた凧のように大都会の雲海を漂流するしかない。町民的な公共世界は崩れさった。

江戸の町民自治は、幕藩体制の末端組織にすぎなかったろうが、海舟座談のとおり、すくなくても現代都市よりも自治は熟していた。西欧の中世はともかく、絶対王政下の都市自治に比しても遜色なかったのではないか（第1章第5節参照）。

中世に点火された西欧の市民自治は、絶対王政下で民衆をきりはなしてエリーティスムという上昇気流にのり、近代国民国家という普遍自治へむかう軌道にのった（第1章参照）。それに対し、政治的イニシアティブに縁の遠かった日本の町民自治は、国民国家のモデルになる栄光を逃したが、むしろ風土臭のつよい基層文化の嫡流を継ぎ、それを末永く主体的に発展させる「風土公共圏」の道を選んだかに見える。

つぎに江戸期におけるその情念と生態を見よう。

4　江戸・風土公共圏の情念と自己表現

(1) 町民文化の情念

中世末期の京で芽吹いた芸能へいったん戻ろう。

草深い大地から芽生え、生命の灯火を掲げた諸芸能は、寺社の取りもちによって神と民衆を結びながらその芸を磨き上げた。近世にはいっても、このような町民の情念は野太い声をあげてすすむが、そこにはしかし、つねに為政者を不安にさせる反秩序的性格がつきまとっていた。たとえば歌舞伎の辿った道をみよう。

かぶきの禁は、慶長十三(一六〇八)年、駿府に始まった。

「家康という人間の性向と、かぶきという芸能とはなんとしても相容れぬところがあった……町なかでの歌舞伎踊りの賑わいには、為政者としての危惧の念とともに、個人的不快感があり……身分制度による社会秩序を嘲笑するがごとき行動をとるかぶき者を排除するとともに……諸国をわたりあるく女かぶきの座などに気を許してはならなかった……。」(小笠原[31])

初期の歌舞伎は、空也いらいの踊り念仏や風流踊りにこめられた群衆の呪術的熱狂をひきずっていた。その反秩序的なかぶき性、異相の美意識……統治者がこの放蕩無頼の風体にいささか不快感と不安をもつのもうなずける。そこには無意識のうちに「民衆の秀吉時代への賛美と憧憬とが込められていた」(小笠原[32])こともあろう。そうした反秩序的な血筋をひくこの手の町民文化は、幕藩体制の儒教的な統治思想によってたびたび抑圧の憂き目にあったが、禁令と緩怠の波を乗り越え、その赤裸々なエネルギーを絶やさなかった。町民はもとより公家・禁裏、武家に至る広い共感がなければその存続はありえない。民族文化の基層に溜まったホンネの情念がそこに吹き上げていた。

ともかく、日本の諸芸能は、神学化した朱子学の秩序理念をふりかざす統治者に反発し、むしろ、規範からの逸脱あるいは、両者の間に揺らめく、アソビと洒脱の道を突き進んだ。それは諦めと自負の間にピンとはられた弦の響きであった。町民の拓いたその鬱屈した自由表現、粋と洒落っ気の遊相態へむけて、近世の統治者もまた、憧憬と抑圧の矛盾で応じるしかなかった。その興味深い諸相をながめてみよう。

(2) 非記念碑性と自由の境地——奇想とアソビ

石田一良氏によれば近世都市文化の大きな特徴は、その非記念碑性にあるという[33]。支配者好みの大げさで類型的な身振りに見向きもせず、町民一人ひとりがこだわる小さな個性の好みと輝きがそれである。この小物を弄ぶという個性化は身近な日常にこだわった。装身具や衣装、髪型、器物、旬の味などへの愛着といってもいい。今ふうの「カワイイ」の元祖だ。根付、煙管、婦人の髪飾り、笄《こうがい》帯や袋物など、そして江戸小紋などの生地も含め、西山松之助氏によれば、多くの工芸品のほとんどが個人の依頼にもとづくオーダーメイドであったという[34]。あるいはまた家の結構、門構え、塀のデザイン、盆栽、園芸、などの隆盛なども、普請道楽の主人の好みなくしてはかんがえられない。茶の湯の諸流でいわゆる宗匠の名を冠した「だれだれ好み」という個性を重んじる習慣もこの類だろう。

食文化をふくめ、多くの人々の美意識や生活思想の奔流が、江戸中期以降の大都市民衆の大海原から、澎湃として湧き上がってきた。町人ばかりではない、武士もまた「カワイイ」にまきこまれた。刀剣といえば、鍛冶、砥ぎはもちろん、彫金、漆芸、鍍金、象嵌、袋もの、鞘など多くの工芸文化の粋と言って良い。この近世工芸文化の淵源をたどれば、刀剣目利きを家業とし、慶長期の美意識を統べた本阿弥家の光悦まで遡るだろう（第5章参照）。

個性といえば、類型的な狩野派の御用絵師にも狩野山雪（一五九〇―一六五一）のようなすこぶる個性的な町人が現れるが、ここでは辻惟雄氏の著作に学びながら少々、若冲について触れてみたい。淡雪をかぶった紅梅の小枝が地を這うように垂れている、とみれば、なんとそれは見事な雄鶏である。紅梅と見えたのは、雄鶏のトサカではないか。若冲の「雄鶏梅花図」である。「……してやったり」ほくそ笑む雄鶏。見事な筆さばきの陰に町民のアソビごころがあふれている。無数の虫や生きモノの蝟集する若冲の画面にはどこか中心の失せた不思議の感がみなぎる。気味の悪いほど生き生きした不安定は、大地に遍満するいのちの感覚か。あるいはまた、万象にみちるこのアニミズム的精気は、自然までも成仏するという天台本覚思想の残影であろうか。

「池辺群虫図」（図2―3）、「貝甲図」あるいは「群鶏図」など、若冲の面目は花鳥風月の雅びも、

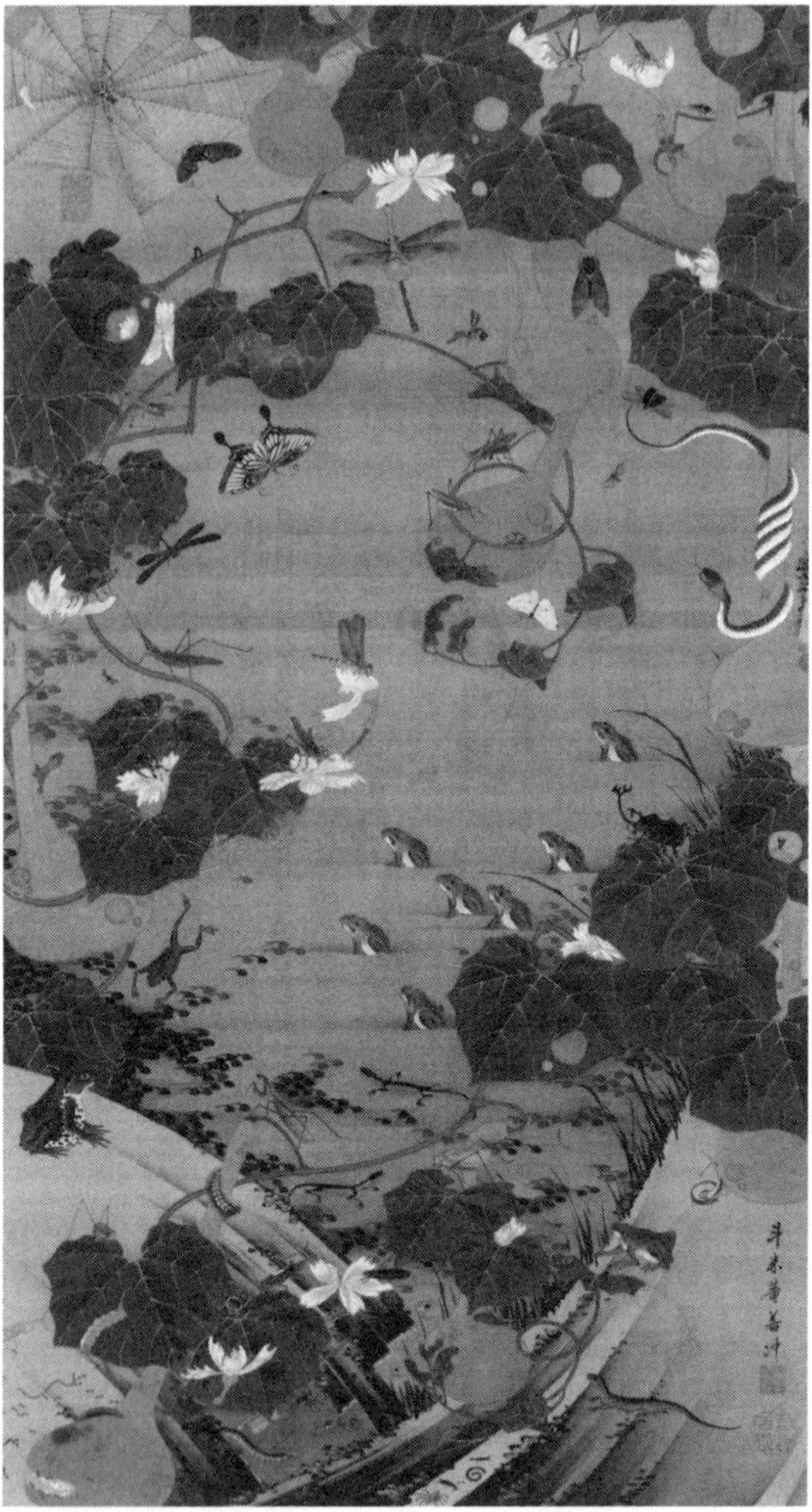

図 2—3　「池辺群虫図」（宮内庁蔵「動植綵絵」より）

中世風の枯淡も、そしてお座敷化した風流も捨てている。蝟集する生物のなまめかしい乱舞……。この無邪気な写実に快哉をさけぶ者は、やがてそこに忽然と顕れた生命の実相にふれて、底知れぬ戦慄に襲われるだろう。この超エコロジー的感性を「奇想の系譜」とする辻氏は、彼ら自由奔放な画想を「異端ではなく正統の中の前衛」とする。正統なる前衛とは何か？　反権威、反秩序、自由の精神、本能、個性、諧謔、軽み、アソビとたどれば、階級をこえた「遊びまたは風流の伝統」というホンネの世界がみえてこないか。(35)

政治体制の維持を目的にした支配・統治のためのタテマエ思想は、類型的ライフスタイルを強要しがちになる。その造形は、生気を失い鋳型にはまるしかない。

辻氏はさらに、奇想には陰と陽の二態がある、とする。その一は作家の内面に育った奇怪なイメージの「陰」、これは時に血なまぐさい残虐表現をとる。そして「陽」といえば、日本美術が古来もっている「エンターテインメント性」としてあらわれる「機知性や諧謔性」すなわち「アソビ精神の伝統」とつながっている、としている。辻氏のあげた作家はいずれもこの両面を併せ持っていたように見える。

奇想の陰陽二極は、中世芸能でのべた「冷えさびの無常」と「熱い無常」の二極と妙に響き合っている。

宗達の「風神雷神図」や光琳の「紅白梅図」。大雅、玉堂、写楽、そしてさらに、将軍家ご臨席の御殿にても、「席画」と称する大道芸まがいの座興を演じて恥じなかった北斎(36)などもこれに連なる。

この奇想派[37]とは、異端の少数派ではなく、やがて主流となるべき前衛と考える辻氏によれば、「それらを推し進めている大きな力」が「民衆の貪婪な美的食欲」にほかならない、とする。卓見であろう。

なお、さきに紹介した西山氏は、ケレンともよばれる江戸後期の怪奇醜悪、ゲテモノ的表現について、「江戸町人の力が内発的発酵力で爆破したようなもの」で「退廃と言うより力の炸裂」とする[38]。

大胆なデフォルマシオン、即興性と奇想など、奇抜といえば辻氏の紹介する五人の他にも、北斎（一七六〇―一八四九）はもとより、「極彩の闇」とも呼ばれる幽鬼じみた芝居絵で名を馳せた土佐の絵金（一八一二―七六）、古河藩士の河鍋暁斎（一八三一―八九）もこの範疇に入るだろう。鉄斎のアイヌ集落や、河童や魑魅魍魎を好んで描いた牛久藩の士族小川芋銭（一八六八―一九三八）なども、雅俗混交の奇想という点ではこの血筋を受け継ぐのではないか。

ところで若冲について、『奇想の系譜』の巻末に収録された辻氏の述懐は、まことに興味深い。本書を通底するアソビに触れる遊相文化に深く関わるので、ノートしておきたい。

「そしてまた、これは芸能の分野にも深く関わる事だが、古来日本には、祝祭の折、風流の『作り物』といって、自然のさまざまなモチーフに日常の生活用具の模型を作って飾り立てるという風習があった。その場合の『作り物』とは、モデルのままのコピーではなく、様ざまの奇抜な趣向を凝らしたその『見立て』なのである。華やかに装われた『作り物』の『奇趣』がみるものの眼をおどろかせ、日常生活から解き放たれた異次元の世界に彼らを誘う。このようなアソビまたは風流の伝統を念頭に置いて、本書の画家たちの奇想ぶりに眼を転じるとき、彼らの好みが必ずしも江戸時代の独創ではないことをしるだろう」（傍点筆者）という。同感である。

そして、奇想というものを「時代を超えた日本人の造形表現の大きな特徴」とおもうようになったという。つまり辻氏の注目する奇想のなかには、中世まで遡る懐の深い基層文化への通路が見え隠れしている。その基層文化への遡行は江戸が終点ではない。それは日本の風土の根茎につながる情念なのだ。

「日本近世のエキセントリックス」という問題意識をもつ辻氏はさらにつづける。「マンガやポスター、壁画などを有力な表現の場とする現代の最も先端的な造形と、奇妙な符合を見せるこれら奇想」に強い関心をもつという。[39] 氏の奇想デフォルマシオン理論はこの国の基層文化へとどく射程をもっている。

5　大衆行動文化──風土デモクラシー

（1）文人墨客のサロン文化

武家イデオロギーの背骨ともいえる朱子学的儒学に異論をとなえて一世を風靡したいわゆる蘐園《けんえん》学派[40]は、古文辞学の徂徠（寛文六／一六六六─享保十三／一七二八）亡きあと経学派の太宰春台と服部南郭（一六八三―一七五九）の文雅派（詩文派）に分裂した。若くして和歌や漢詩文に親しみ、儒者としてはまことに変則的な文人墨客の門をひらいた南郭は、京都の富裕な商家にうまれ、若くしてその秀でた画業、詩文によって評判が高く、徂徠にも決定的な影響をあたえた京の儒者、仁斎とその一門の動きも承知していたであろう。

政治的倫理学の軌道をはずれて、「仁」すなわち「愛の共同体」を目ざす社交的倫理学を展開し、町人の生活感情を思想化した京の儒者、伊藤仁斎[41]（一六二七―一七〇五）は、朱子学的な官製儒学に背をむけ、孔子の原典へ直参してその肉声に接する古義学を開いたひとである。鷹ヶ峰の巨匠、本阿弥光悦を遠縁の祖先にもつ仁斎は、光悦の社交的な工芸文化に私淑する光琳・乾山と従兄弟の関係にあり、材木屋の息子として生まれた彼自身が元禄期の「京都町衆」の一人であった。仁斎の思想からして弟子は町民がおおかったが、大石良雄のような武家も少なくない。つまり文化の超階級性はこれまた京都ならではの光悦譲りであった。このような階級をこえた文雅の輝く星、慶長期の光悦については、第5章でやや詳しく見ることにしたい。

町人学者がひらいたこの和風の儒学は、ほぼ同じ時期に、さかしらな漢学への違和感に発した摂津の契沖（寛永十七／一六四〇―元禄十四／一七〇一）、遠江国の真淵、伊勢の宣長（一七三〇―一八〇一）などの国学の系譜と響き合うであろう。いずれも一時期、京に遊学している。

さて、幕府お墨付きの程朱の学の軌道をそれて、和風文化の引力圏に入った思想界のヌーヴェルヴァーグのなかに、文人墨客という役者たちがあらわれる。その多彩な群像は封建イデオロギーの鋳型にはまる人間像を拒み、みずみずしい感性を競いあった。

歌垣や相聞に発し、連歌、連句、茶の湯にみるように、我が国の文芸や諸芸能は、発生期の社交的な性格を残しながら育った。この生活感情こそが、美意識の性格をきめる母胎であり、人と人の絆の発生するまさにその節目に、数知れぬ工芸、建築、造園、というはばひろい生活の造形も産まれたのであった。

江戸の文人墨客の遊んだサロン文化もその一例である。そこに交わされた批評精神と個性的表現は、自由で反俗的な社交性の精華といえる。このあたらしい詩文の世界には、もはや中世禅林の風を旅衣にいれた芭蕉の風雅は薄れていたが、その「高悟帰俗」は、かれらの酔狂とアソビのなかに生きていた。

料亭・八百善[42]に足繁くかよった儒者の亀田鵬斎は、あのミミズがのたくったような良寛の字体にすっかりとりつかれて江戸へもどってきた。「鵬斎は越後かへりで字がくねり」と口さがない江戸っ子に冷やかされたが、酒を飲めば、斗酒なお辞せず、よだれを流して談論風発する豪放磊落ぶりは庶民になかなかの人気だったらしい。のちに寛政異学の禁では、いささか痛い目にあったが……。

文化サロンは、アトリエではないから、そこからただちに絵画や工芸の具体像が生まれたわけではないだろうが、社会階層をこえた文人墨客という自由人が出入りする美食と風流の社交圏は、江戸中後期の町民文化にみずみずしい文雅の気風を吹き込んだ。文化デモクラシーともいえるこの風土公共圏の湧泉には、足しげく通った江戸琳派の酒井抱一など、遠く光琳、光悦へ遡る気配がある。

中世末期に湧き出た京都町衆の風土自治の水脈は、江戸のサロンへ流れ着いた。

漢詩文を懐にしたこの文化サロンのやや高踏的な気分も時代とともに大衆化していく。すなわち、「江戸も後期にはいると漢詩はかならずしも武士の占有物ではなくなった。化政期にはいると漢詩は農商工の各層にまで普及して、作詩人が飛躍的に増大し、大工の棟梁や地方の商人、名主、はては芸者まで手を染めるようになった[43]」という。こうした文芸サロンの大衆化は、同時に食文化の開花に火をつけ、やがて向島百花園もこれに加わった。

八百善型の文人サロンは、奇しくも、フランス革命前夜のサロン文化の時代にかさなる。八百善サロンは民衆文化を煽り、パリの啓蒙サロンは革命を招いた。統治の責務を離れた江戸文人たちは平和な「風土公共圏」を円熟させ、文芸に発しやがて政治に視坐をうつした後者は「市民公共圏」を拓いた。

(2) 風土共同体——大衆行動を軸として

以上のように、朱子学的な文化統制の隙間をぬって、個性的な自己表現をもとめ、あるいは身分の檻をこえて遊泳する貪欲なアソビの食欲は、さまざまな文化の花園を造り始める。その大衆的な行動文化に注目した西山松之助氏に沿って考えてみたい。それは例えばつぎのような行動をさす。

「神社や仏閣への参詣、名所を訪ね歩く旅行、温泉場への湯治、物見遊山、納涼、虫聞き、月見、祭礼、盆踊り、縁日、開帳、見世物、そのほか、茶の湯、生け花、踊り、音曲……」

西山氏によれば、行動文化とはいずれも自己解放に帰着し、二類型を認める。ここではそれを遊芸文化型、巡礼共同体型と呼ぶことにしたい。

A　遊芸文化型　茶の湯、生花、歌舞、音曲、俳諧、狂歌などに代表され、現実を遮断する変身の論理によって別世界を組織し、身分階層をさえ逆転させる自己解放へ向かう文化。さまざまな行動文化のなかでも、身分の隔てなく参加できる遊芸文化は盛況であった。茶の湯、俳句、香道、華道、長唄・端唄・常磐津・清元など、師弟相伝にかかわる家元からの免許状を熱望した。家元制度には、人生の愉楽ばかりか、封建身分制の軛を解き放つ神通力があったのだ[44]。

俳句の俳名、尺八の尺名、華道の免許状など、遊芸の世界では武家、町民の隔てなく授与された芸名を名乗って、その世界で変身し、身分を霧消させたからである。「つまり武力革命をおこなわないで、文化的に身分制を否定し、ここで自己を解放することができた[45]」。とくに、義太夫、常磐津、新内、清元などが江戸の旦那芸として盛んになった。ちなみに、天明年間に流行した源氏流の華道などは、全国の高弟百人、全門弟三千人というから、家元制度という風土共同体の大波を知ることができる。

遊芸文化の集団のなかには、全国的な家元制度によらず、気の知れた好き者が寄り合う「連」とよばれる緩い結社も多かったようである。俳句、狂句などによく見られた。第5章で紹介する「巨川連」のように、錦絵の技術開発に貢献した連もある。いずれも身分から解き放れた超階級集団であった。

B 巡礼共同体型　人間としての自由と平等を目指す自己解放の波は、遊芸いがいの広い文化運

動をふくむ。祭祀、参拝という行動も、群衆へ埋没し、身分差別の現実をこえる方法であった。

・**名所巡り**

一七八〇年（安永年間）以降、おびただしい都市名所案内書が発刊された[46]。今風に言えば漫遊、観光のはしりだが、講をつくらず単独行動であっても、参拝の時期、巡礼の道筋、それにともなう風物詩など共通の愉楽という民衆的了解がともなっていた。

複数の観音を連ねた霊場[47]をセットで一巡する時間は、さらにめぐる季節の風物をそえた二重の円環性にそって演出されていた。「江戸名所花暦」はその成果であろう[48]。「巡り」については、第Ⅱ部でややくわしく触れるので参照されたい（第8章第3節参照）。

・**金石文化と講**

富士講、庚申塔、十三夜講、えびす講などの地縁的な祭祀集団は成就記念の石碑などを寺社に奉納する習わしがあった。石地蔵の造営、寺社の玉垣、狛犬、鳥居、石灯籠、手水鉢などが、寄進される。

境内に寄進される筆塚、包丁塚、三味線塚などは、その筋を生業とする人たちのモヤイ講、ユイ講などの記念碑である。たとえば、江戸駒込の光源寺の庚申塔の台座には豆腐屋、お手形持、植木屋、八百屋、左官、笹屋、萬屋、車屋、大工、傘屋、畳屋、その他多くの商家屋号などが記され、講中二〇八人に及ぶ庚申塔もあった[49]。

信仰の参拝講は、遠路にては資金を供託して代参をおこなう一種の互助制度となっていた。伊勢講、成田講などとならんで江戸ではとくに富士講がさかんであった。江戸市中六八箇所ともいわれる多くのミニ富士が築かれた。そのおおくは消失したが、いまでも東京・駒込の富士神社の富士山体にはおおくの職人団体、芸能者、町内会などが寄進した講の記念碑が林立している。

富士講は享保十三（一七二八）年、熱心な富士信仰で知られた伊藤伊兵衛なる油商人の布教の成果で、その教義は男女平等、身分平等ということに町人的な理念であった[50]。この参拝巡礼という大衆的な情念は、群衆の中へ自己の身体を投企し、身分の差異を溶かす門前の盛り場へなだれ込むであろう。

遊芸文化も巡礼共同体も階級を超えた風土公共圏の好例として風土座と呼ばれてよい。

（3）大衆批評という文化創造

・批評という参加

村祭りの神事の余興に発した芸能では、芝生に陣取った村人たちは弁当をつかいながら、舞台の役者につながって芝居を楽しんでいた。そのような余韻をのこした歌舞伎小屋の群衆は、気に入らなければ上演の最中に痛烈な罵倒をあびせたり、半畳[51]がとびかったり、華やかな掛け声を献呈した。宮地芝居はもちろん、れっきとした官許芝居でも平土間には弁当を楽しむ行楽気分がみなぎっていたろう。

行楽気分といえば、江戸城中では正月などの慶事には町入能が催されたが、将軍が御簾のかげからお出ましになると、白洲に陣取った威勢のいい町衆から「親玉!」と声があがったという。贔屓の役者に声をかける芝居見物と同じ感覚だ。あまりやかましくて、能が始められず、懐紙につつんだ飴を口にふくませ静粛を待ったという(第8章第4節(3)参照)。随分、おおらかなはなしだが、町民にとって芝居は「鑑賞」ではなく、自ら演出する気分であった。寛政、天明期の美人画なども、モデルの個性が描き分けられ、花魁はもとより、どこそこの町娘など、民衆が自らのアイドルを見出し、江戸文化の創造に批評家気どりで参加していた。

全員参加という日本の神遊びの習いがそこに生きている。芸能は町民の目利きと好みで育てられたといってよい。芸能の批評を専門家に任せず、町民が自ら文化の創造に参加する風土デモクラシーの世界がそこにあった。

・江戸万句合わせ興行

遊芸文化の延長として開花した万句合わせの興行は、なかなか興味深い。自由投句による俳句コンクールといえるこの集団芸はときに一万句をこえたという。

興行を主催する会所(取次)が題や締切日、入花料を記したちらしを配り、句を集めてプロの俳人の評を受け、入選句を披露する。高点句を印刷し、景品を添え、加点の詠草を地方の小取次へ返すのが一般的運営形態だったようだ。寺社が親元になる奉納発句会では、全国公募もあった。末社を通じた全国通信ネットワークがはたらいたであろう。いずれも大衆メディアの発達が大きな支えになった。いまでも、俳人小林一茶（一七六三―一八二七）が選者を務めた発句合わせの募集チラシの版木が骨董屋の店先に転がっていたりする。

発句合わせは元禄ごろに始まり、一茶の活躍した化政期には、庶民の安上がりな娯楽として普及した。応募は有料だが、入賞すれば、縮み織りや小粋なしま柄のつむぎがご褒美だ。中世に遡る寺社と芸能の縁は生きていた。

さて、このようなさまざまな行動文化と平仄を合わせるように出版文化は盛り上がった。メディアというフイゴで煽られた大衆の熱気は、いっそう大きな火炎となって舞い上がる。その周辺には浮世絵の工程として、摺り師、絵師、彫師、筆師、紙師、絵の具師、鑿師《のみし》や研ぎ師など多くの職人があつまってくる。経済への影響も甚しい。江戸ばかりか、京都の六角堂近くにあった八文字屋は関西メディアの総本山であった。

（4）風土公共圏の発熱点——盛り場

さて、溶岩流のように熱い大衆のマグマ溜まり、それこそは盛り場であった。平賀源内（享保十三／一七二八―安永八／一七八〇）の案内で、両国橋のたもとを覗いてみよう。

「天を飛ぶコウモリは蚊をとらん事を思ひ、地にたたずむよたかは客を止めん事を図る。……僧あれば俗あり、男あれば女あり、屋敷侍の田舎めける、町者の当世姿、長きくし、短き羽織、若殿の共はびいどろの金魚たずさへ、……はやり医者の人物らしき、俳諧師の風雅草木、……色有りの芸妓、……長局の女中、剣術者のみのひねり、六尺のこしのすはり、座頭の鼻歌、御用達のつぎ上下、浪人の破れ袴、隠居の十徳姿、役者の野良つき、職人の小忙しさ、仕事師のはけの良さ、百姓の鬢のそそけし、押わけられぬ人群衆は、諸国の人家を空しくしてくるかとおもわれ……」

平賀源内『根無草』

（西山氏の引用を参考に要約）

びいどろ細工、鉢植え、髪結い床、飴売り、ほおずき、大道芸、芝居、さまざまの見世物[52]、書画会、踊り、長唄、新内、講釈師、土弓、芝居、料理屋、茶屋……両国橋東岸の回向院は相撲ばかりかご開帳でも大衆をひきつけた。『江戸名所図会』の著者、神田の町名主、斎藤月岑も祭礼の打ち合わせ、回向院のご開帳だと、しきりに両国かいわいの料亭へ出入りしていたらしい。蒲焼のにおい、弾ける焼きトウモロコシ、そば……。川辺の夜空に破裂し、やがてさみしき花火は、夏の宵の華であった。

盛り場といっても水辺型、遊郭型、神社門前型などさまざまであるが、一口にいえば、大衆的価値感情と自己表現の場であった、といってよい。階級という擬制を融かしてしまう盛り場という「るつぼ」は、ありていにいえば、基層文化の噴火口で煮えくりかえるマグマ溜まりであろう。

江戸町人文化は、武家も巻き込んだ洒落たアソビごころによって、階級的な緊張を平和の裡に解消した。
西欧社会はマジメな「憐れみ」という寛容の心によって階級の緊張を解こうとしたが、江戸社会の盛り場は「洒落」「諧謔」「人間的な共感」という人的結合の隙間（アソビ）によって摩擦を和らげる仕掛けであったか。

さて、以上のような江戸の町人文化を石田一良氏は、見事に総括する。(53)

一、人間への興味、二、個人的感情、三、大衆的価値感情

すなわち、第一に、大都市生活とは、「超越者への関心が衰弱して人間への興味がたかまり、人間的感情の興隆」することである。江戸文芸において、たとえば、西鶴において「遊蕩の果ての臨終に極楽世界から聖衆ならぬ遊女の来迎を受ける趣向……超越的なものへの軽蔑」を感じせしめる。第二に、体制を守るために神学化した朱子学の類型的人間像を離れた個人の趣味、趣向への傾斜、第三にこれらを保証する大衆的感情への埋没、である。

特に祭礼、出開帳、富くじ、縁日、門前歓楽街、盛り場にみられる「大都市の雑踏に対する共感」、「群衆とともにある――群衆になる――ことに対する喜び、自己を群衆の中に埋没させることに対する、限りない喜び」があり、専制政治の厳重な統制下に在る町民にとって、雑踏こそが人的結合や人間的感情の解放と刺激をあたえたとされる。さらにいえば、「盛り場の真っ只中にまつられた神仏に『浮世』の所願の満足を祈願した」すがたをみれば、近世大都市の生活は「一種宗教的な意味」をさえもつにいたったのであり、とりわけ、「文化的価値が創造され……価値の基準の決定さ

れる盛り場は聖地」であった[54]。

飽くなき人間の追求は、封建イデオロギーにかなった朱子学的な人間観から逸脱する危うさをふくんでいた。したがって、それは制外の場所として許された劇場と遊郭にて「悪の花」を咲かせざるをえなかった、と石田氏は結んでいる[55]。しかし、江戸の盛り場に見られる文化の逸脱現象は、大陸わたりの政治思想を超えた文化の和風化現象であり、石田氏の指摘どおり「大衆の自己認証」という風土への大きな転回運動の軌跡であった。それは基層文化から吹きあげた列島和人のホンネといえる「大衆の自画像」であり、「民衆のあくなき美的食欲」（辻、本章第4節（2）参照）の噴き出しとも言えるだろう。それは「悪の花」ではなく風土自治の花ではないのか。

結論。町民主導による超階級的な風土自治は二段階をへて成長した（本章第5節（1）参照）、その一は京都の公家・町人ルート、その二は江戸の群衆・町民ルートである。そこに継承された高度の風土自治は、政治性のつよい西欧の普遍自治とは別次元の価値を持ちはしないか。

なお二点補足しておきたい。

その一、風土公共圏の基礎を築く高い民度。数多くの習い事の組織や講、連などにくわえて、多くの民間教育組織、とくに幅広い町民層の基礎教養を引き受けた寺子屋の活躍を記憶にとどめたい[56]。

その二、都市文化ばかりか、国土の運営についても、町人、農民層が果たした役割はきわめておおきい。角倉了以・素庵父子による慶長期の高瀬川運河をはじめ、国土基本図をなした伊能忠敬（一七四五―一八一八）、沿岸物流航路の開発に挺身した河村瑞賢（一六一七―九九）、農民出身の二宮尊徳（一七八七―一八五六）の報徳仕法と呼ばれる経世済民の活躍を特記すべきだろう。さらに砂防林、水道事業、治水、水田開墾など話題はつきない。都市文化のコンテンツばかりでなく、国土・都市の戦略的インフラにおける町民層の活躍に注目したいが、他日を期すべき大きな分野である。

注および風土資料

（1）惣村自治　水稲耕作と入会山を基底として組織された神前の寄り合い。祭祀組織と共同生産生活組織を兼ね備えた合議制自治組織。宮座と呼ばれるこの神社祭祀組織では「当屋」が交替制で世話役をつとめながら運営され、その座順は厳しく決められていた。惣掟はきびしく（一回欠席したら排除）、自検断（警察）入会地管理、領主への交渉団体としての百姓請税務をこなしながら、地侍を中心とした武装を背景に、強訴、逃散、一揆に及ぶこともあった。祭祀共同体、水利共同体、水防共同体、治安共同体をかねた風土共同体である。

（2）林屋辰三郎『町衆』中公文庫、一九九〇年、九六頁。

（3）佐々木銀弥『中世の商業』至文堂、一九六一年、一四四頁。都市座は既に平安末期に祇園の綿本座が存在したとされるが、鎌倉時代の元亨三年、綾小路に紺座が成立。綿新座は鎌倉中期に成立。以降、三条・六角町、四条綾小路など、南北は三条から七条、東西は西の洞院から室町にかけて、京の中心部におおくの都市座が成立していた。この商工座の立地範囲の中心を占める寺院・六角堂は町衆たちの寄り合い場所になった（本章第2節参照）。

（4）林屋、前掲書、九四―一〇〇頁。

（5）嘉吉の変　室町時代の嘉吉元（一四四一）年、播磨・備前・美作の守護赤松満祐が、室町幕府六代将軍足利義教を暗殺した事件。応仁の乱を予告するような将軍政治の混沌であった。そのご関東府の分裂をひきおこした享徳の乱（一四五四―八二年）、つづいて応仁の乱（応仁元／一四六七―文明九／一四七八年）の引き金になり、室町幕府の脆弱化とともに、治安はみだれた。すなわち、正長の土一揆（一四二八年）、嘉吉の変の年に起きた山城の大規模な土一揆など、義政治下の無謀な徳政令（享徳三／一四五四年）の引き金になった。

（6）林屋、前掲書、一〇八頁。

（7）法華一揆　天文元（一五三二）年、浄土真宗本願寺教団の門徒（一向一揆）の入京の不安がひろがり、法華宗（日蓮宗徒の町衆）は諸侯の軍勢を背景に本願寺系の寺院に火を放った。さらに、天文五（一五三六）年七月には延暦寺一門の僧侶が、教義論争のはてに都の法華宗徒を堺へ武力追放した。

（8）藤木久志『雑兵たちの戦場』朝日出版社、二〇〇五年、二五―二六頁。信長と家康のはじめての上洛（永禄十一／一五六八年九月）に際し、戦場の物取りだけでなく、人の略奪を意味した乱取りは、放火、物取り、牛馬の略奪、身代金めあての幼子や女性が犠牲になったという。大名たちは「乱取り法度」を連発しているが、戦場を覆う泥まみれの熱狂を火伏せできたかどうか、甚だ疑わしい。一万あまりの兵を率いた天正元（一五七三）年の信長上洛においても「京中辺土ニテ乱防ノ取物共、宝ノ山ノゴトク」というありさまであった。ずっとあとの、大坂夏の陣ですら、野盗、雑兵どころか、葵の紋章をつけた徳川の兵士までも狼藉に加わっていたとされる。

（9）林屋、前掲書、一一一―一一四頁。

（10）誓願寺　新京極・六角通。江戸時代初期、この寺の和尚・安楽庵策伝の編んだ笑い話の説話『醒酔笑』が落語の先駆とされる。往時、三条まで広がった境内には多くの見世物小屋が開かれ、落語家、舞踊家など芸能者の帰依をあつめた。このような歴史に鑑み、皇居移転で衰退の危機にあった明治期、ここに新京極というあたらしい盛り場が開かれた。

（11）高橋康夫『京町屋・千年のあゆみ』学芸出版社、二〇〇一年、九六―九九頁。

（12）上田篤『流民の都市と住まい』駸々堂、一九八五年、二八三頁。

（13）高橋、前掲書、一四八頁。

(14) 折口信夫『日本芸能史六講』講談社学術文庫、一九九一年、三二二頁。

(15) 小笠原恭子『出雲のおくに——その時代と芸能』中公新書、一九八四年、三九—四二頁。疫病、厄神、御霊を誘い出し送り出し、鎮めるための呪術的な行為において、御霊をおびき寄せる依り代は荒く激しいエネルギーを放つ異形が求められる。民衆的エネルギーに風流意識が加わった呪術的な美意識がそこに育った。

(16) 同朋衆　室町将軍、大名に近侍して、芸能、茶事、座敷かざり、造園、華道、連歌など諸芸に秀でた僧体の者。阿弥号を称したが、全てが時宗ではなかったとされる。世阿弥や父の観阿弥も同朋衆であった。義政の時代、能阿弥・芸阿弥・相阿弥の三代は芸能の万般を指揮した。

(17) 小笠原、前掲書、四五頁。

(18) 芸能の起源と発展　芸能の起源は「祭り」に発する饗宴におこった、とする折口氏はつづけてこういう。日本の芸能は「支那人が考えてをったやうな、美しい、いはゆる六藝（「礼・楽・射・御（馬車の操縦術）・書・数」）にちかいやうなものではない。この芸能にたいする考えは、まだ自由に動いている時代で……あたらしい興味を刺激するような、……野球・庭球のようなものでも……藝能の中に取り込むことは出来る」のだ。

なお、田遊びのような神事を神アソビという時の「アソビ」とは「鎮魂の動作」を意味する。鳥獣狩りをアソビというのは、そのような生物が人間の霊魂を保存するから、それを迎え鎮魂するのだ（折口、前掲書、五四頁）。

(19) 限界芸術　鶴見俊輔氏の造語。純粋芸術ではなく、その裾野に広がる民衆的芸術の総称。第7章第5節参照。

(20) 盛り場の起源と勧進興行　応仁の乱のころまでは、加茂河原、祇園・稲荷二大社の御旅所や諸街道から京への入り口にあたる鳥羽、西七条などの街道の辻などで勧進興行が催された。勧進僧の拠点は、矢田寺、六道珍皇寺、印旛堂、千本焔魔堂、北野天神、など霊魂の集まる場所であり。特に河原は、この時代は四条より上の冷泉どおりあたり、あるいは糾河原などが、盛り場的な賑わいを呈していた（小笠原、前掲書、参照）。

参考文献　森栗茂一『河原町の歴史と都市民俗学』明石書店、二〇〇三年。

(21) 松本清張『小説日本芸譚』新潮文庫、一九六一年、三七頁。

(22) 林屋、前掲書、一一八―一二〇頁。

(23) 曲舞《くせまい》　観阿弥によって能に取り入れられた曲舞はもともと諸国の散所・河原に住み着いた隷属民の手で伝承され、巷間にはやっていた庶民の娯楽で、千本焔魔堂には近江、河内、吉野から多くの声聞師《しょうもじ》たちが集まった。嘉吉の変のすぎたころ、諸国をさすらう曲舞群のなかで越前の幸若太夫が評判をえて、たびたび西園寺家にめされたし、宝徳三年には、千本焔魔堂で中原康富が見物している。応仁文明の大乱をはさんで延徳元（一四八九）年には同じく千本焔魔堂で中御門宣胤が見物している。後小松院も数回のご高覧があった、という（小笠原、前掲書）。

(24) 林屋、前掲書、一二一―一二二頁。

(25) 小笠原、前掲書、七八頁。

(26) 小笠原、前掲書、七五頁、九八―一〇〇頁。

(27) 勝海舟『氷川清話』講談社学術文庫、二〇〇〇年、二四二頁。

(28) 江戸の町民自治　天明の浅間焼けにつづく飢饉をきっかけに、寛政の改革以降の町会所では、半年分の食料備蓄が行われたほか、半官半民の貧民救済、貸付など経済自治のほか、舟運のためのどろ砂さらいなど河川管理も担当した。町民による都市河川管理は広島の太田川では「砂持加勢《すなもちかせい》」という祭礼として行事化されていた。（参考文献　吉原健一郎『江戸の町役人』吉川弘文館、二〇〇七年）

(29) 古典落語「二番煎じ」　元禄時代の江戸小咄本に発したとされるこの上方落語は、六代目春風亭柳橋の定番であった。寒風の吹きすさぶ年の瀬、休暇中の番太にかわり、夜回りのため番所にあつまった旦那衆は、猪鍋に熱燗で酒盛り。そこへ見回り侍の同心がひょっこり顔をだす。

自身番屋で酒盛りはご法度だ。熱燗を隠そうとする旦那衆。だが怪しんだ同心にただされる。「これは酒にあらず、煎じ薬」と機転をきかす旦那衆に、同心いわく、「身共もこのところ風邪気味じゃ。町人の薬を吟味いたしたい」と煎じ薬を口にする。「うむ、結構な薬だ。もう一杯」。目ざとく鍋も見つけた同心は、鍋も酒もすっかり平らげてしまう。旦那衆が「もう煎じ薬がつきました」と告げる。同心、悪びれずにいわく、「しからば、町内をひと回りしてまいる。二番を煎じておけ」。学問的史料ではないが、よくできた話である。

本章注（10）誓願寺のくだりでも述べたとおり、落語の歴史はふるく、桃山期から貴顕に近侍する座敷芸や辻芸として発達。幕臣で化政期に活躍した船遊亭扇橋（生年不詳―一八二九）は、れっきとした奥平家家臣のお武家さま噺家であった。常磐津の太夫からの転身であったともいう。平賀源内、頼山陽、松尾芭蕉……武家と町人の間をひらりと往来する両棲人間は多く、タテマエはともかく文化の世界では、両者の境界は曖昧であった。

(30) 今田洋三「十九世紀のメディア事情」、『日本の近世14　文化の大衆化』中央公論社、一九九三年、二六九―三一八年。
(31) 小笠原、前掲書、一九二頁。
(32) 小笠原、前掲書、一九一頁。
(33) 石田一良『町人文化』至文堂、一九六一年、第一章二節、六八頁。
(34) 西山松之助『大江戸の文化』日本放送出版協会、一九八一年、一九七頁。
(35) 辻惟雄『奇想の系譜』ちくま学芸文庫、二〇〇四年、二四六―二四七頁。
(36) 葛飾北斎（宝暦十年／一七六〇―嘉永二／一八四九）。九代将軍家斉公臨席にて北斎は、刷毛で淡青を流した長い唐紙の上に、趾裏に朱を塗った鶏を放した。羽をばたつかせながら紙の上を走る鶏は鮮やかな朱の趾跡をのこした。北斎いわく「竜田川紅葉図でございます！」この一幅にみな膝を打って喜んだという。いささか出来すぎた話だが、ともかく、この「席画」という奇抜な座興は、大道芸さながらの即興的パフォーマンスである。町民芸の非記念碑性を言い当てた逸話である。（参考文献　榊原悟『日本絵画のあそび』岩波新書、一九九八年、一二〇頁）

(37) 奇想派　若冲（一七一六―一八〇〇）は、京の錦市場、青物卸商の長男として生まれた絵師。狩野派の門をたたくが、やがて転向、光琳に私淑した形跡もあるが、生業を弟に譲り独自の道を開く。芸事、学問ダメ、字も下手な若冲は、仏門に帰依して肉を口にせず、焼きとり屋の雀を全部買い取って、空に放つほど生類を憐れむ心をもっていた。写実の果てに写実をこえ、ついに「池辺群虫図」の世界をひらく。生涯独身。

若冲のほか、浮世絵の先駆けとされる「洛中洛外図」（舟木本）の岩佐又兵衛（一五七八―一六五〇）、狩野山雪（一五九〇―一六五一）、蘇我蕭白（一七三〇―八一）、長澤蘆雪（一七五四―九九）、歌川国芳（一七九八―一八六一）が挙げられている。

(38) 西山、前掲書、一八九頁。

(39) 辻、前掲書、二四三頁。

(40) 蘐園学派　元禄年間の江戸を席巻した蘐園学派は、学頭の徂徠（寛文六／一六六六―享保十三／一七二八）亡き後、朱子学系経世派の太宰春台（延宝八／一六八〇―延享四／一七四七、出石藩の武家、のち辞官して遊学）と、詩文的世界を遊泳する服部南郭（天和三／一六八三―宝暦九／一七五九、町人）の文人派へと分裂した。後者は、礼は優雅な形によって人を育む、理気人欲の程朱の学で人間を締めつけるのは良くない、という徂徠の考えを引き継ぎ、そこから文雅への道がひらけた。

(41) 伊藤仁斎（寛永四／一六二七―宝永二／一七〇五）。「かくて仁斎は本来、天下国家を治める政治的倫理学・倫理的政治学から一切の『政治性』を剝奪し、それに代えるに『社交性』を以ってし、倫理的社交学・社交的倫理学を建設したのであった」（石田、前掲書、一八五頁）。（参考文献　徳永哲也「日本思想史のルネサンスとしての古学」、『長野大学紀要』第39巻第3号、二〇一八年、二九―三九頁（一一三―一二三頁））

(42) 八百善文人サロンの面々。八百善は享保年間創業の名料亭、多くの文人墨客のサロンとなった。
酒井抱一（宝暦十一／一七六一―文政十一／一八二九、大名家出身）酒井家の次男として大名家に生まれた江戸琳派の中心人物。大名子弟の悪友たちと遊郭に通う放蕩時代の若い抱一は、芸文の世界に親しみ、寛政の改革期には、市隠として芸術や文芸に専念した。尾形光琳に私淑、向島百花園や八百善にて、多くの文人墨客と交歓。

大田南畝（蜀山人）（一七四九―一八二三）御家人として勘定所支配勘定を務める。山手連と称す狂歌師グループを主宰。

儒者・亀田鵬斎（一七五二―一八二六）、絵師の鍬形恵斎（明和元／一七六四―文政七／一八二四）、谷文晁（宝暦十三／一七六三―天保十一／一八四一）、その他、葛飾北斎など、また美食文化の発信地でもあった文人サロン「八百善」は将軍家も通った。四代目善四郎の著書に『江戸流行料理通』（文政五年）。化政期には向島の百花園もこれに加わる。
(43) 新谷雅樹「ある江戸人の異文化理解（4）」、『神奈川県立国際言語文化アカデミア紀要』二〇一六年第五号、六九―八七頁。
(44) 西山、前掲書、一七一頁。
普化尺八の世界では士分の者に限って、武蔵青梅の鈴法寺などが虚無僧を統制し、三印・三具の免許をだすことになっていた。宝暦ごろになると、江戸市中に尺八教授所を開き、吹き合いをはじめ、勝手に免許、芸名をあたえ始めた。これにたいし、普化尺八は武士の特権、とする幕府は町民、農民に免許を与えることを禁じたが、鈴法寺はこれに猛反対して押し切ってしまった、という（西山、前掲書、一二八頁）。
(45) 西山、前掲書、一二六頁。
(46) 観光案内　京都の商人吉野屋為八が安永九（一七八〇）年に刊行した観光案内書『都名所図会』の空前の成功は、その後『都林泉名勝図会』（一七九九年）など、各地の名所図会刊行の引き金になった。

江戸では天保年間、神田の町名主・斎藤月岑による『江戸名所図会』が知られる。出版メディアが大衆の自己解放を後押しした。

(47) 霊場めぐり　江戸三十三所観音参（坂東三十三所写し）、山手三十三所観音参、近世江戸三十三所観音参、王子駒込辺の三十三観音参、浅草辺西国写三十三所、深川三十三所など。

江戸の六地蔵、南方四十八地蔵、山手四十八地蔵、江戸東方四十八地蔵、山手二十八地蔵。これらは効能の文化（延命、病治、子安、火除、身代、厄除、開運、世嗣など）によって大衆を引きつけていた。それ以外にも、おおくの寺社の年中行事、境内の四季の花巡り、秘仏のご開帳、勧進興業の見物、など寺社の境内で催される季節の行事は、メディアとともに群衆を風土共同体化する契機であった。

〈参考〉千本焔魔堂（京都）の年中行事。洛北の葬送の地、蓮台野にちかく、あの世へ通じるとされた千本焔魔堂は小さなお堂だが、中世の末期には京洛きっての盛り場として賑わった。フロイスもこれを記録に残している。

一月一―三日　年頭会
二月二―三日　節分会（こんにゃく煮き）
四月第三土曜　普賢象桜の夕べ（野点茶会・奉納舞台）
五月一―四日　千本焔魔堂大念佛狂言
五月五日　わらべ祭り（フリーマーケット）
七月一―十六日　風祭り（夜間特別拝観・風鈴供養）
八月七―十五日　お精霊迎え
八月十四日　千本六齋念佛
八月十六日　お精霊送り
十二月二十三日　小野篁忌（お餅搗き）
十二月三十一日　晦日会（除夜の鐘）

毎週日曜　早朝のおつとめ（朝粥接待　午前6時より）
毎月十六日　閻魔様の日（本尊開扉）
毎月第三日曜　東寺流御詠歌奉詠
縁日などに際し、ほおずき、朝顔などの園芸市が盛んであった。

(48) 江戸名所花暦　参考文献　油井正昭「「江戸名所花暦」に見るサクラの名所と花見の様相」、『レジャー／レクリエーション研究』53号、日本レジャー・レクリエーション学会、二〇〇四年、九〇―九三頁。
http://jslrs.jp/journal/pdf/53-90.pdf

(49) 西山、前掲書、一七〇頁。

(50) 西山、前掲書、一七七頁。

(51) まずい芝居の舞台に投げこまれる小ぶりの畳。いまでも大相撲では、不甲斐ない勝負に対し、座布団が舞う光景がみられる。

(52) 盛り場の見世物　大道芸、猿回し、物まね、辻講釈、居合抜き、曲独楽、薬売り、はじめての象など多くの見世物が盛り場をもりあげた。（参考文献　川添裕『江戸の見世物』岩波新書、二〇〇〇年）
源内の両国見聞記に遅れること半世紀以上、十九世紀も半ばを過ぎると、パリにも盛り場らしき光景が現れる。しかしボードレールの陰鬱な芸術至上主義が切りとった群衆の孤独と悲惨そして落魄に比較すると、江戸名所の洒脱で陽気な大衆性が際立っている。（参考文献　ボードレール『パリの憂愁』岩波文庫、一九五七年から、たとえば「香具師」三八頁）

(53) 石田、前掲書、第一章二節参照。

(54) 石田、前掲書、一八五頁。

(55) 石田、前掲書、八七頁。

(56) 寺子屋　識字率の国際比較は諸説あるが、十九世紀中葉における日本の水準は、とくに庶民に広まった点で、控えめにみても、先進各国に劣ることはないと思われる。藩校、専門的な私塾などの裾野にあって読み書き算盤、手ならいや、地誌、歴史や多種の「往来物」によって職能に応じた手紙の書き方など、庶民の日常生活に必要な教養を授ける寺子屋のはたした国民教育の意義はおおきい。世俗性（特定の宗教によらない）と庶民性を特徴とする。幕末の江戸市中に大小あわせて千数百を下らないとされる寺子屋において、門弟たちは恩師の亡きあと、筆子塚を築きその遺徳をたたえた。寺子屋は学びの庭で結ばれた一種の講中であり、多彩な芸能系のお稽古ごとの門弟組織にならぶ風土公共圏の土台といえる。（参考文献　「幕末期の教育」文部科学省 https://www.mext.go.jp/b_menu/hakusho/html/others/detail/1317577.htm）

第3章

都市空間の詩魂

郷土の面影を求めて

図3—1　金沢・野村家住宅（山田圭二郎氏提供）

日本人にとって、縁側は至福の時間が流れる無為の場所であった。庭と家屋をぼんやりつなぐ、このアソビの「間《ま》」には空間の詩魂が棲みついている。

客体としての空間構造ではなく、人の血肉になった都市の面影について語りたい。客体として描かれた都市は、空間の屍体にすぎないが、内面化した都市の面影は生きながらえて、現実を突き動かす。

1　芯と縁

(1) 都心という神話

『表徴の帝国』で日本の都市を記号学の俎上にあげたロラン・バルトは、「東京の都心は皇居という空無を中心に回転する……中心は真理の場であるとする西欧の形而上学の歩みそのものに適応してわたしたちの都市の中心はつねに充実している」[1]という。たしかに、西欧の都心は、政治、ビジネス、宗教そして言論の中心である。

西欧都市の核をなす都心信仰は、一九六〇年代のモータリゼーションが招いた都心空洞化の危機を救った。コペンハーゲンのストロイエ通りに発し、たちまち全欧へ広がったこの都心再生運動の詳細はここでは触れないが[2]、ともかく、西欧都市が例外なく死守する「都心」とは西欧文明の基層文化であり、神話的実在といってよい。

西欧都市の地図を開いてみよう。城壁跡の環状道路に囲まれた中世都市がはっきりみえる。コンパクトな都心とは他でもない中世期の市民共同体が築いた城郭都市の輪郭そのものである。そこには教会、市庁舎（参事会議事堂）、商工会議所（ギルドハウスの名残）、そして中世都市発祥の原点といえるマーケットの賑わい、封建領主の居館などが、ぎっしり詰まっている。近代都市は、卵の殻のような城郭を破って、孵化し膨れあがったが、中心に抱いたこの金の卵を手放すことはなかったし、今後もないだろう。

古い建築の多い西欧都市とはいえ、記念碑的建築をのぞけば中世に遡る建築は必ずしも多くはない。イタリーの都市にみられるゴシック時代の共同住宅などは、アルプス以北では稀であろう。ほとんどは十八―十九世紀以降の建築である。にもかかわらず、歴史遺産だけでなく商店、デパート、銀行、ホテル、カフェなどが都心の華やぎを演出している。とくにどこの町の広場でも見かける市場（マルシェ）の賑わいこそは、中世都市の生き証人といってよい。

都市とは何であったか？　それは「ヨーロッパ中世文化の結晶である」と歴史家が言う時、そこには、第一次世界大戦の廃墟に呆然として立ちすくんだ彼らのこころの傷跡が重なっている。第1章に見た中世都市とは、自失した彼らが、己を取り戻すために描いた西欧文明の自画像であった。「都心」とはただの商業集積を超えた信仰の対象である。それは、神話化した中世都市が、現代に蘇る権現様といえる。それほどまでに深く根をはる都心は、ただの地理的中心ではない。デモクラシーの大義を掲げた、文明の再生産を保証する守護神だ。聖痕のように崇められる都心が消えた時、西欧文明は終焉するだろう。しばしば語った基層文化という視点からみれば、「都市」という文明神話こそ、社会階層を超えた西欧の基層文化といってよい。

ただし、近年、この地方都市の中心部の空洞化はふたたび楽観できぬ状況になっている。通信販売があらたな脅威である。注目すべきは、都心空洞化に対する危機感の深さであろう（第9章第2節参照）。

ともかく都市の危機に陥っている我々にとって、参考になるのは、民族の血肉になった都市神話の自覚であろう。どの文明にあっても都心は実務的に不可欠だが、存亡の危機にたつ都市が渇望するのは、実務をこえた神話性である。人を内面から突き動かすこのホンネを問わない都市再生は成功しないだろう。

(2) 山水占地という思想——都市はどこにある?

では、日本都市の神話はなんであろうか。日本文化圏において、都市はどのようにこの世界に在るか?

その答えは、「山河襟帯自然に城をなす」とみことのりして山城の地に新都をさだめた桓武遷都にヒントがある。[3] これを「山水占地」と呼ぶことにしよう。翠の襟のような山なみが帯のように流れる川を抱く山河襟帯の地相に都市を委ねる……この大陸わたりの思想は、時代とともにそのコスモロジカルな呪術的構図から解き放たれ、その堅いタテマエから抜け出して、日本人のホンネに沿った柔らかい風景の断片へと移行してゆくのだが、この和風化した「山水占地」思想は、都市の「内実」に先立って、それを囲む山水の佳境という「場」を選び取る。良くも悪くもこの山水占地思想がこの国の都市性を支えていた。

日出ずる国の都市は、形や構造という即自的な「実在」に先立って、まず「寄る辺」としての山水の場を選びとる。その寄る辺を頼りに生きる都市とは、何か? それは自立した実在ではなく、己の姿を山水という鏡に写して生きる「虚在する都市」といえよう。

西欧の都市がそれ自身に即して実在する堅い「芯」なら、日本都市は内実にもまして「環境との縁《えん》」に依りそって在る虚在都市であり、それゆえに中心よりもその縁《ふち》に特徴をもつといえる。次にさまざまな縁《ふち》の諸相を眺めてみたい。

2 縁《ふち》の無限反復

（1） 庭屋一如という設計思想――はじめに庭ありき

山水占地に始まる都市はその内外において、鏡のように山水を映す虚在性を「無限反復」しようとする。

都心すらも例外ではない。

日本の都市は西欧の城郭都市のように硬く重い城郭で限定されない。その外縁は小川や山裾に溶けこみ別業や隠居屋敷が散っていた。都市の郊外は、風雅で隠棲の場所として尊ばれていた。石田吉貞によれば、中世草庵の地相は「後ろは山、前は野辺」であったとし、日本の原風景を研究した樋口忠彦も同様な見方を示した（4）。

山里の外れに結んだ庵で、むせぶようなせせらぎに耳をすました中世の隠者たち……、聖俗を超えたその生き方を桃山期の町衆は庭の奥に引用し、市中の山居という「やつし」のライフスタイル

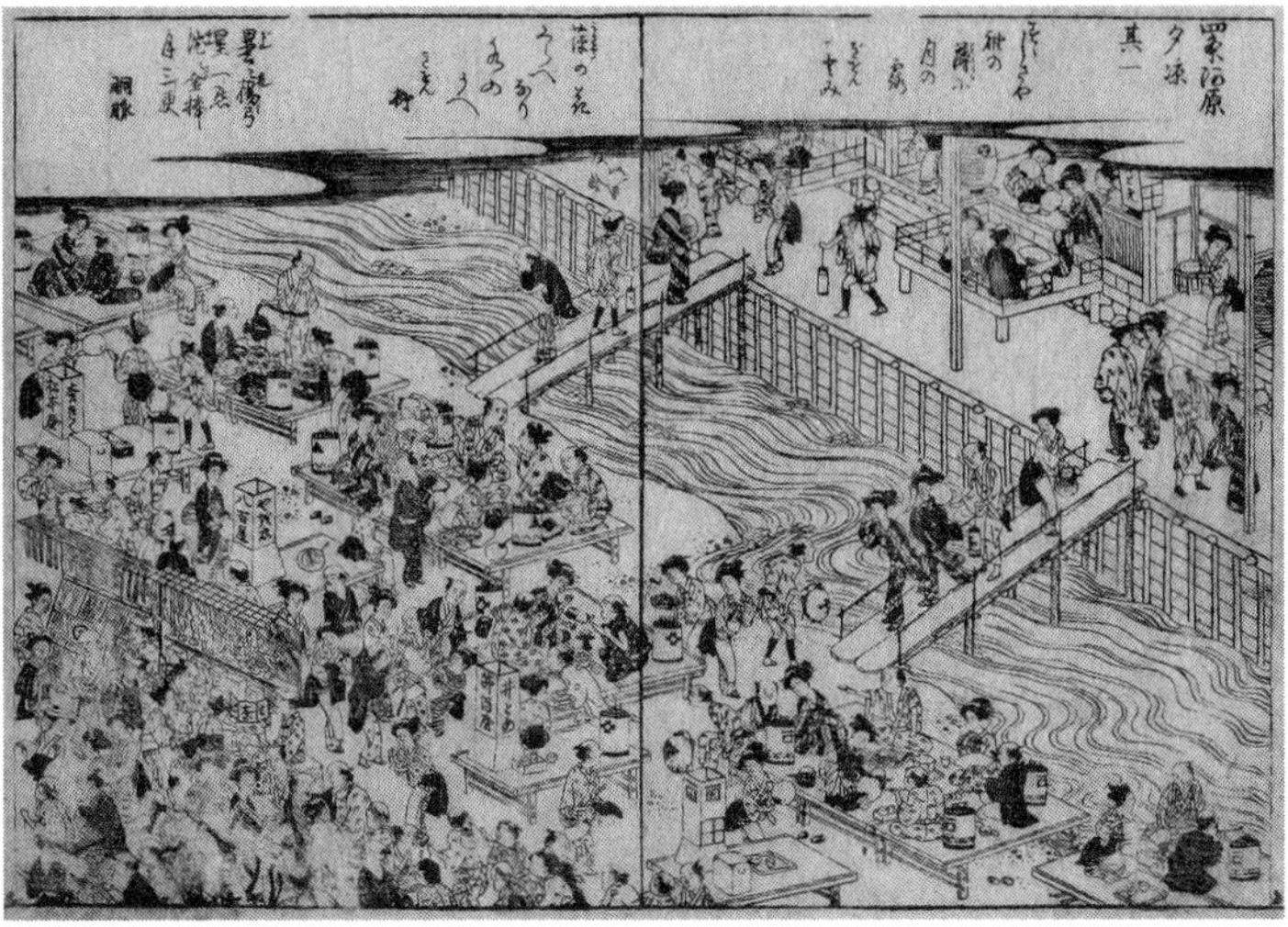

図3—2 「四条河原夕涼」（『都林泉名勝図会』日文研データベースによる）

をうんだ。洛中の屋敷の坪庭に結んだ庵は、旦那衆の社交の場になったことはすでに述べた（第2章第1節参照）。

西欧の都心が市民的公共世界という神話の舞台であれば、「市中の山居」は、町衆に共有された風土的な山水神話といってよい。やや私小説めいたこの空間は、やはり共同体が承認した生の価値、すなわち神話であり、その呪縛力は姿をかえつつ、生きのびた。

内と外のあいまいな境をなすこの縁は、社交の場になることが多い。

まず都市の縁《ふち》から始めよう。鴨川に張り出したあの納涼床（**図3—2**）。広重も描いた、応挙も筆をふるった。『都林泉名勝図会』の視線は、遣水のように網流する河床に縁台をならべ、夏の宴をはる河原の賑わいを執拗に追いかける。鴨川べりは東山と鴨の流れを庭に見立てた「都市の縁側」

であり「縁《ふち》の無限反復」という都市神話の見せ場である。

先づ頼む椎の木もあり夏木立

幻住庵に仮の棲まいを求めた芭蕉のこの句ほど、日本人の住まい観、都市観を端的にいいとめた言葉を知らない。

亭々と天を覆う椎の木陰に身をゆだね、枝葉の蔭から茫々たる山居の景色を眺める。そしてその集合体である都市は、「寄る辺」を差し出してくれる場所へ帰依し、そこへ己の身体を委ねることによって自己を了解するのである。

日本の住まいといえば、深い庇を差し出した「縁側」だ。家屋の縁《ふち》によって庭と家屋はふわりと結ばれている。庭あって家あり、家あって庭あり……。家と庭は相即不離の間柄にある（図3―1参照）。

その慕わしいあいまいな場所で家族が睦みあう。さらに、庭の奥へふみこめば、「離れ」という山家が用意され、そこにも濡れ縁を抱いた軒端が庭へむけてひらいている。

ひるがえって、座敷の奥へ退いてみよう。坪庭へ開いた縁のすだれが風に揺れ、ほの暗い座敷の奥に目を据えれば、床柱に咲く幻の一輪、これもまた人と自然の睦みあう縁《ふち》の風物ではないか。こうして、極度に象徴化された自然はついに「胸中の山水」となって、永遠に咲きつづけるだろう。

屋敷を構えるとは、まず結界に囲われた庭という仮象の山水を築く、その地形《じがた》へむけて開いた縁側をつけるのだ。なぜこれほどまでに、庭へ開いた縁にこだわるのか。貴賤をとわず繰り返すこの庭屋一如という身振りは、山水占地という呪術性のリフレインであった。心境一如の造形化と言っておこう。

人間《じんかん》いたるところ縁《ふち》あり……。

こうして日本の都市は玉ねぎの皮を剝くように縁《ふち》を復唱しながらその芯へむかう。中心は高エネルギーの「空」なのか？

(2) 結界の内と外──「間合い」の視覚化

さて、内と外のあいまいな縁《ふち》は、ときに結界と称する軽い仕切りで視覚化される。聖俗を仕切る神事に発する結界は、神の依代になる御神木のように、藁しでを垂らしたしめ縄を巻くだけで成立する。存在ではなく、象徴的な作法といえる(5)。

たとえば、縁側と座敷のあいだの障子も結界と呼んでよい。屋敷を囲むやや重い塀、座敷のうちを幾重にもしきって奥へ奥へ誘導するふすま。あるいは庭の内をしきるさまざまな垣根……。結界の意匠は数十に及ぶであろう。

さらにまた、壁がなく軽く透けた町家の外観はどうであろう。虫籠《むしこ》窓、すだれ、格子、矢来、商家なら粋な暖簾が風になびく……みな結界の意匠だ。高塀式町家の場合は、風通しのよい引き窓の

図3―3　「幻影の庭」智頭・石谷家住宅（三沢博昭氏提供）

ついた塀から庭木が覗いていたりする。つまり、町家の表がまえ全体が、一種の結界といえる。西欧風の壁式ファサードという重い構えはとらない。

　要するに、視線をさえぎったり、雨風を避ける実務的必要、あるいは宗教的な理由で都市のなかに生じるさまざまな結界は内外をふわりと仕切る。こうして座敷の御簾の外の庭はついに幻影となる（図3―3）。

　内外、公私、庭と室内など相接する二つの領域が、風のように戯れ、アソビが生じる。つまり、モノの存在を保証する外観や輪郭は甚だおぼろで、外にいても内側の気配が漂ってくる。内と外の隙間というアソビ性、または両義性は結界の大きな特徴であり、そのあいまいな「間あい」を生む「縁」こそが、空間に憑く詩魂の栖なのだ。庭屋一如として第Ⅱ部でふたたび掘り下げることになるだろう（第8章第4節（4）参照）。

都市のなかの小都市といえる藩邸や寺社などの内にたちいり、様々の意匠の門や塀などアソビめいた結界の数々を次々にくぐり抜けて奥へ進むと、なにやら異郷へ迷いこむ気分に誘われる。幾重にも畳まれた襞の奥へ人を誘いこむ結界の詐術によって、空間は時間の次元へ吸い込まれてゆく。記紀の昔から、高貴な禁裏といえば、八重垣をなす森の奥に鎮座すべきものであり、そこに華麗な造形はなく、湧き出す雲のような深さを感じるのみ、であった。結界の原型であろう(6)。

現在でも畏き辺りの住まいは、外からは窺い知ることはできない深い森の中である。都心に鎮座する華麗な宮殿が市民を睥睨する、西欧の作法とはまったく倫を異にするというほかない。

ところで、込み入った里山の起伏へ敷地がクラスター状に分割造成されると、石垣や石段が結界をなすことがある。そこに現れた「奥行き感覚」と「高低感覚」の複合分節は、起伏する山野に交じって生きてきた列島原人のみごとな時空感覚の風景表現であって、いわゆる庭園とは別種の風土表現と言ってよい(7)。

高層化を好まず、庭屋一如を理想とした日本の屋敷デザインは、奥と浅、フォーマルとカジュアル、季節の演出、茶礼の作法や主人の好み、政治社会的家格など、なんと多くの結界デザインを産んだことか(8)。さらにまた屋内を仕切る御簾、すだれ、衝立、屏風、商家の暖簾や帳場囲いや茶庭の関守石などなど……。それらの結界は、視線プライバシー、物理的障壁、光・熱の環境調節などの実用に応じながら、聖俗の間を戯れる記号として生きてきた。

3　虚在する遊相都市

(1) 見立て山水——勧請と解釈というデザイン

都市・江戸は富士山と隅田川に抱かれたまちであった。「江戸一眼図屏風」の大画面に眼を走らせよう。

四季折々の風物に彩られた江戸っ子の人生が、富士山に見つめられ、意味づけられ、風土化されてゆく。

江戸の守護神のように崇められた富士といえば、日参するにはいかにも遠いので、江戸市中にはたくさんの見立て富士が築かれた。そこに小さなお堂をたて、富士講で結ばれた善男善女があつまった。

地形という天与の造形に、人々がさまざまな解釈を施し、人生の意味を創造するという、いたって大衆的なデザイン手法はこの時代の特徴といえる。聖なる場所が長年にわたって蓄積された京洛と違い、歴史の乏しいニュータウン江戸に自分の生を預けるには、人が住むに足る「寄る辺」という新しい神話が求められた。見立て山水はその答えである。

こぢんまりした扇状地上に展開する京の都は、地形は平坦であったが、山の気配を慕うなら、近くの山の辺にそれを求めればよい。それにたいし、遠くにのぞむ富士や筑波の峰をべつにすれば、江戸府内は平坦で山など求めるべくもない。ところが、江戸城を取り巻く武蔵野台地の東の裾野は開析がすすみ、谷筋は古木のように曲がりくねり、枝分かれし、崖の奥からきれいな水が湧いていた。平地にも島のような小丘が浮いていたりする。つまり、平らに見えても、人の身の丈からみれば、いたるところ深山幽谷の気配が満ちる江戸の街は、あちこちに全国の名山、名所を見立て、名庭園の素材にもこと欠かなかった。

よく知られているように上野・寛永寺の山号・東叡山は、東の比叡山であり、そのふもとに広がる琵琶湖見立ての不忍の池には。これまた竹生島になぞらえた弁天島が築かれている。そればかりか、桜といえば、名所・吉野山から移植される、という念の入れようだ。名山に在す神仏の霊気を都市に勧請するというアソビ性の手法、いわゆる「見立て」は、江戸のように歴史が浅い都市には欠かせぬ手法である。この地相を読むという「解釈学的デザイン」こそは日本の造園術の奥の手でもあった。

その例をあげればきりがないが、加賀の白山神社、紀伊の熊野神社、近江の日吉大社、上総の香取神社、山城の愛宕神社、信州の諏訪神社……、これらの神社は江戸市中の緑豊かな小丘や水辺を本宮の山稜に見立てて祀られている。

それればかりか、高野山金剛峯寺、最澄の建立した比叡山延暦寺など、平安以降の日本の名刹の多くはそれぞれ山号をもっている。浅草寺のようにたとえ、平地にあろうと金龍山とよばれる。ゆえにそこには伝法院庭園という清々しい山水が招きよせられ、善男善女で賑わう境内は「奥山」とよばれた。「山」と一言となえれば、呪文のように山の気配が満ちてくる。

れっきとした山を欠いたニュータウン江戸で発揮された「見立て」というこの奥の手は、山ばかりではなく、「幽谷の気分」もまたこの原理によって演出された。江戸市中をながれる小石川、神田川、古川など、そこから台地の崖縁へ食い込んだ渓流の穂先は、おおくの武家屋敷の庭を潤していた。そこは、茶人好みの山里を築くのにもってこいであったろう。

藩政期、上総の久留里藩黒田家の下屋敷だった関口台の崖地は、椿が群生し、夏はホタル、春は桜の名所で、崖下からほとばしる滝の音が絶えぬ佳境であった。明治期に普請道楽の山県有朋の屋敷になり、いまはホテルの庭園だ。麻布の谷といえば、『江戸名所図会』の広尾水車の図でよく知れているが、近くの有栖川公園は南部藩邸のがけ下お庭であった。同じ笄川《こうがいがわ》の最上流部の細い支流を遡った窪地をゆかしい奥山里にみたてた佳作といえば、根津美術館の無事庵を思い起こすが、ここも河内国丹南藩の江戸下屋敷跡である。いずれも台地の上は平坦で起伏に乏しく、雅味にかけるが、庭師による地相の見立てと、山水の象徴表現によって、ただの崖縁が手品のように見事なお庭になった。江戸は幽谷の地相を秘蔵していた。

山と谷の見立ては以上のとおりであるが、奥の手はまだある。地形地名だ。根津、根岸、茗荷谷、下谷、四谷、千駄ヶ谷、山谷、渋谷、市ヶ谷、などの谷地名は数しれない。そこに台、原、野、塚、池、沼、沢、井、田、堀、浦、島、湊、などの名前もふくまれるだろう。さらにくわえて、高低の間を結ぶ多くの坂の名が刻まれている。麻布あたりを歩けば、暗闇坂、芋洗坂、うどん坂、鳥居坂、狸穴坂、仙台坂など……。江戸・東京の大地は、高低の差異をあらわす無数の坂の名でおおわれていた。

これに加えて、麻布一本松、小名木川五本松、天神臥竜梅、衣装榎、袈裟懸松・傾城が松、鎧掛松、などなど……枝ぶりのよい名木が、江戸市中の目印になった。込み入った自然地形は、徹底的に読み解かれ、棲み込まれて、山、谷、流れ、名木、名石をふくむ都市空間は、あたかも広大な回遊庭園めいた意味論的デザインの複合体といってよい。そこをすずろ歩きすれば、とりすました絵画的構図はたちまち散逸して、風土共同体が認知した季節の断片が乱舞するのを見るだろう。

（2）「場の気配」と風物——移ろう生を捕捉する

花の雲、鐘は上野か浅草か

芭蕉の生きた元禄の頃、振袖火事の始末に始まる墨東の市街化で、深川にも権門貴顕の立派な屋敷が目立ちはじめた。だが、見たい風景は人それぞれだろう。芭蕉が極小の詩型に素描した風景は、輪郭の確かな建造物ではない。梵鐘と花の雲がたなびく朦朧態の都市であった。そこには季節の気配しかない。それは、観天望気の感覚につながる虚在都市の面目といえる。

大都市・江戸は、いたるところにある隙間と縁《ふち》に、季節の気配が漂っていたが、それでもなお人々は、万人の認める花鳥風月の名所をもとめてうごきまわった。都市の名所は印刷メディアを手にした民衆の承認によって生まれた。花鳥風月は自然ではない。社交の場に咲く風雅な風土資産である。

虫聞きの名所、雪見の名所、四季の花鳥の名所は出版文化の盛行とともにあった。名所とは風土化された自然の凝縮点である。物売りの声、木枯らしの音、寺の鐘の音、初鰹の味、土のにおい、石垣の手触り、坂道の抵抗感、川風、ものの匂い、風鈴の音、鉢物の朝顔、やり水、こたつ……。市民の生活に芽生えた風物は、やがて季語によって言語化される。このような自然の社会化プロセスに並行して、人間の身体感覚も調節され風土化される。風物の諸相については第7章において、くわしく触れることにしたい。

（3）都市という「場の状況」

中世の寺社を中心にうまれた盛り場、そこから発した芸能性の熱気は近世に至っていよいよ燃えさかった。

歓楽のるつぼになった寺社や盛り場は、身分制度のくびきを解きほぐし、人間的共感が渦まく場所になる。中世都市の祝祭的興奮を引き継ぐこの巧みな制度は、「自然の風土化」と「社会の統合」を同時に進める都市マネージメントの要でもあった。

人間の生と死、聖と俗の境界を支配する寺社という妖域は、それゆえ、町奉行ではなく、寺社奉行の差配にまかされていた。料亭、芝居、相撲、小屋掛けの手品、みせもの……。建前として官許三座に限られていた芝居も寺社境内では宮地芝居として息づいていた。ニュータウン江戸はこれらの異境にすがって生きた。

隅田川左岸の湿地帯を市街化するとき、永代島の深川富岡八幡宮と成田不動界隈は明暦大火後の市街地拡大と復興の尖兵となる。両国・回向院や亀戸天神などの拠点寺社の建設は、居住、防災、経済、治安、など、人間の祈りと欲望、悪と善を呑み込みながら人心をつかむ太極点になった。それを理解した統治者は、昼と夜、正邪の両世界の秩序を併せ呑む寺社の混沌力を、ニュータウン江戸の人心収攬と都市繁栄の切り札としたに相違ない。

熱気がうずまく盛り場で、移りゆく季節や朝夕の時間を生きる人びとにとって、空間の造形は、時間とまじわりながら揺れ動く面影になる。こうして場の状況に溶けこんだ時間と空間は、相即不離となって、生命の律動と共振しながら呼吸する。不動の実在として空間の造形を崇める西欧都市に対して、人と場が戯れるアソビの相に生きる日本の都市は、虚在する遊相都市である。場の状況、気配、そして間あいの緊張のなかで、うつ（虚）→うつろう（遷）→うつろい（移ろい）という派生語の系譜を復唱しながら生きる虚在都市は、無常という生と死の流転劇を演じているようだ。

なお、「虚在都市の戯れ」というテーマに関しては、都市の「巡り」は欠かせぬ話題だが、第2章でもいささか触れた。さらに、第8章第3節（2）「天・地・人の戯れ」で総括したい。

4　苦吟する都市の詩神――内発的近代化の流儀

前節の話題は、いわば郷土の「型」と「匂い」であるが、やや角度を変えて西欧文明に視点を移そう。

英独仏の三国は、人類史上はじめて、科学・産業主義という大津波の来襲をうけた。都市や国土の詩魂はその近代化の過程で、どのように謳い、苦吟したか。

それぞれの煩悶と興奮に寄り添ってみたい。

（1）アメニティという生活常識――英国のおじさん、おばさんの心意気

産業革命と殖産興業という近代の先端を拓いたビクトリア朝の時代、湖水地方の野山を削って驀進する鉄道に反対のノロシをあげたロマン派詩人ワーズワース（Sir William Wordsworth, 1770-1850）をはじめ、ジョン・ラスキン（John Ruskin, 1819-1900）など多くの知識人たちがたちあがった。美術思想家として大成したラスキンは幼少期、湖水地方のダーベント湖で人生最初のインスピレーションを得た、と語っている（**図3―4**）。すこしおくれて、詩人思想家ウィリアム・モリス（William Morris, 1834-96）もこの戦線に参じた。遡上する鮭が消えたテムズの河畔に立ち、赤い炎をあげる工場の悪臭を浴びながら、そこに「地獄の荘厳」をみたモリスは『ユートピアだより』にて、テムズ

川を遡上し、美しい中世的風景を幻視する。

このようなロマン的な詩想の湧水点を訪ねれば、十八世紀の末に発見されたスコットランド先住民族ケルトの叙事詩とされる「オシアン」伝説まで遡るだろう。荒涼として崇高、キリスト教以前の、幽鬼じみた土俗的自然の眼差しに、詩人や芸術家の魂が震え、あるいはまた素朴で力強い中世職人たちの石造にひれ伏した。基層文化への目ざめだ。遥かなる美に酔いしれる彼らの詩魂は、様式よりもむしろ個人の内面に深くわけいり、同時に進行していた鉄と蒸気の産業主義へつよい違和感をもっていた。ありていに言えば、十九世紀の西欧文化を貫く主旋律は、このロマン的精神と科学・産業主義との闘争であった。両者はともに、市民革命の温床になった啓蒙主義の泉から噴き出しながら、流れの向きがちがっていた。民衆を教え導く理性の光を撥ねつけたロマン主義は、芸術の市民革命によってこれに抗った。これと逆に啓蒙主義の科学的方法を引き継いだ産業主義は経済のダイナミズムへ転身する。これに対し、美術館、劇場など産業ブルジョアの操る美の市場に取り込まれたロマン主義は、個人の独創を仰ぎ見る芸術至上主義へと走っていった（第5章第5節参照）。

ところが英国の市民たちは、このような芸術的イデオロギーの過激な思想劇とは別の道を開いていく。芸術の額縁から外へとびだした市民たちは、産業革命で切り裂かれた生活空間の再建という市民文化のフロンティアを開いたのだ。そのような課題をうけとめたW・モリスのアーツ・アンド・クラフツ運動は建築、工芸、ブックデザインをふくむあらゆる生活の美へ人々を開眼させてゆく。大芸術ではなく彼が小芸術（レッサー・アート）とよぶ分野こそは、日本において民藝論へと引き継

図3—4　ナショナルトラスト（湖水地方の景観、Derwentwater 湖）
（岡田昌彰氏提供）

がれる実り多い世界であった。(9)

ここでは華やいだ芸術よりも、むしろ生活常識から芽生えた市民運動のおおきなうねりに目をむけよう。それは、後期ロマン派の影響をうけながらも、思想家にありがちな過激な毒をうすめ、平穏な生活に根をおろして、生活空間の近代化をすすめた人々の努力である。

モリスも関係した古建築物保存協会（一八七七年）やコモンズ保存協会（一八六八年）でフットパスなどのオープンスペース市民運動が目覚めた。そこで経験を積んだオクタヴィア・ヒル女史（Octavia Hill, 1838-1912）の志は、ケンダール教区の牧師や郵政省の弁護士など市民同士の絆をもって、ついにナショナルトラスト法（一九〇七年）へ実を結ぶ。ヒル女史は自ら家主として住宅を管理し、借家人との接触をつうじて、都市住宅の快適と便利を実践的に追求した人であったが、政治性のつよい女性の参政権運動にはあまり積極的でなかった、という。ついで一八九四年、国会議事の速記者から身を起こしたハワード（Ebenezer Howard, 1850-1928）による田園都市が法制化されてゆく。

ロマン主義の残照と産業主義の熱気の谷間に咲いたこの思想劇は、ここにいたって専門家の過激なレトリックや政治運動に距離をおき、市民の常識において実を結んだのであった。それは、英国市民の中庸なる「風土の見識」といってよい。

ナショナルトラストは、会員の寄付と財産運用によって、多くの古建築はもとより、民衆の人生の舞台となった海岸、森、牧野、小川などを買い取り民間最大の土地保有機関となった。木原啓吉氏によれば、国はこのトラストに一切の経済援助をしないが、大きな特権をあたえた(10)。ここに、英国市民は生活の美と、歴史環境を総合するアメニティという日常の価値を創造した。この運動は国家にたいする政治的監視ではなく、公権力から法的保護をうけながらも独立した資産と見識と行動によって「市民的公共圏」のあらたな可能性を開いたといえる。それこそは自然、歴史、そして衛生を重んじるアメニティ思想である。

（2）悪夢をみた郷土愛——政治に翻弄されたドイツ基層文化

産業革命につづく怒濤のような工業化を進めたドイツ帝国は、二十世紀始め、すでにその工業生産力は英国をぬいて米国に次ぐ二位へ躍進した。激変する自然や都市、そして、冷えてゆく人間関係……麗しいゲルマンの故郷は大きく揺れた……。人々は工業化のはてにもたらされた「生」の動転と亀裂に対抗し、自衛しようともがいた。いわゆるベル・エポック期の西欧社会に、おおかれすくなかれ共通したこの現象にたいし、ドイツにおいては「郷土保護同盟」[11]を中心にさまざまな生活改革運動や民族運動（フェルキッシュ）がたちあがった。このような大きな精神運動の渦中に何がみえるか。「ゲルマン的感性の根元は、自然に対する内面的な深い感情の中に存する」という民族ロマン主義の顔つきが浮かび出できたのだ。工業化によって乱された中産階級の教養市民たちは、美的範疇としての郷土美と民族的な集団性によって精神のバランスを回復しようとした。これはなかなか難しい問題をはらんでいる。人間のアイデンティティ危機と回復への衝動は、ときに過激化するからだ。それでもなお、ワイマール期[12]においては、その矛先は資本主義の破壊的性格にむけられはしたが、危険な逸脱はなかったとされる[13]。

なお、自然への目覚めや田園保護運動の思想的影響は、もっとも完備した街並み保護法体系(B-plan) を充実させた思想的契機の一つであろうとおもわれる。

この時代に青年期をおくった二人の技術官僚に焦点をあてよう。F・トットとA・ザイフェルトである。

トット[14]は、子供のころ父親につれられてブラックフォレストやネッカー河畔を逍遥し、自然に親しんだ。技術者として自然や景観へのふかい関心をもちつつ、長じて工学技術の道に進んだが、音楽と芸術に傾倒、終生ピアノに親しんだつつしみ深いカトリック信者として、土木技術官僚の道に入った。

一方、プロテスタント系の教養市民層の家庭にそだち、青年期にワンダーフォーゲル三昧の日々をおくったA・ザイフェルト[15]は、ミュンヘン工科大学卒業後、エコロジーとランドスケープデザインの道に進み、やがて郷土保護運動に関わり、そのバイエルン州協会の中核メンバーとなる。

同時代の若き教養知識人の心をゆすぶった田園と芸術のかおり……。タキトゥスの『ゲルマーニア』に描かれた深いゲルマンの森の空気を、いつしか肺腑に満たしたふたりの青年は、森や小川にベートーヴェンやゲーテの息づかいを感じていたに違いない。そのようなロマン主義的な感性を土台にしながら、急速な工業化で危機に陥った「生命」という価値を、解決すべき問題群として、二人は符牒のように共有していたのであった。ともかく彼らは、技術者でありながら「世紀末ネオ・ロマン主義の思潮をくぐりぬけ、文化批判による近代技術批判の論点を共有していた[16]」。そして「トットは、技術を通じていわば、『近代の超克』を夢見たユートピアンにして独特のエコロジスト」であった。的をえた総括といえる[17]。

さて、十九世紀末からワイマール期にいたる以上のような市民的公共圏のできごとは、いつしか第三帝国という思想的暗闇へ迷い込む。

そこで誰もが訝る謎？　ナチズムとまったく無縁の二人の教養市民、その思想の糸は、いかにしてナチス国家の中枢へもつれ込んだか？　なかなかこみいったその経緯を、小野清美氏の著書にみよう。氏は言葉を選んでこう結ぶ。「筆者は緑の陣営とナチズムを思想的に区別することに賛成で

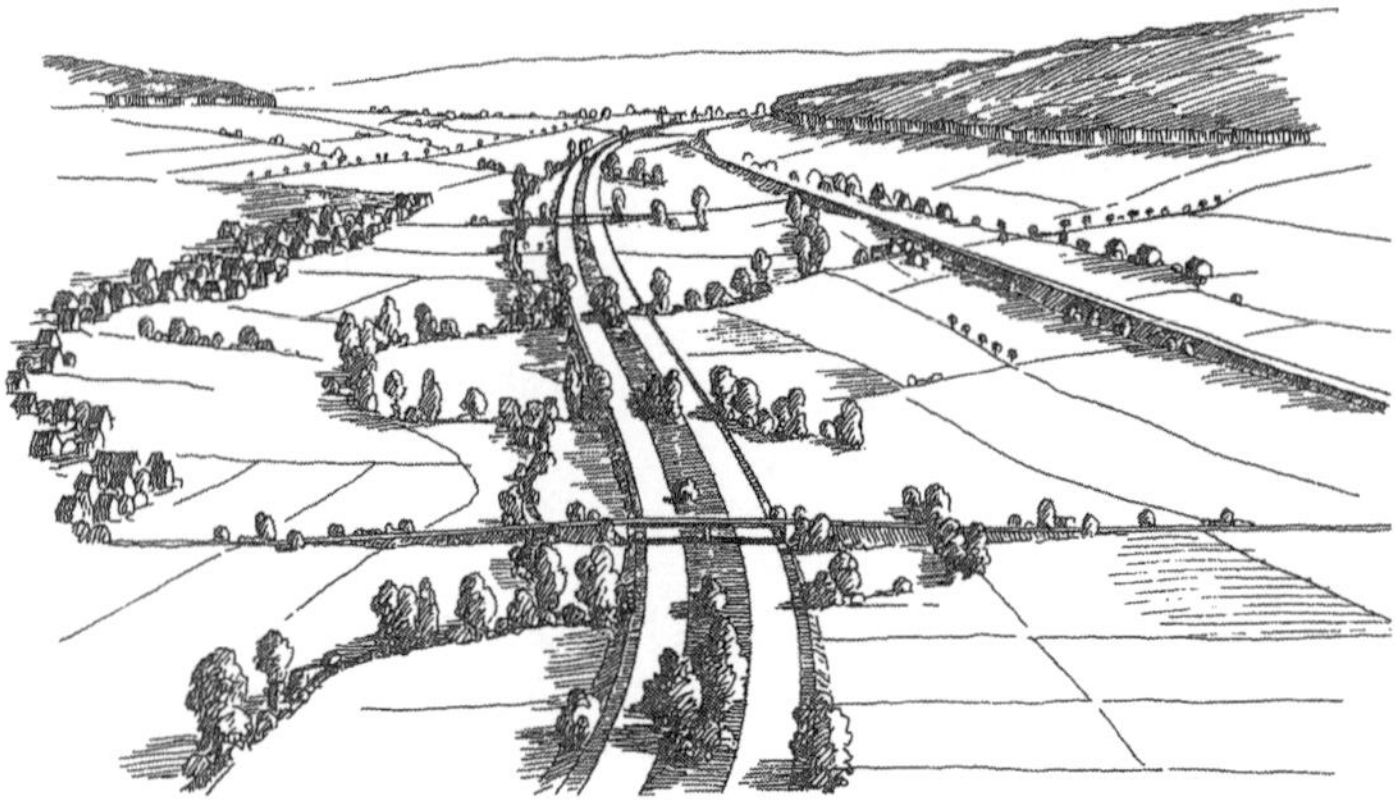

図3―5　アウトバーンの景観（H・ローレンツによる。本章注（21）文献参照）

ある。前者の、調和と相互依存を重視する審美的自然観は、ナチスのダーウィニズム的自然観と整合しない」[18]。それでもなお、両者はからみあった。

産業社会主義をめざしてアウトバーンを推進するトット（**図3―5**）。ふと気づけば、隣に一人の痩身碧眼のゲルマン人がたっていた。鉤十字の腕章をつけたこの男は、痙攣する言葉を連射しながら、国民を神がかりの陶酔に誘い、未来へ行進せよと絶叫していた。そして、トットに襲いかかるミステリアスな突然の死。独ソ戦の敗北を認め戦線を終結するよう狂気の指導者に直談判。その帰路、自家用機の墜落で死亡。そして国葬……[19]。

彼らの不幸な絡み合いの一因を、ナチス政権が操った「政治の美学化」にもとめる小野氏はこう総括する[20]。ナチス指導者にとって「アウトバーンは民族共同体の可視化を目指した政治の美学化」であった。全身を震わしながら「美なき政治」を足蹴にした国家主義の妄執と人種浄化などには無縁だった二人の美的エコロジストの結合……、ドイツ教養市民層の心を震わせたゲルマン基層文化としてのロマン主義的心性は、かくして純粋主義の罠にはまり……、もう、このへんでやめよう。これもまた「内発的近代化」の先発者たちが血で贖ったドラマであった。東名高速道路へ輸入されたドイツ流の道路環境技術につき、日本の技術者はその苦悩の歴史を学んだであろうか。(21)

(3) 芸術になった都市——西欧文明圏の記念碑都市

(a) 第二帝政期の国家と文化

一八五一年十二月二日、第二共和制を率いながら保守と革新のせめぎ合いに翻弄されたルイ・ナポレオンは、突然、言論のテーブルを蹴る。クーデターで皇帝の地位を鷲づかみした彼のカバンは二つの野心で膨らんでいた。いずれも七月王政を逃れ、亡命中に練り上げた政権構想である。その第一は、産業革命期のフランスを導くサン＝シモン主義という政治経済思想、第二は、産業時代の新帝国の意匠として、首都パリをすっかり衣がえし、ひろく内外に顕示することであった。すなわちパリを中心とする「交通・衛生ネットワークを重視するサン＝シモン主義的な考え方が近代パリの青写真に表現された」(22)。やがてその産業社会の野望は二度にわたるパリ万博で大見得を切ることになる。サン＝シモニアンの崇めるネットワークというあたらしい神は、現代人に親しいインフラストラクチュアに他ならない。

さて、この時期、パリはどのような様子であったろう。十九世紀の中葉、オースマンの大改造がはじまった頃のパリの「本当の姿」を記した記録をベンヤミンが引用している。

「本当のパリは、もちろん、黒い、泥だらけの、くさい（malodorant）、街路が狭くせせこましい都市で、……袋小路や行き止まりや得体の知れぬ路地や、悪魔の家に通じる迷路がたくさんある。[23]」

この短い描写は、濃密な人的結合を育んでいた中世末期の居住区の様子に酷似している（第1章第4節（5）参照）。

混沌と非衛生のなかでまだ中世の夢から覚めぬパリ……、だが時代の趨勢はそれを許さなかった。産業革命を導く首都パリはいかに脱皮するのか。その政権基盤を支えるブルジョア市民の社交、私生活そしてビジネスの円滑な機能を保証する都市のインフラをどうはりめぐらすか。そしてまた、鍔迫り合いを演じる国際政治のなかで、近代国民国家を演出する記念碑的な都市とはいかなるものか。パリの意匠は、すなわちフランス国家の意匠であった。そして歴史は、その大構想の実行にふさわしい指導者を探りあてた。ジロンド県知事、オースマンその人である。[24]

誠に実務的で有能な官僚政治家であったこの人物に対し、内務大臣からナポレオン三世あての推薦状がのこっている。「大言壮語せず、美辞麗句を遠ざけ、執務中に往生するのを理想とするような有能、実直な官吏」は、一八五三年六月二十二日セーヌ県知事発令。同二十九日、ナポレオン三世が示した地図は、皇帝みずからの指示により、おそらく前年までに技師E・デシャンが描いた基本構想図と思われる。

（b）第二帝政都市の思想、発想、構想

ナポレオン三世失脚後、第三共和政時代までパリ改造を引き継いだアルファン（Adolphe Alphand, 1817-91）の手記が、オースマン回想録の序文に付された跋文としてのこっている。アルファンは緑地、都市美を担当したオースマン腹心のポリテクニシャン土木技師であった。

「オースマン男爵はアカデミー・デ・ボザール（芸術院）会員になった。パリを賤しめていた狭く、暗く、非衛生な道をして最もすばらしく、美しく、芸術的な都市に変えた。いつも芸術と芸術家を愛していた彼は、自らを彼らの仲間であると愉快そうに語っていた」(A. Alphand オースマン回想録序文)[25]。一八九一年十二月、アルファンはオースマンについでアカデミー・デ・ボザール会員に推された。その記念講演の草稿である。

オースマン在任中、技術的補佐をつとめた多くのポリテクニシャンのうち、緑地計画を中心にパリを「絵になる都市」に仕上げた責任者アルファン自身ものちに、道路、上下水道ネットワーク万般を指導、万博の事務総長をつとめ、オースマンの没後、芸術院会員に推挙されたが間も無く逝去。サン＝シモニアンの鉄の夢に咲いたパリは、ついに芸術に祭り上げられた。

オースマン都市の発想とはおおよそ次のように要約される。[26]

①記念碑性

広幅員街路、広場や緑地の整備にともない「視点のひき」がとれたため、都市は面目を一新し、「絵のような景観」が現れた。

放射状の広い直線街路の、始点と終点にモニュメントを配した広場をとるバロック的手法は、統治行為の延長としての政治的メッセージ性が強い。鉄道ターミナル駅は、中世の大聖堂におとらぬ記念碑性を備えるべきであった。

②ネットワーク・システム

サン＝シモニアン的な普遍思想の技術的展開といえる。

迷路状の路地が絡み合う街区群を、直線広幅員街路網によってパリ市街全体をシステム化した。

・この街路網により、外周部に建設が始まっていた国土幹線鉄道ターミナル駅と市内の重要な都市施設との有機的結合。

・革新的な上下水道網と公園緑地システム。外周部の百ha級の森林公園、三〇ha級の英国式庭園、一ha級の広場緑地スクアール（square）、緑の多い遊歩道が整備された。

③ブルジョア社会の都市施設

最高裁判所、中央市場、業務センター、ブルジョアの社交施設（オペラ、コメディー・フランセーズ、ホテル、劇場など）（図3—6）。

・新しい幹線道路沿いに建設されたアパルトマンやデパートなどの商業施設[27]は、新興ブルジョア階級の新しい居住空間とライフスタイルの拠点となった。

パリほどの大都市全体を一つの筋書きのもとに、国家の意匠として造形化した例はまれであろう。その神話的な景観は、一八五五年、六七年の万博もふくめて統治を正当化する記念碑的造形であっ

図3—6　ピサロ（Camille Pissarro, 1830-1903）「オペラ座通り」

た。記念碑性といえばこんな逸話が伝わっている。

オペラ劇場の模型を見た皇帝は、公募で優勝した弱冠三十五歳のシャルル・ガルニエにたずねた。

「これは何という様式かね？」

「陛下、これはナポレオン三世様式でございます」

ヴェルサイユに開花した宮廷文化という文明化モデルを大都市パリへ押し広げ、そこへロマン主義的折衷様式の帝冠をかぶせたのだ。こうして宮廷文化のお流れめいたブルジョア好みの建築意匠は、庶民の巷に下賜され、新時代の「文明化」を演出したのであった。

その透視図法的な構図は、力の象徴として政治の方法になった。バロック時代

の宮廷政治が発明した演劇的手法は、ここでサン＝シモニストの夢見た産業時代に転写、拡大されたといえよう。(28)

都市を政治理念の発信メディアとする考えは、大陸国家では珍しくないが、日本では稀である。バサラの血筋を継ぐかのような桃山期の天守ブームも長くはつづかなかった。

（c）晒された基層文化の内臓――基層文化はどこにあるか

さて、産業革命期の前後、ドイツや英国の公共空間に蘇生したかにみえる基層文化の痕跡は、オースマンのパリにも見られるか？

オースマンがその凄腕で古いパリに刻んだ豪勢な点と線の裏側には、まだ中世のパリが眠っていた。ベンヤミンのメモにみえる得体の知れぬ路地、悪魔の家に通じる迷路、その奥に「魔術幻灯的」な中世の臭気が淀んでいる。

東西に伸びるリヴォリ街と南北軸のセバストポール街がシャトレで十字に交差する。このあたりがオースマン作戦の始点だ。無残な姿をさらしたパリの工事現場は、軒並みのそろった沿道建築の建設のために、街路幅の二倍の空間が取り壊される。そこにハラワタを晒した無残なパリ……。そこから目と鼻の先、サン＝ルイ島に陣取り、向こう岸ですすむオースマンの瀉血手術を苦々しく見つめる一人の詩人がいた。

「白鳥」（ボードレール『悪の華』より）抄訳

……

古いパリは去りゆく（人のこころも、街の姿のように
こんなに早く変わるとは）……
ここに家禽の市場ありしが、
凍てつく朝に……われ見たり、
　破れ籠ぬけし白鳥一羽、
水かきよろよろグリ石道で
白い羽根、わだちにひきずりながら
しきりについばむどぶの底……
パリは変わる……だがわが哀しみのなかで
なにも揺るがない……新しいビルも古い家並みも
みな寓意になって、
思い出は岩よりも重い

泥にまみれた聖なる白鳥。時代の潮流に逆らった希代の放蕩児ボードレールの物憂い言の葉は、進歩という名の首飾りをつけたオースマン都市に対する呪詛であろうか。実際、鉄と蒸気を賛美するサン＝シモニアンの芸術観にたいし、天性の批評眼をもつこの詩人は執拗な嘲りを浴びせている。(29)

それは、芸術の地平をかりた文明批評であり、堕落した唯物主義とブルジョア的な俗物性への告発であった。

驀進するサン＝シモニアン産業主義の理想が、攪乱と狼藉の果てに外気へ晒したものは、基層文化のはらわたであったか。ところが、この切り刻まれたパリの路地裏にさらされた中世の残骸こそは、憂鬱な詩人の全身に詩的な閃光を浴びせたのだ。

オースマン男爵の退場から一五〇年、その光と翳を巡ってこれほど延々と賛否がせめぎ合う都市も珍しい。中世と未来が交錯し、都市のコスモス性と反コスモス性がせめぎあう矛盾態の妖都である。

オースマン退陣後、ラスパイユ大通りの傍に出現したデパート、ボン・マルシェは、新興ブルジョアのファションの殿堂になった。数度の万博、オリンピックなど数々の国際イベント[30]によって、都市パリに刻まれた近代文明は、国際化してゆく。

こうして古くからフランス王政の錦の御旗であった文化という戦略資源は見事に継承された。もう一つ注目すべき事は、フランスのロマン主義とその後裔の文学や絵画が、英独と違って田園よりも都市の叙情を創造したことだ。ボードレールやヴェルレーヌはその一例である。自由、平等、友愛という新しいキャッチフレーズでますます増幅された産業化時代の都市性は、多くの個性的な外国芸術家をモンマルトルにひきつけ、その斬新な詩魂とかれらのいささか奇矯な人生が、いよいよ神話化して国際的に発信されてゆく。

だが、華やかな都市神話に飾られたパリが、南部をふくむフランス全土の風土的な基層文化を代表するかどうか、それは別問題である。答えは、否であろう。三圃式農園やコミューヌ都市など、カペー朝以降の西欧社会で最もはやく中世的な経済、社会、文化が実ったノイストリア（セーヌ流域からロワール川まで）の中心都市として、パリはその頭角をあらわした。[31] ノートルダム大聖堂をはじめ、シャルトル、ラン、アミアン、ランスの天空に舞うゴシック大聖堂の群れ、中世いらい国際的な大学都市の名声を手にし二〇万の人口を擁したパリは、ガリアを土台とするゲルマン・ラテン・キリスト教を融合する西欧普遍文明の盟主の帝冠を手にすべきであった。

パリという都市の極度の政治性は、西欧社会全体を照らす文明的光彩のうえに、近代ナショナリスムの自負を上塗りした達成と見える。

産業の暴走に発した環境文化の苦悩は、社会主義的な階級闘争とは別次元の、十九世紀を通じた大問題であった。愛国的風土主義のねじれた運命を歩んだドイツ、国家との間のとり方が見事だった英国の市民運動。それに対し、産業化と西欧化という二重の重荷を背負った日本では、ユニークな風土性の詩魂をもてあますように、生命・環境に関する市民的マニフェストやその制度化は難航した。第Ⅱ部でこれに立ち向かうとしよう。

注および風土資料

（1）宗左近訳『表徴の帝国』新潮社、一九七四年、四三頁。教会が代表する精神性、銀行が代表する金銭性、デパートが代表する商業性、カフェや広場が代表する言語性によって代表される。都心は都市の「真理」にであうことである。都心とは都市という形象のイデア（理念）であり、都市の形而上学的実在を保証する。

（2）都心再生計画　①通過交通排除地区設定による徒歩優先化。②公共交通機関と駐車場整備によるアクセスの確保。③商業活性化と業態改善。④景観・アメニティ改善。

（3）桓武平安占地「此国山河襟帯、自然作城。因斯勝、可制新号……」（『日本後紀』巻第三逸文、延暦十三年十月及び十一月の条）。朝鮮半島においては近世にいたるまで、かなり煩瑣な風水の解読と占地が行われたが、日本でははやくからその範型が崩れ、いわば草体化していった。その思想は、心境一如あるいは、物我不二というような人間・環境の相即不離を唱える天台本覚の考えに近い。（参考文献　朝鮮総督府編『朝鮮の風水』国書刊行会、一九七九年）

（4）石田吉貞『中世草庵の文学』北沢図書出版、一九七〇年。第一「山間または山辺」、第二は「山間より山の麓……そして前に野を控えている」、第三は「清き流れか泉があり、その咽ぶがごとき瀬のおと、水の音」を聞くのが理想であった（一一頁）。

参考文献　樋口忠彦『郊外の風景』教育出版、二〇〇〇年。樋口はこの地相を「山の辺、水の辺」と見事に括った。

（5）参考文献

1　伊藤ていじ『結界の美』淡交新社、一九六六年。

2　槇、若月、大野、高谷『見えがくれする都市』鹿島出版会、一九八〇年。空間の奥という感覚は、多分に結界を介して意識化する。

3　中村良夫「結界の作法は生き残れるか」（『都市をつくる風景』藤原書店、二〇一〇年、12章）。

（6）出雲国に宮殿を造った素戔嗚尊《すさのおのみこと》の妻ごみの歌「八雲《やくも》立つ　出雲《いづも》八重垣《やへがき》　妻籠みに　八重垣作る　その八重垣を……」（記紀神話、『古事記』）。

(7) 山田圭二郎『間と景観』技報堂、二〇〇八年。敷地のなかへ引き込まれた鑓水という風物化された河水について詳しい(同書第四章、五章)。

(8) 様々な結界　光悦寺垣、建仁寺垣、こぼれ梅のそで垣(宗左垣)、小町垣、三段垣、篠垣、柴垣、鶯垣、隋流垣、宗徧垣、四つ目垣、草の四目垣、崩し四つ目垣、玉縁四つ目、大徳寺垣、竹垣、立会い垣、立猿戸、玉垣・玉刈生垣、茶筅垣、茶筅菱袖垣、鉄砲袖垣・木賊塀、沼津垣、屏風垣、吹寄せ、北面垣、本唐戸、幕垣、ませ垣・御簾垣、蓑垣、雲上袖垣、霞垣、桂垣、桂の竹垣、金閣寺垣、銀閣寺垣、めせき垣、八重垣、矢来垣、結い込み四つ目、鎧型袖垣、龍安寺垣、網代垣、(石組園生八重垣伝)編垣、そのほか、門や戸も結界である。西明寺枝折戸、猿戸、中くぐり戸(石舟好み、利休木戸、忍木戸)、簀戸門《すどもん》、網代戸など……。(参考文献　上原敬二『造園大辞典』加島書店、一九七八年)

(9) 中村良夫『風景学入門』中公新書、一九八二年、四—一八頁。

(10) 木原啓吉『ナショナル・トラスト』三省堂、一九九八年、五一—五五頁。

木原氏によるトラスト法の要点は次のとおりである。

第一は、一九〇七年「ナショナルトラスト法」によって、トラストの目的を「美しい、あるいは歴史的に重要な土地や建物を国民の利益のために永久に保存する」ときめたこと。

第二は、保存管理する資産について、「譲渡不能」を宣言する権利をトラストにあたえたこと。

第三は、保有財産に対する入場料の徴収権の付与(一九〇七年)。

第四は、保存対象の建物の周辺(土地、農耕地、森林など)を譲り受け経営する権利、ならびにトラスト運営の基本財産保有の承認(一九三七年)。

第五は、トラストと貴重な環境不動産所有者との間で保存誓約を可能とし、相続税の減額を認める(一九三七年)。

第六は、トラストへ寄贈、遺送された財産の非課税(一九一〇年)。寄贈、遺贈行為の相続税非課税。寄贈者の子孫は、トラストのテナントとして、そこに一部を公開しながら、継続居住可能とする。

なおこの時期の社会運動家はみな市井の篤志家が多かった。オクタヴィア・ヒルのほか、弁護士ロバート・ハンター（1844-1913）、教区牧師ハードウィック・ロンスリー（1851-1920）、田園都市のハワード（Ebenezer Howard, 1850-1928）は独学の国会書記官である（木原、前掲書、三六―六八頁）。

参考文献　堀江興「ハワードの田園都市思想と都市形成の変遷」『新潟工科大学研究紀要』第六号、二〇〇一年十二月、三一―四七頁。

(11) 郷土保護運動　十九世紀末から二十世紀の初頭、田園芸術運動とも称される、「生改革運動」（die Lebens reform bewegung）などの「諸改革運動」が澎湃として湧き上がってきた。ディープ・エコロジーの傾向を持つ次のような運動躰がみられる。菜食主義、節酒運動、禁煙運動、自然療法、裸体主義、衣服改革、栄養改善、菜園付き家屋、入植（コロニー運動）、生体解剖反対、動物保護、土地改革運動、田園都市運動、女性解放運動、教育改革運動、ワンダーフォーゲル運動……。郷土保護運動は諸改革運動の中心的運動体。この文化運動の震源を遡れば、啓蒙的理性への反発、自然を母胎とする基層文化への憧れ、個人の内面への深い降下など、ロマン主義的な心情にいきつくだろう。

(12) ワイマール期　一九一八年の第一次世界大戦終結、ドイツの敗北から一九三三年のヒトラー政権成立まで。不安定な政治、天文学的インフレ、第一次大戦後、仏・ベルギーによるルール占領、大戦後の革命の挫折、世界恐慌による生活の劣化と破壊、民衆のこころの猜疑心、不安、絶望……。このようなどん底の社会経済のなかで、近代性の基礎となった啓蒙主義的な普遍主義文明よりも、青年たちは、情緒的、主観的な後期ロマン派の心情の延長へ近づく。高揚した精神状況に傾く青年たちをひきつけ、自然へ没入するワンダーフォーゲル運動はこの渦中にあった。この時代の知識人たちといえば、深層心理のS・フロイト（1856-1939）、現象学的還元と生世界のE・フッサール（1859-1938）、環世界のJ・ユクスキュル（1864-1944）、相対論のA・アインシュタイン（1879-1955）、「死への覚悟で生を直覚する」M・ハイデガー（1889-1976）など、知の革命家が輩出した。

(13) 小野清美『アウトバーンとナチズム』ミネルヴァ書房、二〇一三年、四四頁。

参考文献　G・チウッチ、鹿野正樹訳『建築家とファシズム』鹿島出版会、二〇一四年。

（14）F・トット（Fritz Todt, 1891-1942）　民間団体ハフラバ（ハンザ諸都市をつなぐ自動車専用道路推進会議）が一九三二年、七千キロのアウトバーン網を策定。ナチス政権がこれを国策として支持したのを契機に、同年、みずから信奉する技術産業主義をつらぬくために、急進的な社会改革をすすめるナチス党へ入党した。しかし民族浄化には無縁で、アンチセミティストでもなく、いちずにカトリックへ帰依した人物。ドイツ道路総監（一九三三年六月）。同年、ライヒス・アウトバーン法成立。マルクス的社会主義の拒否、資本家と労働者の仲介者としての技術者による工場共同体、階級闘争をのりこえた国民的生産力増強など、公共福祉への使命感による調和的社会像を追求し、ナチズムにその希望をたくした。

（15）A・ザイフェルト（Arvin Seifert, 1890-1972）　郷土保護連盟に所属。アウトバーン建設における景観代理人（アドバイザー）として、エコロジー的な設計思想の技術化に貢献。トットとの技術的論争に耐えるためにナチ党入党。一九四五年連合軍に逮捕され、八ヶ月の拘留後、釈放される。その後二年間、非ナチ化審査機関の審査下に置かれるが、戦時中はもっぱら専門的技術に専念したと認められた。一九五〇年以降、ミュンヘン工科大学で造園・景観を講義、技術分野でエコロジー思想の普及につとめる。「ナチスのダーウィニスム的・闘争的自然観を批判し、アニミスム的・汎神論的自然観ないしロマン的自然観を信奉し、技術による自然支配、近代の道具的理性の暴走に警告した」（小野、前掲書、三六二頁）。

（16）小野、前掲書、九頁。

（17）鳩沢《ばんざわ》歩『鉄道人とナチス』国書刊行会、二〇一八年、一九〇頁。

（18）小野、前掲書、三五九頁。

（19）鳩沢、前掲書、一九六頁。

（20）小野、前掲書、三六一頁。

(21) ザイフェルトの主張、「直線を廃したなめらかな曲線への移行」(クロソイド曲線)、「上下線分離設計」「森林縁を道路に融合し、中央分離帯を緑化する」などの提案にトットは抵抗した。初期の高速道路設計が、直線を好しとする鉄道技術をモデルとしていたからであろう。そのほか表土の保存と再利用など、いずれも、我が国の高速道路に導入された設計思想は、トット教室の次世代技術者たちによって精緻に理論化されている。

参考文献

1 H・ローレンツ、中村英夫・中村良夫編訳『道路の環境と線形設計』鹿島出版会、一九七六年(Hans Lorenz, *Gestaltung und Trasierung*, 1971)。道路の環境・景観設計について、これ以上の教科書は当分あらわれないであろう。

2 鈴木・中村・田村『道路景観工学』技術書院、一九七三年。

(22) 土木学会編・発行『古市公威とその時代』二〇〇四年、二二三頁。

(23) W・ベンヤミン『パサージュ論Ⅲ 都市の遊歩者』岩波書店、一九九四年。「……しかも黒ずんだ建物の尖った屋根は雲にも届く程に聳え、だから、北国の空がこの大都会に恵んでくれるわずかな青空もあまり見えない。……本当のパリは、手に負えない連中や魔術幻灯的早変わり人間どもが一晩三サンチームで泊まれる貧民窟だらけだ。……そこではアンモニアくさい湯気がもうもうと立ち込める中、……天地創造以来一度も整え直したことのない寝床に、何百何千もの客引き、マッチ売り、アコーディオン弾き、……初老の道化師……生きた骸骨……」(ポール゠アーネスト・ド・ラチエ「パリは存在しない」一八五七年)。

(24) ジョルジュ゠ウジェーヌ・オースマン(Georges-Eugène Haussmann, 1809-91) 先祖はアルザスのプロテスタント。父はナポレオン・ボナパルトの高級将校。パリ大学で法律をまなび、同時期に Concervatoire で音楽教育をうけたなかなかの音楽家でもあった。妻もプロテスタント系のブルジョア。

(25) *Mémoires du Baron Hausssman, Grands Travaux de Paris*, Tome 1, Guy Durier, Paris, 1979, p. 9.(一八九一年十二

月六日逝去、二十六日芸術院にて代読されたものと思われる。）

(26) 中村良夫「第二帝政期のパリ市改造事業」、『土木学会誌』一九七三年三月。

(27) 参考文献

1 鹿島茂『デパートを発明した男』講談社現代新書、一九九一年。

2 中村良夫「アンチ・コスモスと都市」、『二十世紀の定義［9］環境と人間』岩波書店、二〇〇三年、一二三―一五〇頁。

(28) 参考文献

1 E・パノフスキー、木田元監訳『象徴形式としての遠近法』哲学書房、一九九三年、六七頁。

2 気谷誠『風景画の病跡学』平凡社、一九九二年。

(29) ボードレールの憂鬱　オースマンのパリ大改造がはじまった当時、デュ・カンの主宰する雑誌『パリ評論』が、科学・産業と芸術との一体化を称揚する論調を繰り返していた。そのことに強い不信感を抱いていた一八五五年半ばのボードレールは、蒸気機関車や鉄の構造を題材としたデュ・カン自身の進歩主義的な詩作をこっぴどくこき下ろした。このやり取りを研究した海老根はこう指摘する。「芸術を科学と産業の時代にふさわしいものに生まれ変わらせねばならないという問題提起自体は、実は一八三〇年代からサン＝シモン主義者たちが繰り返し行っていた」とされる。一八五〇年代の『パリ評論』誌上での議論は、その延長上にあるだろう。デュ・カンはアンファンタンら、サン＝シモン協会と交流があった。時代はしかし、回数を重ねる万博とともに、鉄と蒸気に席巻されていった。（参考文献　海老根龍介「産業的進歩の時代の文学――第2期『パリ評論』研究のための予備的覚書」、『白百合女子大学研究紀要』第四七号、二〇一一年）

(30) パリの国際化イベント

オリンピック　第二回（一九〇〇年）、第八回（一九二四年）

パリ万博　一八五五年、一八六二年（幕府、薩摩、鍋島藩参加）、一八七八年（蓄音機、自動車、冷

蔵庫）、一八八九年（白熱電球、夜間照明）、一九〇〇年（地下鉄、動く歩道）、一九三七年

パリ大学都市（三四ha）四〇以上の寮、第一次世界大戦のトラウマの中から一九二〇年頃に生まれた構想。一九二五年に建て始めた。学寮は、おおむね実業家の篤志による、日本館は薩摩治郎八の寄贈。

(31) 増田四郎『ヨーロッパとは何か』岩波新書、一九六七年、一四〇頁。

第4章

交響する東西文明圏

両棲文明の希望

京都三条の　糸屋のむすめ
姉は十六、妹は十四
諸国諸大名は、弓矢で殺す
糸屋の娘は目で殺す
作者不詳

秋の日の　ヴィオロンの　ためいきの
身にしみてひたぶるに　うら哀し……
ヴェルレーヌ「秋の歌」（一八六七年）　上田敏訳

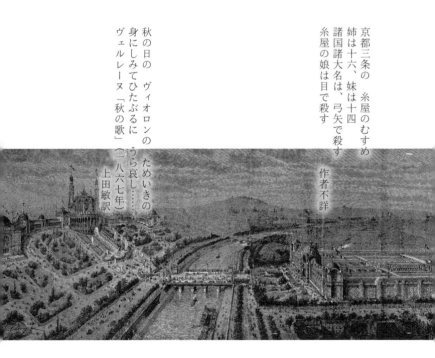

図 4—1　第 3 回パリ万博全景（1878 年）

明治末期、雑誌『明星』に端を発したフランス象徴詩の紹介は、大正デモクラシー期の基調音として、西欧文化への憧れを代表する文化史上の大事件であった。都市の寂寥と叙情、その音韻まで写しとった上田敏の訳詩はもはや日本の近代詩になった。「秋の歌」は第 2 回万博開催の年（1867 年）発表。

数度の万博に熱狂する産業革命に背を向けた「市民公共圏」の風来坊ヴェルレーヌが謳う都市の寂寥と叙情、そのデカダンスの「芸術性」に対し、ピリッと風刺のきいた幕末の小粋な戯れ歌は、町民文化の面目であろう。作者は、頼山陽とも、平賀源内とも言われるが不詳。「風土公共圏」の心意気だ。

1 文明開化の季節

さて前章で語った「虚在する遊相都市」は、客体としての都市ではなく、都市にいきる人々の胸にきざまれ、共有された神話である。たとえば、文人墨客という藩政期の人間類型は、書画による個性的表現と社交生活によって都市的な雰囲気を発信させていった。それは、神話であるゆえにその力はおおきい。

雲の上の大名家から武家、儒者・俳人、絵描き、町民まで、社会階級の壁を超えて生き、遊弋した文人たちは、雅俗が混じる都市の迷路を跋渉して遊んだ。

以下、前田愛氏におそわりながらすすもう。

幕臣として生き、明治政府への仕官を辞して自適の老後をおくった成島柳北は、雅を以て俗にあそぶ江戸文人のやつしの美学の残照を演じた文人であった。和漢の古典に精通した柳北は、彼の好んだ浅酌低唱の粋な遊びのスタイルが、新政府の高官たちによって江戸の花街に持ち込まれた豪飲放歌の蛮行を苦々しく眺めた人であった[1]。明治になって薩長の田舎侍たちが向島や両国の料亭で開いた宴会はさんざんだった。剣舞に裸相撲だ、盃が宙を飛び交う、やおら真剣を抜き放ち床柱に切込む野蛮さに、江戸ッ子はしらけきった。

母性的な江戸文化はおわり、富国強兵の道を邁進する父性的な明治文化の幕開けである。文明開化とは名ばかりで、所詮、官製のお仕着せだった。個人の生きる道は国家の軌道に重ねられた。

柳北が演じた江戸文人魂の残影は、最後の文人画家・鉄斎（一八三七―一九二四）という京都の法衣商人の息子へと流れて消えた。どう贔屓目に見ても江戸の文人かたぎもこれまでであろうが、そのさきに青年期から柳北の詩文に親しみ、「長州の足軽風情」に顔をそむけた永井荷風がポツンとたっていた。

小粋で、アソビごころに富んだ江戸文化の面影を追っていた荷風は、文人墨客・柳北の詩文に一筋の光をみていたであろう。将軍に侍講しながら「狂愚の一書生」として柳橋の歌妓に相対し、俗によって雅を求める柳北の「やつしの美学」は、荷風に引き継がれた。

柳北は、パリ・コミューン直後のパリを遊泳し、回覧使節団一行とも歓談した。実記と航西日乗を比べれば、前者の関心に「要塞と工場のパリ」があり、柳北の側には劇場と美術館のパリ(2)があった。その柳北によれば西欧をたずねた人士はみな実益、実利ばかりをいい募るが、「親シク看破シ来ルニ、彼我ノ情相喫ス」と見た最初の日本人であろう。

「相喫スル下情」のなかには、大衆的な芝居小屋や、路上を闊歩する田舎者の悪趣味もあったろう。一足先に産業革命の果実を手にしたロンドンにならい、七月ブルジョア王政期から世紀の半ばになると、ようやくパリでも中流ブルジョアを中心に大衆文化の花が開き始めていた。

「王を頂点にいただく……貴族の宮廷ファッションが」が徐々に横滑りしてゆく時代の幕開けである。「……重苦しくもったいぶったファッションの後に軽やかでくつろいだファッション」がやってきた十九世紀の中ごろ、町民的な軽妙さが、ある種のいかがわしさを引き連れて登場ようとしていた。[3]

「創意工夫にみちた悪趣味」をひきつれたこの時期、パリ市民層が見せ始めた非記念碑的な軽さは、鉄道や工場よりも下町をふらつく柳北を納得させたが、この、来たるべき大衆消費化時代の先触れは、江戸では見慣れたものではなかったか。

西欧と言えども、人情は同じだという柳北のやや楽観的すぎる感想を乗り越えて、その先に横たわるふかい溝を流れる水を口に含み、その内面化をはかった人物の一人が荷風である。

荷風については多くのすぐれた評論があり、ここで改めてそれを復唱する必要はない。むしろ、荷風を引き継いだ人々を考えたいのだが、その前に、思い出したいことがある。ほかでもない。産業革命の熱気にうなされていたフランス文化に一石を投じたジャポニスムのことだ。

2　ニッポンかぶれ、フランスかぶれ

（1）ジャポニスムという津波

十九世紀の中後期、パリの文人や画家のサロンを席巻したジャポニスムといえば、第一に、平面的な構成、線描の輪郭、大胆な斜め分割構図、鮮やかな色彩など、つまり絵画的な構成技術が話題にされることが多い。当時の画壇の手詰まり感の反映であろう。

第二は、社交的生活にとけ込んだ工芸的な性格。工芸と芸術の境があいまいな日本では、あの見事な琳派の二曲一双の屏風にしても、風と視線をよけ、結界として座敷を仕切る「道具」であった。まぎれもない工芸品だ。木版印刷の普及により大量に出まわった浮世絵にしても、名所案内の延長であり、あるいは人気役者絵などは、ブロマイドとしてもてはやされた江戸土産ものだった。その儚い紙切れは、一夕の酒の席をにぎわし、やがて消えてゆくだろう。ものものしい芸術というより、社交生活を引き立てる工芸品の変種といってよい。西欧世界へもたらされた最初の『北斎漫画』は、船荷の工芸品を保護するボロ紙であった。北斎、歌麿を生んだ江戸町人の世界は、もったいぶったサロン芸術ではなく軽妙にして洒脱な味を愛した。

一九八八年に東京とパリで開催されたジャポニスム展の解説に論文を寄稿した高階秀爾氏は、十九世紀の東西絵画の構成を見比べたのち、こう結ぶ。

「生活と芸術の融合の持つ重要性」「芸術の持つ職人的側面」をまず指摘しながらつづけけて、当時の「あたらしい美学の信奉者たちが強く主張する芸術の統一――統合という考え方が、日本美術においてはすでに、高度に洗練された形で実現されているという事実は否定することができない」とし、氏はまた、ジャポニスムに関するロジェ・マルクスの論文（一八九一年刊）を次のように引用して総括する。

「……実はこの影響は、かつてルネサンス時代に古代が及ぼした作用とのみ比肩しうるほど重要」であるとして、日本文化との「出会い」の豊饒多産に注意を呼びかけている。(4)

第三に、これらの「近代革命の起源」(上記マルクス)の基底になるものこそは、重くるしい記念碑性をこえた町民世界の軽妙洒脱な生き方、アソビの人生哲学ではないか。そのことを最もはっきり自覚した人物は、日本文化をめぐってゴーチエ、ボードレールなどと交渉のあった文人たち、とりわけ、E・ゴンクールであったろう。[5] 第三回万博(一八七八年、図4―1参照)に随行した林忠正[6]の尽力をうけたゴンクール兄弟をはじめ、先端的な文人たちも日本美術愛好家のメンバーとしてそれぞれの関心をよせている。一八六七年、「ジャポニスム」がフランスの辞書に現れた。

ゴンクールが酔いしれた町民文化の「自由な開放性」とは、マジメくさった啓蒙思想につづく産業時代が黙殺したアソビ感覚の創造性である。それは、吹きすさぶ産業文明が蹴散らした典雅で上品な夢であり、生き生きした人間の情感がこもった世界であった。浮世絵が発する小粋な官能性に、ゴンクールは失われたロココ美術と共鳴する軽妙洒脱な精神を重ねた。ぽっかり空いた彼の心の穴に、江戸っ子の心意気が、まるで象嵌のようにスッポリはまったであろう。ロココといえば、たとえばワトーやフラゴナールの描いた世界は、上流社会の官能と典雅のアソビであったが、それに共鳴する美意識が、下世話な町民の懐で発酵したジャポニスムに生きていた。

市民革命と産業革命がもたらした西欧文明の十九世紀とは、精神の熱病と動顛の時代であった。政治の混乱、価値の転覆、対外戦争、植民地化、環境汚染、騒乱、万博、鉄道、写真機、海辺の保養地、山岳観光……。

時代の転換のなかで新しい自己表現をもとめて喘いでいた気鋭の芸術家たちは、江戸町民文化の超然とした非政治性、あるいはアソビという人類文化の基底をするどく嗅ぎ取ったのだ。それはホイジンガの主張する遊びの根源性に限りなく近い(7)。

ニッポンへ行きたしと思へど、ニッポンは余りに遠し……。だが歴史の気まぐれが許すなら、E・ゴンクールはフランスの永井荷風になっていたかもしれない。そしてこの紅毛の文人は長い船旅の疲れも忘れ、横浜の桟橋へ飛び降りる。動き始めた陸蒸気にとびのり、新橋ステーションに降り立つや、北斎や歌麿の墓へ直行するにちがいない。そうして文明開化の薄っぺらな町並みに眼もくれず、盛り場や場末の路地をさまよい、江戸の残影に酔いしれるのだ。

ともかく、それまで啓蒙と教化の対象にすぎなかったフランスの民衆文化は、市民革命の記憶も薄れる第三共和政から世紀末にいたってようやく自己表現の契機をつかんだ。世紀半ばにおいて堕落した物質主義とブルジョアの俗物根性を告発したボードレールの開いた突破口へむけて、象徴主義などを奉じる若い顔ぶれが殺到した。その高踏的な調べは、曲折をへて、ベル・エポックで咲いた民衆的な都市の世界へ天下っていく。

(2) フランスかぶれ

明治末期から大正期の日本の近代詩人たちは、明治政府の押し付けた文明開化に幕をひき、自らのホンネの都市的感性の表現を求めていた。このとき、すでに近代的な自己表現をはじめていたフランスの都市文芸が極東の島国の巷にもたらされると、こんどは文明開化時代にふさわしい都市的

図 4—2　明治期の銀座通り

（歌川国輝（二代）「東京銀座要路煉瓦石造真図」。東京都立図書館蔵）

な詩情を模索していた詩的感性が敏感に反応したのだ。雑誌『明星』の周りに現れた眩暈のような西欧文化への憧れ、いわゆる「フランスかぶれ」[8]とは一体何であったか。

フランスのジャポニスムと日本のフランスかぶれは、そのクライマックスが少しずれているものの同時代現象といってよい。『明星』創刊（一九〇〇年）当時、ジャポニスムの陰の演出者、林忠正は存命であったし（一九〇五年、東京で没）、死期の迫ったロートレックは、まだ生の夢をみていた。渡仏した荷風はパリで上田敏と面識をうる（一九〇七年）。そして、鉄幹のあとを追った与謝野晶子の渡仏（一九一二年）……。ジャポニスムのパリの余韻はそのまま、フランスかぶれの東京を揺すった（図4―2）。

西欧文化へのこの熱病的な憧れを、日本近代の特異現象で割り切るのは妥当でない。明治開国の政治心理からして、先進国信仰の大波は否めないが、むしろそこには、すべての国民国家の近代に通奏するテーマが見えるからだ。つまり、啓蒙的知性への反発を契機に、産業革命期に吹き上げたロマン派とその後継者のたどった感性の波長に同期するもの――それが、明治大正期の日本にも見られるのだ。異界としての中世の衝撃、自然の異相への熱い視線、つまり風土的な基層文化圏への憧れ……そこに、神なき時代がはりめぐらす産業化と合理思想の鉄条網を、なんとか突破せんともがき苦しむ先進国の知識人に共通の感性をみる。そうした人間精神の自由という戦略目標をもつロマンチスムの日本版が、遠い異国の大都市パリの文人や画家の苦悩に同調したのだ。

　荷風のように江戸文化を彷徨った文人が同時にフランスかぶれだったことに不思議はない。身近な異界・江戸と、ゴンクールらが憧れたロココのアソビ心はひびきあうのだ。ようするに、この時代、啓蒙という普遍思想にふみつぶされた風土性基層文化の溶岩流が、近代国家の芸術家たちの身体の深部からふつふつとわきあがってきたのだ。現代芸術という新たな精神の胎動である。つまり両文明圏の近代市民たちは、風土の怨念を通じて結ばれていた。「かぶれ」、とはそれである。

　ゆえに、日本かぶれとフランスかぶれは文明の双対現象といえる。中世においてすでに二〇万という破格の人口を抱えたパリは、善悪美醜をこえた大都市のデカダンスという哀愁の調べを養っていた。あのひたぶるにうら哀しい象徴派の唄声は都会人のものだろう。世界屈指の大都市東京の近代芸術家がその音色に惹かれないはずはない。ただし彼らを惹きつけたパリは華麗な外面よりも、むしろ文学作品によって言語化された路地裏の詩情であった(9)。

　この時期、パリへ向かったおおくの日本の文芸家、画伯は、ボードレール譲りの高踏派あるいは高等遊民の衣装をまとっていた。だが境の商家に生まれ育ち、フランスかぶれの旗手になった『明星』の与謝野晶子（一八七八―一九四二）の歌には、大衆的で野太い艶がある。日本の風土臭のつよい晶子の歌を反芻しながらこの節を閉じよう。巫女の朗詠のような凄みのきいた三十一文字を……。

狐より長く尻尾を引く風の落葉の上を過ぐる夕暮れ　（『流星の道』一九二四年）

「フランスかぶれ」は、いわゆる大正デモクラシーという文化・社会現象の一端であるが、環境・都市という次元でいえば、南方熊楠（一八六七―一九四一）の神社合祀反対意見（明治四十五年）や柳宗悦（一八八九―一九六一）の民藝運動などが、ここに合流すべきかと思う。しかし、こうした風土性思考の理論化と応用は、第Ⅱ部の課題である。

（3）遅咲きの大衆文化

市民革命をへてほぼ一世紀、第三共和政も二十歳を迎えようとするパリの街角は、好景気に沸き立つが、巷に王党派が跋扈するような不安定にあえいでいた。日本に引き写せば、腰に剣をさした佐幕政党が大正期の銀座の街を肩で風切るようなものだ。この驚くべき政治的カオスの虚をつくかのように、積年の抑圧から解き放たれた大衆社会が芽吹いてくる。政治の民主化を呼んだドレフュス事件の収束が追い風になったろう。

ジャポニスム現象が尾をひく街角へ出て見よう。

重苦しい記念碑都市をよそ目に、盛り場化した都市の一隅がいよいよ街ごとスペクタクル化した時代の始まりである。パリ・コミューンの収束したあと、成島柳北の慧眼に写ったパリの下情は、その先触れであった。

十九世紀中頃から目立ち始めたさまざまな大衆的な商業演劇「ブールヴァール演劇」が、小屋掛けの芝居や大道芸にまじって花開いてゆく。歌、手品、軽業も混じるカフェ・コンセールもこれにつらなった。そこには「盛り場的な状況が、いかがわしく沸き立つヴァイタルな気分」がみなぎっていたのだ。(10)

貴族・ブルジョア文化のフランスの大都市に、ようやく大衆の自己表現の場があらわれた。盛り場的とは懐かしい言葉だ。ベル・エポックに咲いたこの前衛的な都市文化のなかに民衆のホンネが踊った。一八八九年、モンマルトルの狭斜のふもとに現れ、艶っぽい狼煙をあげたキャバレー「ムーラン・ルージュ」はその代表だろう。猥雑なカンカンおどりと大道芸めいたショー、このいかがわしく陽気な場所を英国の皇太子も見物している。早くも国際化がはじまったこの一角は、庶民もブルジョアも入り混じる超階級的な生の混沌の場であった。あのパリの場末の丘のほとり、ぶどう畑とさすらい画家の村は、人間の酔狂というホンネが闊歩する国際広場になった。

歌やダンス、フレンチカンカン、大道芸まがいの手品や軽業も混じる派手で奇抜なショーはたちまちホンネ文化に火をつけた。日本の春画が大好きで食いしん坊のボヘミアン画家ロートレック(Henri Marie Raymond de Toulouse-Lautrec, 1864-1901)が、ほろ酔い気分で夜な夜な通い詰めた紅灯の巷であった。ひいきの踊り子たちをモデルに数々のポスターを描いたこの座興の絵師は、なんと、由緒ただしい帯剣貴族トゥールーズ伯爵家の御曹司であったという。人間とはわからぬものだ。世紀末パリを席巻したジャポニスムの中で、江戸っ子絵師たちの酔狂魂を誰よりも身につけたのは、天性の軽妙な筆づかいで世をわたったこの愛すべき食いしん坊であったか。『北斎漫画』をおもわせる洒脱な筆づかいの名人だ（図4―3A・B）。

そして一九二〇年代、第一次大戦後の高度成長の波は、モンパルナスのヴァヴァンを中心にした新しい大衆芸能の時代をまねいた。熱狂の時代（Les Années Folles）だ。一九一〇年代以降、おおくの移民芸術家たちが、モンマルトルを去りモンパルナスへと移る。プラタナスを植えたラスパイユ大通りは、いまやオースマンの図面のとおりヴァヴァンへ達し、メトロも開通する。米国生まれの黒人歌手ジョセフィン・ベーカーが歌う、アメリカ帰りのモーリス・シュヴァリエがミュージックホールで踊る……。猫を肩にのせた藤田嗣治がカフェ・ロトンドに陣取り、モディリアーニも闊歩した国際都市パリ。芸術都市という都市神話はいまやオースマンの遺産とメトロに乗って舞いあがった。

中世の秋いらい影をひそめた民衆の姿が都市の檜舞台へ戻ってきた。

俺はグラン・ブールヴァールを歩くのが大好きだ
そこではたくさんのものがみられるからさ
はれやかな希望の日も、怒りの日もみられるし

図 4—3A　『北斎漫画』、ジャポニスムの火付け役のひとつになった戯れる気迫

図 4—4B　ロートレック「ムーラン・ルージュのダンサーたち」
（オルセー美術館蔵）

そうした日々のおかげで
そこでは大衆的なものが浮き立ち
唄や叫びでいつも燃え上がり
ときにはぶつくさいうパリの心が養われるのさ、
たくさん美しい歴史の瞬間が
俺たちのグラン・ブールヴァールにはどこにも
書かれてるんだよ

イヴ・モンタンのシャンソン「レ・グラン・ブールヴァール」より(10)

（4）ジャポニスムの第二波

さてフランスの大衆文化は第二次大戦後、どうなったか。結論をいそごう。

一九六〇年代ド・ゴール政権下のアンドレ・マルロー文化大臣の旗振りで始まった文化の民主化とは、上流社会の芸術を大衆に下賜することであった。それから、二〇年。一九八一年に成立したミッテラン政権下のラング文化相（Jack Mathieu Emile Lang, 1939-）の唱える「文化の民主化」(11)は、高級文化と低級文化というカテゴリーの解体をめざした。人形劇、オペレッタ、新サーカス、ストリートアート（大道芸、落書きなど）、フランス郷土料理、ファッションなどを支援対象に組み込み、倒産寸前の名シェフの店を復興させたともいう。とりわけフランス文化省が関心を向けたのは、若者文化、特にマンガ、ポップスやロックをふくむポピュラー音楽で、二〇一七年、この流れを受けたマクロン大統領は、ロック歌手J・アリディの葬儀に際し、麗々しく文化英雄のオマージュを捧げ、あの「ラ・ボエーム」の絶唱をのこして消えたアルメニア系の歌手アズナブール（Charles Aznavour, 1924-2018）は、階層を超えた弔辞につつまれた。かくしてエリート文化と民衆文化の境界はいくらか低くなったろうか。

近代の表層を飾った貴族ブルジョア芸術の華麗な世界から締め出され、賤しめられていた大衆文化、つまりフランスの基層に埋もれた風土性文化は、ここにともかく息をふきかえし、市民権をえたのだ。それは結構なことだが、そもそも基層的な生命力から芽生えたモダンアート系の風土性民衆文化を国策で浮揚させるとは！　それは慶事なのか。迷うところだ。

このような趨勢を背景に、フランス全土で「ジャポニスム２０１８」がひらかれた。その一部をみても、そこには日本の大衆文化へのつよい関心が見て取れる。第二次ジャポニスムというべきか。(12)

3　地域性という基層文化

第1章において、われわれは、普遍主義へ傾く西欧エリート文明をみてきたが、パリから地方へ目を転じると別のヨーロッパがみえてくる。それは、芸術や言語、食文化、自治の実態などをみると普遍性とは別の顔である。国境付近を旅してまずおどろくのは、耳なれぬ言葉が響くことだ。そこには、十七世紀の王立アカデミーが定めた標準語とはべつに、ゲルマン系とラテン系言語のあいだに多くの地方語が虹のように散っている。

芸術の次元では、ロマン主義の旋風を皮切りにさまざまな対抗的な前衛芸術が吹き上がった。それらの末裔はときに未来を装いながら、人間の原郷に迫る怨念めいたもの、風土という母胎への回帰軌道に乗っているかにみえる。多くの国際観光客の視線は普遍の退屈よりも、土俗の先端性に向かっている。

西欧社会全体に言えることだが、第1章で見たとおり、中世において「国家より先に都市があった」という事実、そこに深く根を張る地方文化のしぶとさを見なければならない。フランスにおいてもしかり。歴史を遡っても高々、果てしない宗教戦争の末、ウェストファリア条約を機に芽生えた領邦主権国家という制度は、いわば集権化した官僚組織が拵えた「理念的存在」にすぎない。「肉体をそなえた実体」（木村尚三郎）としての地方をまえにして、国家は影が薄い、とする見解にも一理あるだろう。[13]また第1章でたびたび引用した増田四郎氏はランケの言葉を引用して「一国の支配によって一色に塗りつぶされないことが……西ヨーロッパの守護神」と指摘する。いずれも地域主義への賛辞と言える。[14]

それではフランスや英国の現代地方行政に、そのような基層文化はいかに反映されているのだろう。そこから学ぶものは何か。各国の自治制度の多様性には、地域にたいする中央政府の不信、中央に対するそれぞれの地域の自立心がよく現れている。

フランスの場合、一九八二年分権法により地方行政の執行権が県知事（プレフェ）から公選の県議会議長へ移行した。ナポレオンの創設になる県という地方行政区の知事は、明治憲法下にあった戦前の県知事のように官選であった。というより、そもそも県(département)とは国の出先機関であったと考える方がわかりやすい。ともかく分権法によって、選挙で選ばれる県議会議長が県の行政執行権を担うことで県はようやく自治体になり、昔の知事は、県内の国家事業のみを担当する。さて、日本の市町村に相当する基礎自治体（コミューヌ commune）に目をうつすと、そこに見えるのは国と自治体のきわどい関係だ。民選議会で互選される首長（メール maire）は、国の代表（représentant de l'Etat）としての権限をあわせもつ二重人格である。委任事務というものは無い。したがって、警察権、戸籍管理などの枢要な国家権限を執行する首長に齟齬あるとき、国は制裁または罷免権を発動できる。[15] このような中央集権制はとおく十七世紀までさかのぼる。絶対王政時代に国王が地方掌握の為に放ったアンタンダンと呼ばれる直轄官僚（司法・警察・財務監察）は、売官も世襲もない強力な近代的官僚制度であったが、裏をかえせば、国家に反抗する頑迷な地方魂との確執が見えるだろう。

中世いらい、聖痕のように大地に徴された小教区[16]という地理的輪郭を自らの身体として生きるコミューヌ（基礎自治体）は一つの風土資産である。それは、実にローマ支配時代の行政区の面影をいくらか引きずりながら、ほぼ千年の時間を大地に彫り込んだ風土の身体として実在する。古い建造物はそこに記された符牒のようなものか。

この基礎自治体は近代にどう変容したのか？

概括するなら、ラテン系国家とスイスでは自治体合併は少なく、ゲルマン、アングロサクソン系国家では合併は大胆に進行した。カトリックと新教の差異であろうか。中世以来の教区がそのままコミューヌの領域に重なりがちなフランスでは、合併ではなく複数のコミューヌ（基礎自治体）を束ねた連合自治体（comunauté des communes）に、その権限の一部を委任する方向へ動いている。したがって基礎自治体はその旗を下ろさない[17]。

ところが、戦後の英国は、自治体の合併を繰り返した。一九五〇―九二年で、自治体数はなんと七六％減。

その結果、行政と市民の距離が遠くなるという問題が出てくるはずだ。ところが、これには裏がある。自治体併合の欠陥をおぎなうため、中世以来の伝統をもつ小教区パリッシュが準自治体とみなされ、相応の行政サービスがおこなわれているのだ。ここでもやはり、教区が温存する基層文化性は強いのではないか[18]。

あるいはまた、フランス・スペイン国境の両側にひろがるバスク地方といえば、いまでも住民のほぼ三割が、印欧語系とは無縁の、素性のしれぬ言語をあやつる地域である。個人主義というよりも、イエ型合議制デモクラシーを拡大した直接民主制のこころが生きのこるばかりか、驀進する絶対王政の砂埃に消えたはずのコモンズ型原野（communaux）で放牧がおこなわれている。そこでは地場の酪農家連合が十九世紀前半に決めたルールに従い、個人主義的な土地私有の境界をこえて、牛や羊は悠々と往来しているという[19]。

バスクといえば、ヤギのチーズが有名だが、食文化の多様性こそは、もう一つのフランス文化の誇りである。心温まる郷土食のほとんどは「ごった煮」の鍋料理である。どれも貧しい農民や漁師が、硬くなったパンのかけらで鍋底をさらった庶民の家庭料理だ。地方に生きるおふくろの味は、どっこい生きていた。これに葡萄酒やチーズを添えれば、黒い森をのせてゆったりうねる麦畑が眼に浮かんでくるだろう。食と風景！ この旨しもの、匂い立つ風土資産は大地の歴史に根差している。観光は、一夜にしてならず[20]。

すでに見たように（第1章第4節参照）、絶対王政の成熟とともに、市民共同体や各種の中間社団はつぎつぎに特権を骨抜きにされ、デモクラシーを産み落とした中世自治都市の影は薄くなった。しかしながら、フランスにその典型をみるように、国家権力と風土的地方性とのあいだに裂けた溝は、近代国民国家のダイナミスムともいえる。文化の多様性として現れるこの風土資産のまわりに自治生活が実を結び、人間の生きがいと誇りという価値がうまれる。その輝きが観光者を惹きつけるのだ。観光で儲けようと思うな、大きなソロバンを机の下ではじけ、という警句はただしい。

このようにみてくるとき、日本が培ってきた超階級的文化や地方文化など基層文化の温床をどのように現代社会へ転生させるか、深く考える時がきた、とおもう。健やかな地方自治の成長は、このような風土文化の土壌をおいて他にない。基層文化から生え上がった風土という宇宙はその姿を七変化しながら未来へむけて進んで行く。西欧文明圏の基層をなす地方文化に学ぶものも多い。

オースマンの近代パリは、中世の暗闇のなかに眩い点と線を描いたにすぎない。遠い視線で見たパリにはまだ中世の残影が揺らいでいる。ほの暗い裏路地に迷い込めば中世のにおいがする。荷風はその幻影に酔いしれた。カフェテラスでくつろぐ客に即興の身振りを披露する芸人、そして手品師の大道芸に人溜りができる。あるいはまた、街区ごとに開かれるマルシェの喧騒に身を任せてみるとよい。果物、肉、チーズ、そして古着のやま……掘り出し物を誘うダミ声の飛び交う雑踏は中世都市のざわめきだ。メトロの構内に陣取った芸人が、興に乗って車内へ闖入してくる。これも風土遺産か。華麗な建造物だけが文化遺産ではない。

グローバリスムという普遍街道を突き進む現代、観光とは何か？　改めて問いたい。風土性ローカリスム（場所性）を探訪するツーリストが、あちこちで巻きこまれる間・風土性のつむじ風は、いきづまった国民国家の外交とは別次元の地球文明を拓くであろうか。十九世紀に現れた西欧かぶれと日本かぶれの熱狂はその先駆的現象であった。飄々と水陸を行き交う両棲類にならって、その洋々たる舞台を両棲文明圏と呼んでみたい。

注および風土資料

（1）前田愛『成島柳北』朝日選書、一九九〇年、一六頁。
（2）前田、前掲書、一九一頁。
（3）山田登世子『メディア都市パリ』藤原書店、二〇一八年、二二六・二二九頁。
（4）高階秀爾「ジャポニスムの諸問題」、ジャポニスム展序文、一九八八年九月、国立西洋美術館、同年五月、グランパレ。

（5）太田康子「エドモン・ド・ゴンクールの歌麿・北斎評釈に見る時代精神」、『多元文化』（1）、名古屋大学国際言語文化研究科、二〇〇一年三月、一一七―一二八頁。「エドモン・ド・ゴンクール（Edmond de Goncourt, 1822-96）は、歌麿以降、日本絵画の貴族的伝統や中国美術の影響から独立し、民衆の派である浮世絵派を真に創設したのは北斎であることを確信した。」（参考文献　エドモン・ド・ゴンクール、隠岐由紀子訳『歌麿』平凡社東洋文庫、二〇〇五年。原著一八九一年刊）

（6）林忠正（一八五三―一九〇六）帝国大学開設以前の「東京大学」卒、一八七八年第三回パリ万博に商社通訳として参加。以後、パリにて美術商として日本美術、印象派など両国文化の交流、に貢献した。印象派の画家たちと親交、貧困のうちに没したシスレーの遺族をたすけ、ゴンクールの『北斎』の出版に尽力。一九〇〇年にレジオン・ドヌール三等章。

（7）J・ホイジンガ、高橋英夫訳『ホモ・ルーデンス』中公文庫、一九七三年、三九四頁（カッコ内は著者）。「……ほとんどすべての文化の現れのなかで遊びの因子が大きく後退をとげていると主張できる（十九世紀という時代は）……子供の靴はもう足にははまらなくなった、と考え、社会は科学的計画に基づいて…現生の利益にいそしんだ。……遊びという（文化の）永遠の原理を入れる余地をほとんど残さなくなった……」。十九世紀フランスの芸術家たちの鬱々とした気分は、歴史人類学者ホイジンガの炯眼で見抜かれている（本書第5章第2節参照）。

（8）参考文献　山田登世子『「フランスかぶれ」の誕生――「明星」の時代1900-1927』藤原書店、二〇一五年。

（9）「余は何故か、日光、美人、宝石、天鵞絨花（ビロード）なぞの色彩にうたるる事能はず候。巴里の市街も、雨と霧の夕暮を除きては、美しと思ふ処更になし。余は繁華なるブールヴァールよりもセーヌ河の左岸なる路地裏のさまに無限の趣を見出し候」（『ふらんす物語』）荷風において、江戸とパリの波長は共鳴していた。（参考文献　菊谷和宏「永井荷風のフランス受容とその社会思想的含意」、和歌山大

学経済学会『研究年報』第一七号、二〇一三年、三一―六一頁）

（10）参考文献　渡辺淳『パリの世紀末』中公新書、一九八四年。

（11）新サーカス　ジプシーなどの旅芸人たちに伝承されたサーカスや大道芸にモダンアートの風を吹き込む運動。その動きを加速したのは、一九八一年に文化大臣になり、コンテンポラリーダンスの普及も後押ししたジャック・ラングであった。「サーカスは、それ自体で独立したひとつの芸術である」と語ったラングは、一九八五年、フランス国立サーカスアートセンター（ＣＮＡＣ）を設立、ムーブメントとしての勢いはさらに加速した。二〇一九年七月末、東京の座・高円寺で披露された卒業公演にて、モダン・パフォーマンスに七変化した古典サーカスの離れ技が会場を沸かせた。フランス本国では、この洗練された新サーカスも、大衆文化というよりも、いまや中産階級の文化資産になってしまったという声もある。（参考文献　「フランスの文化政策」、『Clair Report』No. 360, March 28、二〇一一年、自治体国際化協会パリ事務所。http://www.clair.or.jp）

（12）２０１８ジャポニスム展の一例。

モダンアート系――J-popと各種モダンアート、現代陶芸展、現代版画、写真芸術展、書道と実演、無数の風車の街中モダンアート、日本の精神性とマンガ、琵琶湖ビエンナーレ・フランス開催「きざし」、「具体」グループ展、抽象美術、ランドアート、「妖怪の島」写真展など。

民衆文化系――初音ミク、マンガ、コスプレ、子供文化、ゆるキャラ、日本料理（企業参加）、日本のジャズピアノ、ハップニング（パソコン派＋アニメ派＝オタクという秋葉原系文化は、どのようなカテゴリーに入るのだろう）。

工芸文化系――着物文化実演、着物テクスタイルによるファッション創造、モレブリエ盆栽サロン展、緋鯉と金魚、竹細工など各種工芸品、風呂敷文化、折り紙文化、村祭り写真展。

伝統文化系――舞台・歌舞伎、能、文楽・禅の精神による書道実演、花道と茶の湯、小原流生花と七夕祭りと尺八演奏、琳派展、伊藤若冲・河鍋暁斎など。

基層文化系――縄文文化など。

このような浩瀚な民衆文化という宇宙は、もはや美術館に閉じ込められる性質のものでなく、もっとひろい風土的な文化領域においてその生態を開花すべきだろう。(参考文献　浜野保樹『模倣される日本』祥伝社、二〇〇五年)

(13) 木村尚三郎『西欧文明の原像』講談社学術文庫、一九八八年、九七頁。

本書第1章では封建領主に対峙する市民自治都市を中心に見てきたが、内部統治の形式は、地方によってかなりことなる。北部のコミューヌ都市、世襲都市貴族支配による南部のコンシュラー都市、パリ周辺は国王の代官と商人頭の共同統治型であった。(下条美智彦『フランスの行政』早稲田大学出版部、一九九六年、四九頁)

地方性といえば、ボルドー郊外のサンテミリオンはコンシュラー型市民都市であった。ジュラード(講社)は一一九九年ジョン失地王(アキテーヌ公を兼ねる)の治世下に結成された市民自治組織。貨幣鋳造権と流血裁判権をのぞく政治的、経済的、法的権限など、市政にかかわる一切の権限を奉行団(世襲門閥市民によるマジストラ)に委任され、一七八九年の大革命で解散するまで存続した。低品質の葡萄酒生産者はむち打ちなどの刑罰を受けたという。

一九四八年、葡萄酒生産組合がジュラードを再結成、葡萄酒の品質と銘柄の名声維持につとめる。一枚岩をくりぬいたモノリシック地下教会に、中世ジュラードの総会が開催された会議室が今でも残っている。ここで午餐のあと、一二人の評議会員は赤い儀礼服をまとって街を練り歩き、王の塔にのぼって高らかに葡萄収穫の季節到来を宣言する。このような、中世市民組織の痕跡が、都市造形とともに風土遺産として生きている。

仏政府による大都市への誘導政策にもかかわらず、多数のフランス人は大都会より地方中小都市居住への根づよい居住選好を示している。(Métropoles, communes rurales: que préfèrent les Français? 二〇一九年十一月十九日、*Le Figaro* 紙)

(14) 増田四郎『ヨーロッパとは何か』岩波新書、一九六七年、一三四頁。

(15) 中央政府は、首長がその職務を怠った場合、一連の制裁を行う権限を有している。内務大臣の省令アレテによる一か月の職務停止または、首相の法令デクレによる罷免である。（参考文献「フランスにおける基礎自治体の運営実態調査」、『Clair Report』No. 331, October 10、二〇〇八年、（財）自治体国際化協会パリ事務所）

(16) 小教区（paroisse）　ガロ・ロマン期の行政区の面影をのこしながら、十二世紀ごろ成立した。教会を中心にすえたこの教区は、十分の一税をもって住民の日常生活の世話をする行政単位でもあった。戸籍管理、初等教育、身近な道や橋の維持管理、福祉など。王の布告は祭壇から住民に伝えられた。日曜礼拝に赴く住民が少なくなったいま、過疎地の教区は影がうすくなったが、教区を土台にしたコミューヌ行政は連合化しながら生き残っている。

(17) 人口ゼロの英雄自治体。フランスのヴェルダン要塞に近く、第一次大戦で焦土化したキュミエール（Cumières-le-Mort-Homme）以下のコミューヌ六か所が「フランスに命を捧げたコミューヌ」と宣言され、人口ゼロのまま自治体としてその法的地位を認められている。県知事により理事あるいは首長が任命され、首長は戦勝記念日には勲章を胸に式典に臨む。

(18) 竹下・横田・稲沢・松井『イギリスの政治行政システム』ぎょうせい、二〇〇二年、一〇七―一〇九頁。パリッシュには直接選挙による議会がおかれ、つぎのような行政行為をする。市民農園、コミュニティホール、公園、運動場、教会の墓地、庭園の管理、バスの待合所、コモンズの維持管理などなど……。また市の開発行為は、パリッシュ議会との協議を要する。

(19) *Dictionnaire de culture et civilisation basques*, elkar, 2013, p. 94.

(20) 地中海のブイヤベース、アルザスのシュークルート、サヴォアのフロマージュ・フォンデュ、バス・ノルマンディのもつ鍋トリップ、イル・ド・フランスのオニオンスープ、ブルゴーニュの牛鍋（ブッフ・ブルギニョン）、ラングドックのカスレ土鍋料理（豚肉ソーセージや羊肉、ガチョウ肉、アヒル肉等と白インゲンマメ）……。

参考文献

1　ピーター・メイル（Peter Mayle）、池央耿訳『南仏プロヴァンスの一二ヶ月』河出文庫、一九九六年。ラベンダーの香り、地場の料理、個性的な人物……この平凡にして秀逸な風土資産は、ボークルーズの泉へ急ぐ観光客の目には入らない、平々凡々の村だ。住まねば知れぬ魅力、風土資産とは、口にせねば得心できぬ料理と同じだろう。

2　E・マレス『縁側から庭へ』あいり出版、二〇一四年、三〇頁。「……フランス式庭園というのは一定の時期（十六世紀と十七世紀ごろ）、一定の地域（パリとその周辺）、一定の階級（王家と貴族）の間に普及した庭の様式であって、まったく一般的ではない。現在、ふつうのフランスの家庭の庭は、中心に子供が遊べるような芝生がひろがって、そのまわりには生垣とおおきな木々があるのみ」。同書は、「生きられた空間」として日本家屋の「縁側」を研究したフランスの地方出身研究者のエッセーとして興味深い。

第5章

文明の流儀

普遍への飛翔か、風土の戯れか

図 5—1　「京極四条釈迦堂」（『一遍上人絵伝』）

1299（正安元）年浄土宗を修めたのち、全国を遊行し貴賤を問わぬ念仏踊りという宗派・時宗を開いた一遍。盆踊りなど、芸能性のつよい民衆信仰の世界をひらいた（聖戒が詞書を起草、法眼円伊筆。東京国立博物館蔵）。

1　基層文化への通路――普遍宗教から風土宗教へ

いくらかの重複を厭わず、新たな視点も加えながら、第I部の結びとしたい。第1章に見たように、ルネサンス以降の西欧世界においては、西方公教会の権威を背景に土俗的な異端や呪術性を排除しながらキリスト教の純化、普遍化が進んだ。このようなキリスト教の浄化を皮切りに始まった一連の文明化プロセスにおいて、普遍の高みを目指す貴族・エリート層は、ゲルマンの遺風を捨てきれずに低く徘徊する民衆を切り離した。そこに深い文化的な亀裂が生じたのであった。

ところが、このような西欧文明の普遍化路線にくらべて、我が国の文明化の様相は、まったくちがっていた。日本では逆に、大陸から招来された普遍的な古代仏教は次第に和風化しながら、信条の異なる多くの宗派が大衆の巷へ駆け下ったのだ。

このような宗教の風土化は三つの流れをなしていた。

(1) 天台本覚思想

叡山の学僧から生まれた本覚思想とは、人間だけでなく、生き物すべてが仏性を具えているという考えのようで、たとえば、『正法眼蔵』で道元はこういう。「而今の山水は、古仏の道現成なり」

（「山水経」）、あるいは「峯の色谷のひびきもみなながら　わが釈迦牟尼の　声と姿と」（「渓声山色」）など、目の前の山水はすなわち釈迦の大悟したお姿だ、という。仏性をそなえた山水の懐に生きる人間もまた山川草木と共鳴しながら、成仏することになる。

天台本覚[1]という思想は、インドで誕生した仏教が、老荘思想の波をくぐりぬけて列島へ漂着し、さらに叡山の懐で発酵しながらたどりついた風土思想とされる。森羅万象に命の灯火を見るこの思想は、四季の彩りに恵まれた列島原人がおのずと身につけたアニミズム感覚と共鳴している。叡山を降った学僧たちの起こした鎌倉仏教の諸派に受け継がれたこの風土性汎エコロジー感覚は、民衆の身体に溶け込む基層文化になった。梅原猛氏はこう説明する。

「天台本覚論は禅、浄土、法華などの鎌倉仏教の前提になった思想であり、日本仏教独自の思想である……この思想は、仏性を持つものを動物ばかりか、植物からさらに無機物と思われる山や川にまで広げるものであるが、インドの仏教思想にはない[2]。」

本覚思想が語る環境は、人間から切り離された対象物ではない。両者は分かち難く繋がった相即不離の間柄にある。移ろう自然に混じって生きる人間、両者の連続性をみとめる心境一如の思想にたつとき、人間は自らの生命の儚さ、無常から逃れることはできない。この生滅無常の理こそが、この国では美的創造の基底をなした。

（2）垂迹《すいじゃく》あるいは神仏習合

こうして、列島原人の生活感情を言語化することに成功した鎌倉仏教は、巷の民衆と袖をすり合わせ、言葉をかわし、その思想を鍛えながら多様化した。だが、それより前、天台を中心とする旧仏教がすでに垂迹思想[3]を唱え、渡来の仏が日本の神々と習合して、民衆のふところへ入り始めていた。

垂迹説は本覚思想とまじりながら垂迹国土観ともいうべき、ユニークな風景的環境観をうみだした。すなわち、普遍宗教として外来した仏教は、草深い山かげに在す八百万の神々に乗りうつり、習合しながらこの国土に馴染み、民衆の心に溶け込んでゆく。こうして垂迹思想によって新たに演出された外来の仏たちは、社会階層をこえて国土の隅々に鎮座し、風土の香りを身に染み込ませていった。こうして、列島土着の神々が仏教によって脚色されながら生き延びたことは、日本宗教の徳性であろう。西欧社会におけるキリスト教の純化と反対の方向、つまり普遍性と風土性の間を遊泳しながら、宗教は文明の大衆化を進める原動力になった。

（3）複数宗派への多様化

鎌倉時代にはいると、比叡山から降った僧侶たちがそれぞれの声色で末法の世に仏の道を語りはじめた。浄土系（浄土宗、浄土真宗、時宗）、法華宗（日蓮）、禅宗（臨済宗・曹洞宗）などなど。天台本覚論や垂迹思想の広まりのなかで、めざましく登場してくるこれら鎌倉新仏教は、旧仏教のように出家、戒律、寄進や学問をもとめず、在家のままの救済を可能と考えた。民衆の深い淵に放下したこれらの宗教諸派は、それぞれの宗教的スペクトルに応じた風土文化の音色を奏でていった。

なかでも特筆すべきは、時宗をひらいた一遍[4]の踊り念仏だ。鎌倉仏教の始祖のなかで唯ひとり、比叡山での修学をへないこの教祖は全国を遊行し、称名しつつ踊りながら法悦にはいる「軽み」のなかに、聖俗不二の限界宗教性を実践した。猿楽はもとより、能面、造園、華道、連歌、茶の湯、香道などあらゆる諸芸能を司る室町幕府の同朋衆（第2章第2節参照）は、みな時宗の系譜につながる阿弥名をもつ一事をもってしても、この国の芸能の、聖俗を超える呪術性を裏書きするだろう。中世の前半、時宗の信徒は念仏聖に先導されて熊野詣でに押しかけた。それまで権門貴顕の聖地であった熊野に大衆化する契機が開かれた。江戸時代に流行した富士講、伊勢参りの先駆けのような庶民的観光の源流をそこに見ても良いかもしれない。

また、後年、柳宗悦[5]が民藝論の理論的支柱として他力門に近づいたことは記憶に新しい。

しかし、日本の芸能にもっともユニークで深い刻印を残した宗派は、厳しい修行と戒律で知られる禅宗であった。不立文字という禅林の反語的な言説や「有を現はすものは無なり」という世阿弥の、いわゆる「否定の美学」に結晶し、氷りつく艶と気合《きあい》を孕んだ余白の芸術表現をうみだしたのだった。

能楽はもとより連歌、俳諧、枯山水、茶の湯、水墨画……禅の気迫を発しない中世芸術はないと言って良い。いずれも、過ぎし日の王朝美を乗り越える氷結の気迫であろう。

室町幕府の庇護統制下にあった五山十刹にしても、臨済宗大徳寺の林下禅のように、時の権力に背を向けて大衆化する一派がでた。これらの諸寺院は厳しい修行のかたわら在野禅を標榜し、地方武士や上層町衆に分け入ったが、庶民にふかく愛された一休宗純（一三九四―一四八一）のような「破戒的な悟入」を目指す一派を産んだことも記憶されてよい。異端の風狂！

気合の入った宗純の書体をみていると、幕府公認の高踏的な悟りよりも、歓楽街を徘徊し、聖俗、貴賤、美醜、生死の境を破らんとする狂雲の気迫というか、聖俗不二という日本風土圏のホンネが見えてくる。泥沼に咲くハスの華のような生命感が、庶民から文化人まで広い共感を得たのであろう(6)。

近世大都市において栄えた真宗の世俗倫理観は、商人のイデオロギーに大きな影響を与えたことも付け加えておこう。「三方よし」あるいは「自利利他円満の功徳」「商売は菩薩の道」という近江商人の商業哲学は、真宗への帰依によるところが大きいとされる(7)。

以上、三つの動向から、鎌倉仏教を総観して思うに、大衆的な波動と豊かなその詩魂は、国風文化のルネサンス、とおもえる。遥かなるラテン文化に憧れ、その普遍性を信じる西欧のルネサンスは、おのずと上層社会に吸収された。ところが、叡山で発酵した鎌倉仏教は、大地という土俗的母胎に生きる民衆の海へ広がり、そこに芽生えた無常という生活感情は、ゆたかな風物詩という透き通った自然観をわれわれにのこした(8)。

こうして、神・仏という複数路線を歩み、その上、多数の宗派に分裂した日本の宗教は、共同体形成の弱点になったという見方もあるが、第2章でみた法華宗を中心とした京都町衆文化の充実、あるいは封建領主を相手どった一向一揆の結束なども視野に入れねばならない。とくに、風土生成の母胎となった鎮守の森については、第Ⅱ部でその小宇宙をつぶさに検討し、将来への望みを託そう（第8章第2節参照）。

総じていえば、中世以降の仏教界の多様化とは、いわば列島原人のホンネを自覚させながら、地声の文化を開花させ、近世都市文化の熱源になった。しかも各宗派は上流階級へも浸透したから、両者を分裂せしめたとはいえない。つまり、文化の地平における日本社会の大衆化あるいは超階級性の起源の一つを宗教の多様性と和風化に見ても良いのではないか。なお、環境と基層文化については、様々な視点があるだろう。次の文献も参照していただきたい(9)。

2 鷹ヶ峰の気宇——本阿弥光悦とは誰か

第2章で瞥見した京都町衆の歴史、その終幕は桃山から徳川の時代へうつる。法華の乱を機に台頭した政治権力と結ばれ、南蛮貿易で巨万の富を蓄えた上層町衆が、歴史の表舞台に上る弥勒の世がやってきた。このような天下の旦那衆の一人として時代を遊泳し、美的世界を演出した本阿弥光悦（永禄元／一五五八―寛永十四／一六三七）とは誰か。その出自と広い交遊が開いた諸工芸、美術の大交差点、その超階級的な社交圏を覗いてみよう。

図5―2　光悦寺境内（鷹ヶ峰三山と光悦垣）

その第一はもちろん、法華宗を奉ずる天下の旦那衆たちとの交わりだ。鷹ヶ峰に陣取った光悦の身辺に住み、創作や活動を支援した茶屋四郎次郎を筆頭に、光悦に書道を師事した角倉素庵、灰屋紹益、尾形松柏など富豪の顔がならぶ（図5―2）。

第二は武門貴族の面々。

希代の社交家であった光悦の交際は、老中土井大炊頭、京都所司代の板倉勝重、さらにまた、加賀の前田家とは縁組している。その背景には将軍家との古い因縁があった。

本阿弥家の祖先は、古くから刀剣の目利き、研磨、浄拭《ぬぐい》などを家業とし、足利尊氏にもこの特技をもって近侍し、ときに守護大名家にも赴いたらしい。光悦の父、光二が駿府の今川家に出向いたとき、人質になっていた徳川家の竹千代、すなわち後の家康の近習をつとめ、脇差の仕立てやら、小刀の研ぎなど本職の技を以って親しく仕えたという。大坂夏の陣から帰国途中、京へ立ち寄った家康から、光悦が洛北の鷹ヶ峰の土地を拝領したのもその縁であったろう。その家康につかえた古田織部は利休の高弟としてその茶をうけつぎ、そして師と異なる茶の道を拓いてそれを光悦に伝えた。しかし利休のたどり着いた冷え寂びの境地は、織部にとってもはや前進不能の絶対零度であった。

——越えねばならぬ、師を……。

秀吉の視線を恐れて誰も姿を見せぬ別れの川岸で、死出の旅に赴く利休の小舟を見送りながら、織部はこうつぶやいたか。いや、鷹揚にそれを促したのは利休自身であったかもしれない。

織部の陶器にみえるあのひょうげた造形や謎めいた記号の乱舞は、激情を秘めた武門の血が成した商人茶への反逆であったか。そうかもしれない。しかしまた、その奔放な茶陶の意匠は、豪商たちの御朱印貿易がもたらしたあかるく自由な南蛮文化のにおいもする。それはながい漢文明の桎梏を解き放つ呪文かもしれない。そう思ってみると、織部の破格な意匠は、たぎり立つようなバサラの情念を継ぐ町衆文化に同調するかに見えてくる。

こうして、新しい道を辿りはじめた織部は、やがて大坂夏の陣で、豊臣への内通の疑いをうけると、一言の弁明もなく、武家の作法に殉じた。

光悦はその織部の茶の湯の指南をうけた。縄文の炎が乗り移ったように奔放な織部の意匠は、光悦の雅びとどう結びつくか。自由なアソビ心というか武門のタテマエ文化に一線を画す点において、二つは重なるかに見える。利休が秀吉から死を賜り、織部もまた、従容として命を絶つ。戦国の世は去っていくが、まだ人の死は身近にあった。

光悦の社交圏を飾った第三のグループは禁裏と公家、仏門の一派であった。

幕府が成立すると禁裏への締め付けも厳しくなる。もはや「和歌しかない」と嘆いた後水尾上皇は、「禁中並公家諸法度」などにより、次第に引き締められる儒教的な秩序に対し、肌身につきさる違和感を感じていた。幕府を横目にしながら、修学院離宮の造営に精を出し、宮中に遊女を招くなど風流三昧のいわゆる後水尾サロンが形成された。きれい寂びの世界をめざした小堀遠州とは、この宮廷サロンを通じて談論風発したにちがいない。

たしかに、だれにも媚びぬ自由で奔放な光悦の性格は、武門、公家、町衆のあいだを遊泳した。しかし、三十四歳で利休の死に接し、さらに茶の湯の恩師・織部の死を五十七歳で目の当たりにした衝撃のないはずはない。武門とは間をとる公家と深く交った法華町衆としての光悦は、立華に熱中する後水尾上皇を囲みながら、公家の西洞院時慶、町衆連歌師の松永貞徳、小堀遠州などと親しくまじわり、王朝の雅へ没入した。

あるとき、公家の近衛三藐院《さんみゃくいん》から当世の能書家は?とおたずねがあった。

光悦、答えていわく「先ず……、さて次はあなたさま、次は松花堂です」とこたえた。「その先ずというのはだれか」と三藐院が問い返すと、「私でございます」とこたえたという。冗談というか、公家の御前で一歩も引かぬ豪胆というか、例の寛永の三筆の誕生秘話である。(10) 能書家の公家といえば古筆鑑定でも名の知れた烏丸光広も、光悦と親交があった。

そして光悦をとりまく第四のグループ。それは、もちろん寝食を共にした工芸の仲間たちだ。それは鷹ヶ峰に工房と居宅をさだめた職人たちである。(11)

本阿弥家が代々家業とした刀剣目利きとは多彩な工芸職を束ねる立場であった。刀鍛冶はもとより、研ぎ師の本阿弥二郎三郎、鍔《つば》や金象嵌の埋忠明寿、蒔絵師の幸阿弥家の徳安などが名をつらねた。それに柄巻《えまき》師、金細工、漆芸、革細工、袋物などなど……。日常の社交をそのまま美的に昇華しようとする光悦の野望は、大工、陶芸、造園、諸道具の交差する茶の湯という一期一会の結び目に焦点をしぼる。千家十職《せんけじっしょく》の例をあげるまでもなく、風流韻事とは、あらゆる手工芸者を結ぶ職人ギルドの交差点であった。本阿弥家はもと刀剣に責任を持つ時宗の本阿弥家として足利尊氏につかえ、そこに関係する工芸職人と代々、幅広い付き合いがあった。その集大成が鷹ヶ峰であろう。

林屋によると、遥かに時代を遡れば、京にて時宗の道場へ通った商工者には卑賤の身がおおかったとされ、中世の前期、民衆の支持を得た時宗によって脱俗し、身分の負い目を払い捨てようとした、という。武家貴族に奉仕する同朋衆にも通じるものがあったであろう。「のちに法華宗として活躍した本阿弥家も、古い時代には、時宗の本阿弥として足利尊氏につかえたとおもわれる」(12)。本阿弥家の血筋は、こうして職人の腕と情念に支えられ日本文化の深層へつながっていた。

さて、光悦とは誰であったか？

松本清張の『小説日本芸譚』の光悦のくだりは、出入りの金工職人の語りですすむ。

諸芸の上に君臨する光悦は、書はおろか、陶芸も漆芸もなんでもできると評判であった。光悦の身近に奉仕しながらこの世間の噂を冷ややかにみている職人に「光悦の書いがいはすべて二流以下でございます」といわせた清張さんは、さらに「あの仁の芸術の本質は、意匠だ」と結ぶ。つまるところ意匠にすぎない、という趣旨である。宗達の下絵に惜しげも無く『古今集』の名歌を書き重ねる様を見た宗達は「あの爺いめ」と唇を嚙んだ、とまで書いている[13]。

光悦の真価は、上は禁裏から下は職人まで、雅俗がとけあった超階級的な社交世界の美意識を演出したことだ。書の他はなにもかもディレッタントであったろうが、それでいいのではないか。装飾的な宗達の下絵のうえにさらさらと墨を流してゆくやり方は、詩画一致という文人画の流儀にしたがったまでだ。おそらく法華宗に由来する光悦という人物のアクの強さはともかく、清張さんの描く光悦像は西欧の芸術至上主義という偏光メガネの結像ではないか。

光悦という人物は文化の次元で中世の幕をひき、近世を開いた。政治結社からほど遠い工芸文化を巡るアソビ仲間の鷹ヶ峰共同体は、極端な独創性の罠にはまる前の風土社交圏というべき華やかな道楽精神を保っていた。貴顕、武門、職人など全階層にわたって遊泳し、誰をもおそれぬ光悦の自負は、中世の混沌を生き抜いた町衆たちが、公家から吸収し我がものとした風土文化の深い教養に発していた。おそろしい目利きとして、この文化の編集者は、個人をこえた町衆風土自治の到達点と考えるほうがよい。

社交世界から湧いてくる光悦のインスピレーションは、あらゆる美術の境界をこえて閃光を放った。その秘密は、立場を超えた人と人の結合を誘う意匠という社交的コミュニケーションの方法である。おそらく日本美術の工芸的本性に深くかかわるこの社交感覚は、公家と町衆の双方に潜むアソビという文化の源に根茎をおろしている。

光悦はこの社交感覚を一身に呑み込んだひとであった。建築、造園、茶碗、屏風、扇面そして蒔絵の弁当箱まで。そして今日、思わず見とれる京菓子の意匠は、光悦や宗達を私淑する琳派の心に近い。そこに、この国の風土社交圏の源流をみたい。

おもうに、美術館のような普遍空間へ祭りあげられた「作品」は息の根がとまってしまう。工芸の世界は、それを楽しむ社交的状況に生きる。意匠とは、場の状況の演出である。所詮、意匠だ、と蔑む清張さんの芸術至上観は、どうも頂けない。

光悦の茶室・太虚庵から眺めた鷹ヶ峰は美しい。燃えるような紅葉の季節、ここに来ると鷹ヶ峰の地霊になった光悦の気配を感じる。

光悦、宗達を祖とし、光琳、乾山あたりで明瞭になったいわゆる琳派という私淑型スクールの種子は、はるか東海の果てへ流れついて、そこに江戸琳派[14]が芽吹いた。その中核をなした大名家の酒井抱一は、亀田鵬斎などの文人サロンに馴染んでいる。これは浮世絵などとは異なる上層町民・知的遊民の溜まり場であったが、町衆と公家の混じり合ったこの京都・町衆文化の流離談は、江戸ッ子文化にもいささか雅俗融合の深みをもたらした。

ところでこの項の末尾にメモしておきたいことがある。桃山期に渡来した南蛮文化が引き起こした文化ショックのことだ。「大航海時代」という世界史的事件、その余波がようやく、花綵《はなづな》列島の渚を洗い始め、水平線の彼方に、西欧世界という黒い入道雲が湧きあがっていた。それは、中世を覆っていた中華文明や仏教的イデオロギーへの揺さぶりであった。[15]

3　方法としての道楽——雅俗のたわむれ

（1）大名家もまた……

鷹ヶ峰の文化に見える超階級的な性格は、江戸文化に引き継がれた。

町人ものの浮世草子で名を馳せた井原西鶴は「町民ほど気楽なものはない」とうそぶいたが、幕藩体制に背を向けて自由人の世界へ走った人物はおおい。平賀源内はその筆頭であろう。まことに変わり者の源内は、仕官も放棄した一所不住の素浪人として科学と文雅の間を遊泳した。

江戸期のベストセラー『日本外史』をのこした頼山陽《らいさんよう》（安永九／一七八一—天保三／一八三二）もまた父・春水が儒官をつとめた広島藩を脱藩し、一文人の自由に生きた人であったから、武家の世界を見切った点では似たようなものである。例の「京都三条の糸屋の娘……」[16]にみられる平和主義の武門批判は、このあたりが震源であろうか？　ともかく、このような自由人を筆頭に、町民文化へ傾倒した大名、旗本はじめホンネを晒した武門文化人は後を絶たなかった。江戸の町民文化を楽しんだ大名も少なくない。

「……中には病気を申し立てて国許への交替を嫌った大名もいたほど、彼らは江戸の生活を楽しんだ。したがって、隠居の後は江戸の下屋敷で余生を送った藩主もすくなくなかったと桜田虎門はその著『経世談』のなかでのべている」（石田）[17]という。芝居狂いでしられた大和郡山の藩主・柳沢信鴻はその代表であろう。[18]

江戸の下屋敷六義園に隠居したこの殿さまは、芝居小屋へ日参し、観劇弁当を楽しむ道楽が高じて、園内に芝居舞台まで仕込んだ。家来はおろか使用人まで屋敷ぐるみの素人芝居に興じたという。まさに、町奉行の目に届かぬ宮地《みやち》芝居ならぬ殿様の庭地《にわち》芝居である。六義園にかぎらず「座敷芝居」や人形芝居は大名家の社交行事として広まっていた。タテマエはともかく大衆的な町民文化はここまで武家社会に浸潤し、武家といえども町民文化なしに己の感情表現はままならなかった。芝居弁当といえば茶屋ばかりか、桟敷、土間席まで、寿司や菓子がはこばれたが、土間の宮地芝居となればなおのこと、弁当の楽しみと切り離せない。芝居はかしこまって拝見する芸術ではない。[19]茶道では、表千家如心斉の高弟、川上不白が江戸へ帰り、千家の茶を広めはじめると、日本橋界隈の町人や札差などにまじって諸大名、旗本まで詰め掛けたそうだ。このような道楽、歓楽、遊びの世界では、もはや身分をこえた市民的世界の扉はひらいていた。[20]

ようするに町民はしばしば蒙った文化統制に悩まされたが、武家もまた自らの都合で発動したタテマエの文化抑圧によって自家中毒の憂き目にあった。ともかく、町人が開いた遊芸のまわりに花咲いたアソビ文化は、階級を超えて人と人を結びつける役割を果たした。そのおおらかな風土性の熱源は、タテマエに縛られぬ庶民が死守した平和な基層文化の埋み火であった。

(2) 旗本退屈男の創造力——道楽の社会貢献

江戸城の外堀を望む牛込の高台に、大久保甚四郎という旗本退屈男が住んでいた。西の丸御書院番を拝命して将軍警護の任にあったが、数年で辞し、さほど多忙でもなかったようだ。[21] 巨川《きょせん》の雅号は、新吉原の茶屋の主人であった談林派の俳人・笠家左簾（一七一四―七九）の社中・俳名であろう。その社交圏の艶のほどがそこから推し量られる。

当代随一の好事家であったパトロン巨川を中心に集まった「連」のなかに、絵暦を編集し、作成するグループがあった。絵師の鈴木春信[22]と同じ長屋に住んだ風来坊の平賀源内（享保十三／一七二八―安永八／一七八〇）や狂歌の大田南畝（寛延二／一七四九―文政六／一八二三）なども顔をつらね、あでもない、こうでもないの道楽三昧のなかで錦絵が育っていった。その詳細は他書に委ねるとして、ここでは錦絵の奥にある心を訪ねてみたい。

巨川連といえば、美術の目利きはもとより、摺師から彫り師、下絵師まで、多彩な職人のまとめかたなど、巨川の存在は、遠く鷹ヶ峰の光悦を思わせるものがある。それは町民、賤民のなかに潜む広大無辺な文化の油田を汲み上げ、それを良質な精油へと精製し、上層へ引き上げるとともに、それを再び民衆の中へ拡散させるプロセスであった。春信はこの雅俗融合炉のなかで育てられた。

あのゴンクールをはじめ、十九世紀フランスの好事家たちを陶然とさせた春信の女性美、それは雅俗の戯れというアソビの洗練であった。

ところで、錦絵の誕生にやや先立って芽を吹き出した国学の気風に注目したい、と中野真理氏は指摘する。(23)

朱子学という普遍性に範をもとめた、統治イデオロギーとしての理気人欲、あるいは勧善懲悪という秩序志向のタテマエをはなれ、人間のこころに自ずと芽生える「人情」という、やわらかな大和心への回帰をもとめたのは宣長であったが、元禄と化政のあいだにあって、近世江戸文化の芯が形成されたこの時代の精神が、みごとに宣長に反応した。それは嫋々として風になびく秋草のようなフェミニズムの「情」とその「姿」に開眼した時代でもあった。この国の文化が執拗に繰り返してきた国風化という文化の風土化、この定番メロディーがここにも響いている。

古典の高雅と人情の俗臭を和解させる雅俗融和。しかし、化政期以降に正体をあらわにしてきた歌舞伎のケレンや絵画における国芳、北斎、若冲、そして幕末から明治期の暁斎、芋銭など武家出身の画家といえば、雅俗融和だけでは裁ち捌けぬ情念の粘性を感じるのだが……。辻惟雄氏の慧眼に映ったこの「民衆の貪婪な美的食欲」(第2章第4節参照)とは、俗と雅の葛藤する火花への喝采のようにおもえてならない。あるいは雅俗融和を超えた美の過激派の疾走であったか。

道楽というアソビ精神の論をひとまず閉じるにあたり、ホイジンガの名言を記しておこう。

「……遊びの共同体は一般に、遊びが終わった後もまだ持続する傾きがある……」(24)

この箴言風の指摘は、風土公共圏におけるアソビ共同体を論じるとき、また想起することになるだろう（第8章参照）。

ところで、旗本といえば、幕末の立役者・海舟は、祖先が旗本の株を手に入れた成り上がりで、幇間や芸人とも馴染みが多かった。下情につうじた小粋な生活の片鱗をべらんめえ口調で明かしている。[25] 殿様、旗本から浪人まで、日暮れれば窮屈なタテマエの縄を振りほどき、町民が磨き上げたこの国のホンネ文化にひたった。町民の実力が漲った幕末ともなると、武門といえどもそれなしに自己表現もままならなかった。日常の規範をいったん放棄し、無償の行為に浸る道楽の馬鹿力こそ、まちづくりの原点ではないのか。それは文明の東西をこえた真実だ。[26]

文明の方法としての道楽とは、実務を放下した虚にいて、情という人間の実を行う幻術である。風土公共圏はそこに定位する。

（3）都市の調べ――芸能という気力

草深い村々を遍歴する日本の芸能がやがて貴顕の裡へ登りつめた次第はすでにみたとおりである（第2章参照）。ここでは踵をかえして、むしろ文化の下降気流がもたらした創造力を見ておきたい。

中世末期に、京の巷へ流れ出した能楽の下降気流は、堅苦しい武家の式楽を横目に、旦那衆の教養として華やぎの渦を広げていった。いわゆる手猿楽である。「織豊政権期には、玄人の猿楽と武家役者、町衆手猿楽者とが一座する催しが頻見し、そこではもはや玄人の猿楽と素人の手猿楽とを区別する意識がなかった」のだ。[27] ともかく江戸期を通じ、陰では蔑まれながらも江戸の四座一流に遜色をとらない今様能は、やがて女能へひろがり、かつ三味線も交えた歌舞伎風の芸風をふりまいていたという。この艶っぽい風姿は桃山期のかぶき揺籃期の自由に重なるだろうか。

この血筋をひく女猿楽、手猿楽などは、いわゆる辻能として生き延び、その艶やかな細流は明治初期の照葉狂言などに最後の光芒をはなった。この町人芸能に若き子規が故郷の松山で接し、友人の漱石も同席した。

この時期の辻能について小野芳朗教授はこう描く。

「……能をかたくるしい雰囲気で観ていた士族にかわって、大衆人気が沸騰した様子は、そうした艶やかさが町人に受けたのであろう。街角にかかる笛や太鼓、鼓の能特有の鋭くも哀調を帯びた音色、それに三味線の音……。三紘の音に色装束をつけ、化粧した美しい女役者たち。これが明治の日本の都市のひとつの風景として存在した。それらは泉鏡花や子規、虚子ら作家の記憶にやきつけられ、彼らが武士としてもっていた素養・文化の琴線を鳴らした[28]。」

このように見てくると、手猿楽の流れをくむ町衆芸能は、式楽化した能楽の一隅から漏れ降った亜流というよりも、すでに桃山期に貴顕の袂から枝分かれし、誕生いらいの妖しい艶と呪術的なポテンシャルを保持する未然形の能とみるべきであろうか。歌舞伎と一対をなす民衆劇の系譜をみるおもいだ。草深い山寺や田舎の祭に漂う「所の風儀[29]」を大事とする『風姿花伝』のこころは、都市においてなおいきていた。

「歌行灯」などに描かれた泉鏡花の都市を眺めると、謡、鼓、笛や仕舞いなど大衆化した能がお座敷へ舞い降り、そこから漏れ出た幻影というか、匂い立つ気配が巷に漂っていたかに思える。垢抜けした町衆文化は遠い夢になったが、このような風土の深層から舞いでた風姿は、いつか衣装をかえて、ふたたび都市へ舞い降りるであろうか。

さて、文化の下降気流は能楽、歌舞伎の世界にかぎらない。たとえば、朝廷の雅を代表する和歌からながれでて、禅林の風に吹かれながら降下した連歌。そこからさらに帰俗した俳句は、遠く西行、宗祇、利休を貫道するものにすがりつつ、雅俗の間に遊ぶ国民文学となった。このような下降気流は「やつし」とよばれる日本の風土に根をおろす仮の姿で、身分を隠し雅俗の間に戯れながら人間の欲望を飼いならし洗練させてゆく過程であった(30)。

さらにまた貴顕の屋敷を包む大庭園ばかりか、町屋の坪庭、盆景、水石趣味、花道、朝顔一鉢がつなぐ路地裏の付き合いも、みな文化の下降気流が育てた町民の風流といえる。

下降気流の風圧圏を語りだせばきりがないが、尺八、長唄、舞踊、新内など江戸の町に降下して拡散し、大衆文化を育てたその芸能の力は、現代の歌謡を愛する若者文化に姿をかえて生きているのかもしれない。

4　都市文明の流儀

(1) 都市はどこにあるか——実在と虚在

第3章「都市空間の詩魂」において詳らかにしたので多くを語る必要はない。簡単に復唱しておこう。

その始原において山水占地に発した日本の都市は、それ自体よりも、山水との縁《えん》において在る。つまり都市は山水という「場の状況」にその存在証明をゆだねた。ゆえに山水という鏡に映る虚像のごとく在る都市の内部は、この山水信仰の無限反復だ。結界に囲まれた屋敷の中にまず、庭という仮想の自然が築かれる。丹精されたその山水へむけて差し出された広い縁側、そこからつき出した土庇の懐へ、飛石や遣水がにじり入り、飛花落葉の気配が吹き込んでくる。自然と人間が交歓するこの「縁《ふち》」の景色は自在に変奏しながら、坪庭になり、あるいは幻のような花一輪を床柱に結ぶ。山野へとけこむ都市の縁辺の風景が、しだいに内面化され深化され、ついに山水は胸中にあり、と嘯く。山水と交わる秘儀が都市の姿だ。それゆえ最初に庭ありき、と言っても良い。これが列島原人の企てた文明化の戦略である。これに加えて都市の胎内には、叢林におわれた寺社という山の「見立て」を散在させる。それは日本原人の詩魂が捉えた虚在の山であった。

日本の城下町は、小高い小丘に構えた天守と居城、それを囲む武家屋敷の門構え、その外側の低地に町民地がおかれ、寺社の緑が点々と町をかこむ。都市は、そこで生活する武士、町民、僧侶神官などの家屋の構え、服装、言葉使いにいたるまで、封建制度を引き写した景観をみせていた。たしかに傍観した城下町は、社会階層の差異構造として存在する。しかし、洛中洛外の街筋を、さまざまな衣装で練り歩く人間の群れに混じって遊泳する画家は、あたかも木の葉のように舞いあがって、ちぎれ雲の様相になった都市にとけこみ、美醜の分別をこえた風土の香りに身を任せて漂っている。風土の中に溶けてしまった画家にとって都市は実在しない。そこは、虚在するホンネ都市の生命が燃焼する場である。

さて、ローマ帝国の残骸が散らばる暗黒星雲のなかから、ポツリ、ポツリと灯りはじめた西欧都市の明かりは、領域国家より先にあらわれた一つのミニ国家であり小宇宙であった。それは太陽という光源なしに、光を発する小さな星である。

恐るべき混沌と祈りと団結のなかに咲いたこの西欧都市は、統治行為を全うする政治性の表現として実在する。つまり、国王を含む多くの封建諸勢との危ういバランスを生き抜く市民都市は、自立の証として記念碑的な造形をもとめた。「美しい都市」とは、普遍文明の正嫡という政治的な威光を造形しなければならない。エリート市民が引き継ぐその伝統は、大統領が命じる現代の「パリ・グラン・プロジェ」にいたるまで生きている。パリの景観区域には「景観監視官（inspecteur du paysage de la rue）」という監察制度があるという。諸侯の政治的野望が結晶した大陸都市は、そこにたしかな実在を求める宿命であった。西欧都市は実在への信仰であり、虚在する日本都市は、実在への懐疑である。前者は普遍的価値を信じる大陸文化の到達点であり、後者は深い風土の地声に耳を傾け、虚にいて実をおこなう遊相の舞いである。いったいどちらが正常なのか？　重い問いだけが残る。

(2) 文明化とは何であったか――普遍への意志か？　風土の詩魂か？

詩文、絵画はもとより、哲学・神学、幾何学、建築をはじめ、きら星のような文人、学者、芸術家を招いたウルビーノあるいはフィレンツェ……、イタリア・ルネサンス期の都市貴族の宮廷には、古典古代の文化を仰ぎ見る人文主義的な空気が流れていた。

西欧中世の武門貴族の日常が、はなはだ粗暴で荒々しかったアルプス以北の世界へ、やがてこのイタリア貴族の宮廷文化が移植されてゆく。この宮廷文化を範として、粗暴をいましめ、雅びた言葉と儀礼を追い求めた文明化モデルは、やがて普遍化し、内面化しながら西欧世界に浸透していった。この経緯はすでに見たとおりである[31]（第1章第4節参照）。

彼らにとって、文明化の第一歩は、民衆の体に染み付いた基層文化の穢れを洗い落とし、普遍化をめざすことであった。このおおいなる文明の洗浄プロセスは、キリスト教世界の都市観に通じている。神の御心が刻まれた自然の秩序を乱す都市、すなわち人間の原罪にまみれた都市の汚れを美しく洗浄したい、この贖罪都市[32]はまさしく西欧の普遍文明観の原点であろう。美麗な宮廷文化もまたこの理想都市の動機に重なっていく。

ともかく宮廷という華麗な達成、あるいは極度に人工的な文明装置こそが西欧文明の実証モデルであり、それは中世都市の抱いた自治の精神を満帆にうけた上層市民が、下層を賤視しながら普遍的な近代国家へ船出する晴れすがたでもあった。

ルネサンスが招き寄せ、ルイ十四世のヴェルサイユの宮廷で頂点に達したこの実験都市の礎石には、文明の進歩への信仰が刻まれていた。めくるめく鏡の間から地平へ伸びる軸線は国土の隅々へ拡張する王の身体である。そこでは、就寝から起床、生理現象にいたるまで全てが臣下のまえで演劇化されていた。政治権力の視覚化が文明化と同義であった。

しかし、そこには、煩瑣な礼儀作法や言い回しの底に、隠微な人間観察術がみえがくれし、欺瞞、悪意、謀略がうずまいていた。宮廷の欺瞞を見抜いていた人文主義者のラ・ロシュフーコー（duc de La Rochefoucauld, 1613-80）は『箴言と考察』で「美徳はほとんどのばあい、装われた悪徳である」と喝破する。

さて、日本の宮廷文化が演じた雅びとは、人事の機微さえも自然の趣きに託してほのめかす習わしであった。

五月待つ花橘の香をかげば昔の人の袖の香ぞする　　詠み人知らず（『古今和歌集』）

時代がくだり、禅林の風を袂に入れ「心、花にあらざる時は鳥獣に類す」と断じた芭蕉にとって、胸中の山水こそが、文明人の理想であった。[33] 風雅とは何か？という禅の考案めいた自問に、高く悟って俗に帰る、と自答した詩聖は、高貴と卑俗の間を揺れ動く自在な文明観に行き着いた。

宮廷という政治的な舞台から生まれた西欧の文明観にたいし、日本の文明化は自然の意味論的解釈という詩情の枝葉に、遊芸的社交の華をつけていた。

同じ文明化といっても遠く隔てられた西と東の文明圏の理想は、かくも違うものか。ひたすら高く舞いあがろうとする西の普遍志向、かたや高悟帰俗する東の風土志向。こころの花とは、高く悟りながら風土へ帰還するやつしの精神回路に咲く華であろう。それは聖と俗、文明と野生の間にたゆたう懐疑の美意識である。とりあえずその矛盾態の美意識を風流と呼んでおこう。「風流ならざる、すなわち風流」と喝破した大燈国師は、文明と野生の間に揺れる豊かな矛盾を見据えていた。

薦《こも》をきてたれ人います花の春　　芭蕉

胸中一物《いちもつ》なしを尊び、この名句を得た詩聖は、つづいて言い放つ、なし得たり風情ついに菰《こも》をかぶる、と。虚にいて実をおこなう捨て身の詩魂は、雅俗のあいだを戯れ、漂泊する我が身に飛花落葉をちりばめた。心に花なき御仁は野蛮人だと切り捨てる詩聖の舌鋒は厳しい。文明の進歩を懐疑する詩魂であろう。

土俗性を浄化してひたすら普遍を目指す西欧文明、それに対し、文明と自然、高貴と土俗のあいだを逡巡し、高悟帰俗する否定態の詩魂をすてない列島文明圏、両者の文明思想の差はそのまま美意識の差につながる。高悟帰俗とは、普遍と風土の調停思想であったか。

5　美意識の社会生態

(1) 普遍性美意識と風土性美意識

ここまで来てしまえば、両文明の美意識の違いについて言葉を重ねるのも、野暮であろうが、補遺のつもりで記しておきたい。日常からの超越か、崇高か愛着か、実在か状況か、マジメか戯れか……。

芸術に関し、十九世紀西欧文明が旗印とした芸術至上主義とは何か。ホイジンガはこう言う。

「文学の中でロマンチックな感激が疲れ切ってしまったとき、そこに登場して支配権をとったのは写実主義や自然主義でありなかんずく印象主義という形をとった表現主義である。これは、それまで文化のなかに花を咲かせたいかなるものよりもアソビという観念に対して異質な表現形式である。ある世紀が自己自身をまた存在の全てを、物々しい真面目さで受けとったことがあったとすれば、それはこの十九世紀にほかならなかった。[34]」

ホイジンガの指弾するマジメとは、十九世紀を通奏する科学信仰と殖産興業の熱気が産みおとした文明の進歩とその気分を指す。強い鉄と蒸気の力を崇めて産業街道を驀進する新興ブルジョア層は、いつしか自らの気分と好みに合わせた美意識を育てていく。そこから育つ芸術をもって、自らを了解し、下層を峻別する旗印としたのであった。こうして、彼らの育てた都市美のなかに劇場、画廊、美術館、サロンなどあたらしい美のマーケットを仕込み、そこへ展覧された個性の競演のなかで芸術は商品化してゆく。古典的、折衷的あるいは前衛的であろうと、様式はまちまちだったが……。ブルジョア社会のなかで、次第に商品化した美はどのような運命を辿ったか。

「このように、市場化のなかで美が商品化されたことで、むしろ相対的に貨幣価値には還元されえないものとしての『芸術性』が新たに発見され、芸術至上主義が主張されるようになった」とされる[35]。

ホイジンガが眉をひそめる十九世紀文明の生真面目さとは何か？　競争的市場化のなかで、いつしか社交的な楽しさとアソビ心を失った美意識は、「崇高なる畏れ」が惹き起こす痙攣する恍惚におちいる。こうなれば美の神は孤高の雲間に鎮座するしかない。

ところが、日本の美神はつねに身近な日常生活とともにあった。畏き御簾の内であろうと庶民の身辺であろうと、美しきものは崇高でも高嶺でもなく、生活者の膝の下に咲く。このような身近な生活への愛着や生命の無常感という主旋律は、天台の高嶺をふり捨て民衆の巷へ天下った鎌倉仏教が自覚した日本人のホンネであった。

それは、どうじにすこぶる愛想の良い社交性に富んでいた。これについては繰り返さないが、そこには一期一会という軽くて凛とした日本の社交精神が躍っているだろう。

このような社交的な結合のなかで躍動する文化を愛した荷風は、それらを芸術などと呼んではいけないといい、みずから身をやつして美的世界を放浪しつつ、江戸の民衆文化に望みをたくした。ここには、痙攣《けいれん》する独創などという狭くるしい了見はない。浄らかな祭りを神アソビと言い流し、全員が参加する祭祀的な民衆的社交性が文化をリードした列島文明圏では、宗教、社交、生活などが織りなす雅俗不二が文明の主流であり、仰ぎ見る芸術という野暮は退けられた。見れば目がつぶれるとされていた秘仏の思想はなんであったか。仏像は芸術ではない。聖なる日常である。

以上、普遍性美意識と風土性美意識と総括しておく。

驀進する十九世紀産業主義に文明の閉塞をみていたV・ゴッホの慧眼は自然へ溶け込む日本人の風土性美意識に希望をみていた(36)。現代においてなお、社交性はこの閉塞感をひらりとかわすであろうか(37)。社交性について、十九世紀の西欧文明圏はどのような道を歩んだであろう。

（2）社交の美意識——芸術エリーティスムとアソビの民衆性

一八五〇年代の『パリ評論』で展開されたボードレールのサン＝シモン主義批判、あるいは、パリ改造への怨嗟はすでに紹介したのでくり返さないが（第3章第4節（3）参照）、ここで興味深いのは、ボードレールが産業革命の先触れとなった英国のダンディズムを引き継いだことである(38)。

それは、身のこなしやファッションのレベルで生まれた一種の超越的な美意識である。ロマン主義という源泉から流れ出たこの高踏的な気分は、ブルジョア趣味や庶民の地平を見下した文化貴族という身分を要求した。詩的言語の革命児ボードレールは、貪欲な産業主義の産んだブルジョアの俗物性を、はるかな高嶺から見下した。その芸術エリート主義の身振りは、濁りのおおい民衆性から遠い純粋主義といえよう。たとえ無為の旗を掲げようとも、きれいに髭をそり薄化粧した顔を一分の隙のない黒の衣装で武装したダンディスムは、アソビごころを孕んだ風の舞いには遠く、凍りついた美の鎧のように見える。一種の異化作用ともいえるその芸術的態度は、この同時期の江戸町民たちが産んだ飄逸、粋、いなせ、気風《きっぷ》といった戯れの軽みには遠いであろう。

　町民の心の内は、箸の上げ下げまで口出しする野暮な支配層への蔑みを含んでいたが、その鬱屈した気分を「四十八茶百鼠」ともいわれた渋好みのファッションで吹き飛ばした。社交感覚が産んだこの小粋な戦略は、見え隠れする差異の戯れのなかに渋い個性を点滅させていた。芸術という重い額縁から逃れたこのアソビ精神は、服飾から食文化、工芸品、言葉づかい、身のこなしまで、社交性の美意識をいいとめる言葉に生きている。粋[39]・野暮、いなせ、そしてバサラや「かぶく」につうじる「だて」などなど……。

　統治の抑圧や諍いをするりとかわすこの軽妙な社交性は、袖振り合うも多生の縁とでも言うか、軽い社交の深さを感じるこころの張りである。人の絆に関するこれらの風土語は、おびただしい自然描写語とならぶこの国の風土資産といえる。

　ここに、政治性に傾きがちのマジメな市民公共圏と非政治的で洒脱な風土公共圏のズレがみえる。後者は移ろう自然への愛惜と、戯れるアソビ心が繰り出す風土自治圏と呼ぶべきか。前者が美醜を峻別する美意識なら後者は美醜の間にゆらぐ詩ごころ、雅俗不二の風土性美意識である。

ここまで書いて、ひとつ逡巡するところがある。

西欧の芸術至上主義については本章注（35）に見るようにブルジョア経済が産んだ美の市場化が大きく関わっている。だが、それだけでは説明できない文明の奔流があった。つまり、普遍主義の旗を掲げる啓蒙的知性への反動として噴き上げたロマン主義以降、すべての芸術は科学・産業主義との血みどろの戦いを余儀なくされた。これらの思想のすべてが輸入品であった日本において、この社会思想劇の深刻な実相がどこまで実感できたことか。ジャポニスム現象は、芸術界の出来ごとにとどまらず、十九世紀という動顛する思想劇のなかの寸劇にほかならない。このような産業至上の近代と格闘しながら近代詩を切り拓いたボードレールの高踏的な言動も、追い詰められた者のやむを得ぬ身のこなしだったかもしれないのだ。こう考えるとボードレールにやや辛くあたった私の矛先も鈍るのである。

6　風土自治へ……——市民公共圏と風土公共圏

（1）基層文化の津波

日本の芸能の一部は、律令国家が招いた大陸文化の洛外末流とされる。だが、これとてもふたたび上昇する気流に乗って、雑多な風俗と混じりながら和風化していった。農村にねざしたもっと深い根は、弥生や縄文へとどくであろうか。ともかく、花綵《はなづな》列島の山川草木の裡に育った基層文化を考えてみたい。日本風土圏の体質といえるこのホンネ文化は、かならずしも、下層だけでなく、たとえば、平安公家社会の女流文化などは、基層文化の洗練された形ではないか。

ありていにいってしまえば、江戸以前も文明開化後も、海外からの輸入文化が表層文化であり、それ以外は基層文化である。表層文化はタテマエとして時の統治者に利用されるが、ホンネ文化はしぶとく生き残り、和風化の津波がくりかえし執拗に押し寄せた。神仏習合、仮名女流文学、鎌倉仏教、堂上茶の侘び草庵化、和風儒学、国学、南蛮文化の和風化、唐絵の浮世絵化などなど。そして、「フランスかぶれ」と呼ばれる大正期の優れた翻訳詩なども、よくよく考えれば、和風化の系譜に入れてよい。基層文化は自在に変幻するのだ。

ところが、西欧文化圏におけるケルト系の基層文化はガロ・ロマン期に影がうすくなってしまった。団体合理性、個人主義的な双務契約性などの資質を、現代まで引きずるとされるゲルマン系の文化の残存については、歴史学者の出身国によっても意見の濃淡が見られるようである。

ともかくラテン系の古典古代の文化やキリスト教は、もはや外来の表層文化ではなく、完全に内面化してしまった。甚だ多様な地方語がそもそも、口語ラテン語の方言の性格がつよい、とされる。ところが、日本においては、漢語と言っても単語のレベルに留まり、それも和臭の強い音読みであったり、訓読みは漢字の日本語化であろう。文法の骨格はすこしも変わらずヤマト言葉である。それに並行して、列島文化の深い土台が、いたるところに露頭している。自然への親和性というその深い根茎は縄文まで届くかどうか、興味深い問題である。

（2）天頂輻射型文明——国民国家へ向かった普遍自治

遍歴商人ブルジョアの築いた中世都市の最盛期、上層と下層のあいだには貧富を超える文化の共有があった。そしてそこから、現代にいたる西欧文明の長い航跡を振り返ってみた。貴族と習合した商業ブルジョアが、近世王権の中枢を牛耳り、誕生期の国家を巧みに操縦しながら、のちに啓蒙思想をもって市民革命を乗りきる。テクノクラート化した新エリート集団は、新しい国家貴族となって、産業主義の国家を操縦し、演出してゆく。ここに、中世都市というミニ国家から現代の主権国民国家まで、長い歴史を貫くエリーティスムという一筋の糸が見え隠れしている。ところが啓蒙主義の光のとどかぬ林床に生きる民衆文化は、すくすく育ったとは言えない。シェイエス[40]の言葉を借りれば、市民革命当時、第三身分は富の生産の全てを引き受けながら、権利はゼロであった。そのどん底に生きた民衆の姿が都市文化の晴れ舞台に姿を見せ、国際的な視線を浴びるのは、ようやく二十世紀初頭のベル・エポックあたりだろう。

ひるがえって、芸術の市民革命という旗を翻したロマンチスムの後裔たちは「独創を求める痙攣的な」衝動[41]に駆られていた。芸術を至上とし、美の帝国を目指すその軌跡は、民衆文化を見下す美の啓蒙主義の匂いを放っていた。実に、十九世紀西欧文明は、過去の「文化のなかに花を咲かせたいかなるものよりもアソビという観念に対して異質な表現形式」であった（ホイジンガ、本章第2節参照)、つまりこの時期の西欧文明は、政治、科学技術はおろか、芸術においてすら、いわばエリーティスムという天頂の光源から下賜され、下層へ輻射される美の啓蒙主義の鎧をつけていた。しかし、その眩い光線を浴びて影を失った基層文化あるいは風土の鼓動は、耳をすませば、まだ地方文化圏に脈うっている。

(3) 対流循環型文明

エリーティスムによって操縦され、普遍主義の階段を駆け昇った西欧文明が、その天頂に鎮座する「実在への信仰」という一徹な美意識を奉ずるなら、列島原人の流儀は「実在への懐疑」がもたらす、ゆらぎの美学といえる。

前者がマジメな理想主義なら、後者は、類型的な記念碑性を拒み、むしろ美神と戯れる創造性、あるいは芸能的なアソビ性を旗印として、雅俗のたわむれというべき文明を演じてきた。独創する個性よりも群衆の都市へ溶け込み、機知や諧謔を楽しむ人々は、「四十八茶百鼠」というファッションの世界において、微妙な差異の戯れに分け入り、渋い個性を競った。

見物人と出演者を切り分けず、すべての人が舞い踊るこの社交的美意識の源をたずねる人は、遠来の神を歓待しその神徳を拝受する神アソビという祝祭の席へ誘われるだろう。基層文化から生え伸びたこの民衆的な戯れは貴賤貧富を超えた生命の宴であった。

列島文明圏の近世は、政治の次元において固定階級性であったが、文化の次元においては階級を超えて循環対流した。すなわち、鄙びた基層文化に発した芸能の精気が次第に上昇して貴族社会の一隅に達したのち、外来文化を吸収したそのエネルギーは、ふたたび町民社会へ下降した。貴賤を巻き込んだこの文化循環流がもたらした文化資産の超階級性が日本文化の特徴といえる。西欧文明圏の中核においては、流動階級性（ポーレット法）を表看板にしながら、上層と下層が別個の世界へ分離した様子をおもい起こそう。

さて、対流する文明循環のなかで上層と下層の中間に位置した寺社という自由空間は、両者の文化中継基地として下層から吹き上げる文化気流を編集しなおし、浄化して上層へ発信した。それと逆にこの中継点は、外来文化や貴族文化の下降気流を鎌倉仏教のイデオロギーで和風化しながら、あまねく列島の隅々へ転送する変圧、変電装置の役割をはたした。この下降気流の勢いは、上層社会からの下賜あるいは啓蒙ではない。

中世末期から江戸期にはいると、この雅俗の結び目には、有閑文化人サロンも加わり文化の編集センターとなる。江戸中期以降、おおいに普及した印刷メディアが促す名所巡りや盛り場の成熟は、階級を超えた自己了解のシンボルになった。

ともかく、基層文化という地熱に発し、風土圏の古典にすがって上昇したのち、その教養を身につけ再び下降する文化的循環流は、高悟帰俗、雅俗不二というダイナミックな文明の流儀を育てていった。やつしという矛盾態の生き方がそこに生まれる。

それは高々と普遍性へ舞い上がる文明ではなく、歴史と地域が育てる風土性の文明型であった。

このような風土公共圏が育てた民衆的な文化の傾向を、西欧文明の用語にならって、正統にあらがう、対抗文化（カウンターカルチャー）とかサブカル（下位文化）と呼ぶのはいかがなものか。それらは対抗でも下位でもなく、超階級的な日本文化の正嫡なのだから。いまはこの風土性文明を見据え、行動するときである。

結論……

西欧文明圏においては、エリート層と民衆層のあいだで、文化の共時性が失われたが、列島文明圏においては風土公共圏の次元において共時性が保持された、といえる。貧富の差はどの時代、どこにもある別の話である。

この対流循環型の文明化モデルの生育にとって、海洋というカーテンが大陸文化の風圧を緩めたこと、さらにまた江戸幕府の鎖国政策の影響が大きいと思える。いずれも列島の地政学的特性だが、今後の課題としたい[42]。

（4）両棲文明圏の希望

明治の御一新このかた、鳴り物入りの欧化政策をへた我が国は、幸か不幸かその息せき切った速度のゆえに、まばゆい啓蒙思想も、あるいはまた多くの社会思想も、慌ただしく頭上をすぎていった。ゆえに良くも悪くもその切り傷は深く立たなかった。口上を述べる芝居役者にモーニングを着せるという滑稽な西欧化の奔流に、人々は涙を飲んで流されていくしかなかったが、モノは考えようだ。軽薄な西欧化のおかげで風土の土味《つちあじ》はあんがい民衆の裾野に色濃くのこっている。

顧みれば、十七世紀の西欧世界において、宗教戦争という荒天の果てに産まれた領邦主権国家という制度が、いわば平和の装置として育っていった。ところがいま、その後裔たる近代国民国家なるものは、領域主権の壁のなかで、何をしているか。深刻な人権抑圧、崩れてゆく環境、管理社会の軛《くび》き、あるいは、国際の海に放たれたとめどない欲望の拡大、人類破滅の武器が開発され、地球環境の危機が広がってしまった。ホッブズは社会契約による国家という巨大な力にむしろ平和を託したようだが、いまや、国民国家は『ヨブ記』のリヴァイアサンのように凶暴な怪物の様子をみせている。

西欧中世の社会制度に遡る主権国民国家の福音もよく承知しながら、普遍主義がもたらしたその強い副作用を和らげ、その弊害を免疫し、解毒する遺伝子はどこにあるのか。風の音、虫の音を聴き分ける原感性《げんかんせい》の世界、風土の詩神が棲む非政治的自治圏はよくその期待にこたえるであろうか。風土圏は理想郷でもないし、新奇でもない。人間の身の丈にみあった凡常の深みに帰還するだけである。人間の常識、生活という日常性、身近な草花への信頼と愛着がすべてである。

普遍主義の主権国家を生きながら、この惑星のあらゆる風土圏をつなぐ両棲的感性の時代になった。地方的風土の混ざり合う「間風土性」という都市性を奨める木岡伸夫氏の有効な言葉を歓迎して、それを国際へ広げたい(43)。

われわれは第4章において、十九世紀から二十世紀初頭に芽吹いた間・風土性の初姿をすでに見てきた。現代の国際観光はこの期待に答えるであろうか。いまや風土の香りは、政治的国境をこえ、人類の共感という第二のグローバリスムを生もうとしている。両棲文明の時代だ。風土圏の民衆交流には、速効はないが薬効がある。主権国家という巨龍の体臭というか、刺々しい論争や政治的な確執をジワリと解毒する薬効……。そこに、人類の希望がありはしないか。

外交官の舌先三寸が世界を動かした時代を尻目に、いわゆる国際観光客という名の新しい民衆外交使節は、国民国家の誇示する見世物などほどほどに素通りし、むしろ風土圏にいきる人間の顔つきや、生き方に興味津々のようだ。『鳥獣戯画』の血統を継ぐ漫画やアニメ、全員参加の神アソビめいたカラオケや歌謡曲、神事の遺風を継ぐ相撲をはじめ、寿司、てんぷら、蕎麦、お好み焼きなど……、みな、焼け跡闇市の屋台定番メニューであった。それが今や風土資産になった。花綵列島へ飛来する外国の風土パルチザンにとっては、素顔の列島原人でごった返す山の手線の車内も立派な観光資源なのだ。そればかりか、一九七〇―八〇年代に流行った「シティ・ポップ」が世界の若者の心をとらえているらしい。韓国人DJのプロデュースで見直された竹内まりやさんの「プラスティック・ラブ」などは、戦前生まれの私には、まるで神がかりの巫女さんの狂い舞いだが、それでいいのだろう。リヴァイアサン国家の鉄壁を破る両棲文明の「間風土性」の未来に期待したい。

どのような風土文明圏にも得手、不得手がある。欠点ばかりあげつらっても仕方がない。ともかく、世界の風土圏との比較において、日本の風土文化は、自然の意味論的解釈のユニークな深さと大衆的な人間結合原理を特徴としている。この基層文化というマグマだまりは今も活発でしかも、その深度があさく、しばしば普遍文明の表層へ噴出する。どのような文明圏も自然の宿命と大衆性から逃れることはできないのだから、この一点をもって世界の両棲文明化に資することはできるだろう。

列島文明圏の深部から芽吹いた風土資産を引き継ぎ、それを未来へ向けて精錬し、ホンネの日本都市を作るときがきた。

どうすれば良いのか。脱兎のように駆け抜けた日本の近代化を省みれば、荒っぽい足跡の隙間に風土の匂いが散っている。それは負の遺産ではない。様々な色や形の残欠を拾い集めてつなぎ合わそう。そこに浮かびでた文様は、円熟した社交が練り上げた風土の景勝である。

第Ⅰ部でその舞い姿を急ぎ足で眺め回してきた日本の公共圏は、政治的次元で国家を監視する「市民公共圏」（第1章第5節参照）ではない。むしろ、国家の周縁にひろがる風土公共圏とでもいえる非政治的世界である。それは文化人類学の唱える「情緒的共同体」（コミュニタス）、あるいは、町民の日常性を『論語』の「仁」によって思想化した伊藤仁斎の「愛の共同体」（石田一良）に近い(44)。それにしなやかな個人の社交的結合というこの人間主義は、人を差別しない平等主義を是とする。それに加えて、自然と人間の相即不離、無常という生死観などの風土原理を土台にした風流という生活感情をもって、まちづくりへの風土遺産としたい。そのためには、ここまで「普遍性」を相対化しながら、粗略に用いてきた「風土」ということばを根底から反省し、その内実を摑まねばならない。道のりは遠いが、ささやかな鍬入れとして、第Ⅱ部の門を叩くことにしよう。

注および風土資料

（1）天台本覚論　「而今の山水は、古佛の道現成なり」あるいは、渓声山色を仏の声や姿とする道元禅の「心境不二」の悟りなども本覚論の発想であろう。無心にながめた環境が風景として輝くとき、自分の身体がいつしかそれに同調して浄らかな気分にいたる。あるいはまた幽冥の境をこえた生と死が、夢うつつのなかで交流する。夢幻能の世界には、こうした越境的な生命感が流れている。それは神秘思想ではなく、生の実相であろう。日本文化の超階級的な対流循環にのって、貴賤、聖俗、自然と人界、生死の境界を自在に往復した芸能者たちは、皆この本覚思想のシャワーを浴びた人たちではなかったか。つまり、天台本覚思想は環境と人間の相即不離の好例である。ユクスキュルの「環世界」が説くような、環境と主体との双対的一元性と響き合うところがある（第7章参照）。

参考文献

1　高瀬重雄『古代山岳信仰の史的考察』角川書店、一九六九年。

2　鈴木秀夫『超越者と風土』大明堂、一九七六年。

（2）梅原猛「反時代的密語〈天台本覚論とアイヌ思想〉」、『朝日新聞』二〇〇六年一月三十一日。

（3）垂迹思想　日本古来の八百万の神々は、渡来した菩薩の化身として現れた権現とする考え。たとえば最澄が比叡山の守護神として仰いだ近江の日吉大社境内に祀られた大己貴神《おおなむち》、大山咋神《おおやまくい》、白山宮の菊理《くくり》姫《ひめ》神などの御祭神は、それぞれ釈迦如来、薬師如来、十一面観音を本地仏として祀られた権現である。最澄は比叡山の地主神としてこれを崇敬し、延暦寺の守護神と祀った。神仏習合のしきたりは明治の神仏分離令により廃れた。（参考文献　白洲正子『十一面観音巡礼』新潮社、二〇一〇年）

（4）一遍（延応元／一二三九―正応二／一二八九）鎌倉時代中期、時宗の開祖。芸能、和歌による教化や信不信・浄不浄を超えた念仏勧進は、仏教を庶民化する契機となった。鎌倉新仏教の祖師の中で、ただ一人、比叡山修行を経ずに、浄土教の深奥をきわめた。

平安末期の熊野信仰（神仏習合、垂迹思想）など、地神（地祇）や鎮守社を崇拝した点も比類がなく、貴族から下人、非定住の非人も含む超民衆的な踊り念仏は、見世物興行に近い熱気につつまれた。人々は繁華な場所に設けた「踊り屋」で、観客を巻きこむ歌い踊りで法悦にはいる。田楽の趣や盆踊りの発祥を重ねる説もある。時宗の遊行者は諸芸能の達者がおおく、室町幕府から関所通過の自由権を得ていたとされ、お能のワキ役も諸国を遍歴する遊行僧が多い。日本の都市文化における「文化表現の大衆性」の深層の一つといえる。

(5) 参考文献

1 柳宗悦『美の法門』春秋社、一九七三年。

2 鶴見俊輔『柳宗悦』平凡社選書、一九七六年。

(6) 唐木順三『日本人の心の歴史』上、一九七六年、二〇八頁。第7章第4節参照。なお、中世をつうじて熟した「無常」について唐木氏は、一遍を高く評価し、その詩情をたたえている。(参考文献　唐木順三『無常』筑摩叢書、一九六九年)

山川草木国土と人間とが、両者を通奏する生命的な生地によって繋がると見る本覚思想にとって、生命の掟を逃れぬ人間の生は、死へ向かう無常の風に晒されている。そこであらゆる文明の虚飾を剝ぎ取った「裸形の時間」に晒され、消滅無常の理を知った時、人は飛花落葉の詩情に目覚めるだろう。

(7) 岸健斗「日本経済の根底にある仏教——近江商人とプロテスタントを比較して」、高知工科大学マネジメント学部(二〇一六)。

M・ウェーバーが資本主義の精神に認めたプロテスタンティズム倫理との類似性が指摘される。蓮如に帰するとされるこうした現実主義は石田梅岩へ受け継がれたであろう。これはすなわち、「近世の大都市において真宗が興隆する精神的根拠」にほかならない(石田一良『町人文化』至文堂、一九六一年、七四頁)。

(8) 風物については第7章第3節参照。

(9) 参考文献　秋道智彌編著『日本の環境思想の基層』岩波書店、二〇一二年。

（10）松本清張『小説日本芸譚』新潮文庫、一九六一年、一七一頁。
（11）光悦村の職人たち　豪商・茶屋の四郎次郎、本阿弥一族（養子・光瑳、光悦の弟・宗知、本阿弥宗家次男・光栄、その三男・光益）、工匠としては京唐紙の祖・紙屋宗二ほか、蒔絵師、唐織屋、筆製作者・筆師、また、尾形光琳・乾山兄弟の祖父にあたる呉服商・尾形宗柏、など。
（12）林屋辰三郎『町衆』中公文庫、一九九〇年、一四八―一四九頁。
（13）松本、前掲書、一八〇頁。
（14）江戸琳派　大和絵の伝統を基盤として、大胆な構図、豊かな装飾性・デザイン性をもっており、絵画を中心としながらも書や工芸を統括する総合性を兼ね備えていた。酒井抱一と江戸時代後期の絵師、鈴《すず》木《き》其一《きいつ》（一七九六―一八五八）が知られる。
（15）南蛮文化　高山右近の茶室で秀吉と利休はフロイスと茶の湯を楽しんだ。茶の飲み回しや袱紗などの茶の湯の作法はカトリックの典礼に酷似するという説もある。また、加茂河原で女かぶきを踊ったお国一座の名古屋山三郎がつかえた蒲生氏郷はキリシタン大名であり、お国も十字架をつけて踊った、とされる。キリシタンとはその宗教的イデオロギーだけでなく、その習俗が帯びている反中世的価値が大衆の心をとらえた。南蛮文化の波を受けたバサラ的な美意識は、秩序を背負う統治者を不安にしたであろう。文明の転換期において、文化は政治性をもつ。（参考文献　C. Castel-Branco, G. Carvalho, *Luis Frois: First Western Accounts of Japan's Gardens, Cities, and Landscapes*, Springer, 2020. フロイスの功績を現代ポルトガル研究者が再評価した好著である。）
（16）「京都三条の糸屋の娘、姉は十六、妹は十四、諸国諸大名は弓矢で殺す、糸屋の娘は目で殺す」（作者不詳）。
（17）石田、前掲書、七六頁。
（18）柳沢信鴻《やなぎさわのぶとき》（享保四／一七二四―寛政四／一七九二）　大和郡山藩二代藩主。柳沢吉保の孫。五十歳（安永二／一七七三年）で隠居、六十二歳（天明五／一七八五年）で剃髪。定信の寛政の改革（一七八

七―九三年）の直前にあたる一三年間に書き留めた『宴遊日記』（一三巻二六冊）のうち、『宴遊日記別録』（三巻三冊）は、その間、観劇のみの日記。江戸の上屋敷から駒込染井の下屋敷（六義園）に移った隠居後は、観劇のほか、書画・俳諧・和歌など、趣味三昧の生活を楽しんだ。芝居好きの信鴻は、みずから歌舞伎脚本をしたため、六義園内にしつらえた舞台で、女中や奉公人に演じさせた、という。譜代の大名家次男の酒井抱一も慕っていた。（参考文献　小野佐和子『六義園の庭暮らし』平凡社、二〇一七年）

(19) 権代美重子『日本のお弁当文化』法政大学出版局、二〇二〇年、第三章「観劇弁当」。

(20) 西山松之助『大江戸の文化』日本放送出版協会、一九八一年、一二九頁。

(21) 大久保甚四郎巨川（享保七／一七二二―安永六／一七七七）みずから俳人、浮世絵師としても活躍した巨川は、錦絵の技術を練りあげながら鈴木春信を世に出したプロデューサーであった。

(22) 鈴木春信（享保十／一七二五？―明和七／一七七〇）。その後、錦絵は鳥居清長（宝暦二／一七五二―文化十二／一八一五）などを輩出、その黄金期のスター喜多川歌麿（宝暦三／一七五三―文化三／一八〇六）は、文化元（一八〇四）年、「太閤醍醐花見」で幕府の勘気にふれ手鎖五〇日の辛酸をなめる。

参考文献

1　田中優子『連・対話集』河出書房新社、一九九一年。

2　田中優子『江戸の想像力』ちくま学芸文庫、一九九二年。

(23) 雅俗融和の思想　中野真理『情』の浮世絵師・鈴木春信」、『アジア文化研究』三六号、国際基督教大学、二〇一〇年、二五―四四頁。「……『古典』と『当世』、『雅』と『俗』の共存を特質とする十八世紀江戸文芸は、思想界の動きと密接な関係を持ちながら成長した。俗なる文化の発展には、基礎教養としての古典文学が不可欠だったのであり、……公的な善悪の判断だけでは説明することのできない人間の真実の心、そこに本当の『情』の価値を見つけ出したのである。」

(24) J・ホイジンガ、高橋英夫訳『ホモ・ルーデンス』中公文庫、一九七三年、三九頁。

(25)『海舟座談』岩波文庫、一九三〇年、一九三頁。「……旗本が茶屋などで遊戯したというては直ぐと罰だから、酒の相手などに薄禄の旗本を呼ぶのだ。すると、これらは直ぐと料理もする、三味もひく、踊りもする、役者のこわいろも遣かふ……。こういう得意が三軒もあれば、どんな薄禄のものでも、立派に暮らしがたったものだ。……己は十三から半年ほど叔父のところへ厄介になっていたからよくそれを知っている。……」(叔父は男谷思孝)

(26) 参考文献　井上ひさし『ボローニャ紀行』新潮社、二〇〇八年。

(27) 宮本圭造「武家手猿楽の系譜——能が武士の芸能になるまで」、『能楽研究』三六号、法政大学能楽研究所、二〇一二年三月、二九—六四頁。

(28) 小野芳朗『調と都市——能の物語と近代化』臨川書店、二〇一〇年、二五八頁。能と都市の関係については、能楽金剛流シテ方の小野教授(京都工芸繊維大学)から教わるところが多かったことを申し添えておく。

(29)『風姿花伝』岩波文庫、一九五八年、七六頁。「……しかれば、亡父はいかなる田舎・山里の片邊《かたほとり》にても、その心を受けて、所の風儀を一大事にかけて、藝をせしなり。」

(30) やつし　西欧の「やつし」といえば、享楽的な第二帝政期の仮装舞踏会などで、貴婦人、貴公子たちが、辻馬車の御者や、クズ拾いに扮したり、あられもない姿で踊る類で、淫らな誘惑が横行した時代の悪ふざけの類であろう。成島柳北のように、雅俗の間を遊泳しながら浅酌低唱する粋なやつしとは同日の談ではない。わび、さびへ通じる日本のやつしの美学は、風土的人生術である(第4章第1節参照)。

(参考文献　A・ヴァルノ、北沢真木訳『パリ風俗史』講談社学術文庫、一九九九年、一四四頁)

(31) ノルベルト・エリアス(Norbert Elias, 1897–1990)。文明化の理論の概要について次を参照のこと。

参考文献　大平章「N・エリアス『文明化の過程』について」、『Waseda Global Forum』06(二〇一〇年三月)、一八三—二一三頁。

(32) B・パイク、松村昌家訳『近代文学と都市』研究社出版、一九八七年、第一章「誇りと罪といった二律背反のイメージとしての都市」、一三頁。

(33) 芭蕉「笈の小文」より。「……風雅におけるもの、造化にしたがひて四時を友とす。見るところ花にあらずといふことなし。思ふところ月にあらずといふことなし。像《かたち》花にあらざる時は夷狄にひとし。心、花にあらざる時は鳥獣に類す。夷狄を出で、鳥獣を離れて、造化にしたがひ、造化にかへれとなり……」

(34) ホイジンガ、前掲書、三八九―三九四頁。

(35) 川本彩花「芸術至上主義の形成に関する社会学的研究——音楽を中心として」、第二四九回近代社会史研究会例会、京都大学、二〇一四年三月。

(36) 小林秀雄『ゴッホの手紙』角川文庫、一九五七年、六九頁。「みずから花となって、自然の裡に生きている単純な日本人たちが、僕たちに教えるものは、実際、宗教といってもいいではないか。……僕らは、この紋切り型の世間の仕事や教育を棄てて、自然に還らなければだめだ。……」

(37) 参考文献　山崎正和『社交する人間——ホモ・ソシアビリス』中央公論新社、二〇〇三年。「一方に都市の無関心の砂漠が広がり、他方に無数の小市民の排他的な家庭が貝のように閉じている」現代に、「砂粒に似た孤独な個人の散らばり」と「鉄の組織が人間の絆を押し潰す時代」のなかで両者の中間にある「社交というもう一つの関わり」は「命を賭するにたる存在」である（一三頁）。

(38) 海老根龍介「産業的進歩の時代の文学——第2期『パリ評論』研究のための予備的覚書」、『白百合女子大学研究紀要』第四七号、二〇一一年。

(39) 参考文献　九鬼周造『「いき」の構造』岩波文庫、一九七九年。

(40) Emmanuel-Joseph Sieyès（1748–1836）聖職階級であったが総裁政府の一員として『第三身分とは何か』を出版、革命思想の普及に貢献した。

(41) ホイジンガ、前掲書、四〇八頁。

(42) 参考文献　和辻哲郎『鎖国』筑摩叢書、一九六四年。

(43) 木岡伸夫編『都市の風土学』ミネルヴァ書房、二〇〇九年、一八二頁。「……つまりは風土間の差異を認めた上で、他の風土と出会う『場所』を都市の内につくりだす……都市がこのような意味で他者との出会いの場所となるとき、間風土的な世界への展望が開かれる……」。間風土性の場所としての都市を、国際へひろげてもいいだろう。

(44)「情緒的共同体」(コミュニタス)と「愛の共同体」(仁斎)

参考文献

1 山口昌男『文化と両義性』岩波書店、二〇〇〇年、第六章。コミュニタスは社会の周縁にあって構造的に劣勢でありながら、母性的原理にたち、公的制度を中心とした「排除の原則にたつ構造の正当性への疑い」を示しながら、「支配的現実への溶解作業」という性質を持つ、とされる。日本の対流循環型文明において、統治行為に参与しない民衆的文化の社交性は、まさしくこの情緒共同体モデルを思わせるものがある。非差別的でかつ構造的に劣性な共同体としてのコミュニタス概念の祖型はターナー(Victor Witter Turner, 1920-83)によるとされる。ターナーは、左記グッドマンに触発された。

2 ポール+パーシヴァル・グッドマン、槇文彦・松本洋訳『コミュニタス——理想社会への思索と方法』彰国社、一九六八年。

3 石田一良『町人文化』至文堂、一八〇頁。「組織の主宰的中心的権力へ回帰しようとする心である敬とはことなり、各存在の異同をそのまま、それを超えて互いに融和して一体となり、自他不二の心境を現成する情意的な働き」を孔子の「仁」とする。研究者によりコミュニタスの解釈は様々であるが、本書では、第2章でとりあげた日本の町人文化や慶長期の町衆文化は、「情緒的共同体」の好例と見なす。

第Ⅱ部　風土の時空——その情理と方法

第6章

風土という母胎

図 6—1　沼辺の静寂（古河公方公園）

沼辺の太公望は、孤独か、否！　古河公方ゆかりの森と沼、そして関東の地平を限る山々……、釣り人は、悠久の大地を生きてきた人々と風土の恩沢を分かちあい、風土化されている（第 9 章第 3 節（1）参照）。

1　風土の古典理論

（1）和辻風土論の輪郭

昭和十年に刊行された和辻哲郎の『風土』は日本文化論をこえて、行き詰まった近代文明の先の薄明かりを見つめていた。『風土』の冒頭論文により風土理論の輪郭を辿ってみたい(1)（括弧内は和辻原文）。

『風土――人間学的考察』の冒頭で、「人間存在の構造契機としての風土性を明らかにする」と宣言する和辻は、人間はどのようにこの世界に在るか、という根源的な問いを発した。風土を生き、風土にて自分に出会う人間、それがこの書物のすべてだ。

それでは人間学という主題のなかで、自然はいかなる相貌をみせるのか。とくと、拝読しよう。

和辻は、序言でこう釈明する。

「自然環境がいかに人間生活を規定するかということが問題なのではない」とし、「すなわち対象としての自然環境とおなじく対象化された人間生活との間の関係を考察する立場」は「主体的な人間存在」にかかわる立場ではない。「我々の問題は後者に存する」と和辻は言い切る。つまり、環境と人間は、互いにその内実を限定しあう相即不離の相において考究される。和辻はこうして風土を通じ人間学の領域に入ろうとする。主体性とは、身体において統括される言語と行動によって発動される創造的な気力である。

　それでは主体的な人間によって展開する風土の具体相で和辻の思考を追ってみよう。

　『風土』はその冒頭で「寒さ」の「体験」とは何か?と問う。それは、低温の空気に受動的に反応する人間の身体感覚や心理現象ではなく、低温の空気に包まれた雪景色に関わってゆく主体の志向的体験である。寒さを感じるとき、「我々自身が寒さのなかに出ている」こと、つまり「志向性」が人間のありかたとされる。

　孤立した「我」を前提とするとこの説明はやや難解であるが、社会をいきる「我々」が人間の文化として「寒さ」を析出すると考えるとわかりやすい。

　それでは、文化としての寒さとは何か。寒気にたち向かって生きる「我々」は、「山おろし」や「からっ風」あるいは木枯らし、みぞれ、氷雨など民衆の生活語でそれを捕捉する。あるいはまた綿入れの着物を用意し、マフラーを首に巻き、こたつをととのえ冬ごもりする。時にはそこで雪見の酒と洒落こむか。こうした寒さへの備えや、寒さと戯れる生活の仕方は言語化されて、ただの「寒気」は人間の文化として社会化される。

　つまり生活の道具や仕組みが組み上げる手段—目的の連鎖をたどりつつ、環境へ向け身を挺して人間は生きる。一定の意図を携え、時間の流れに乗って前へ進むこの意識を現象学者は志向性(intentionality)と呼ぶ。

　環境へ身を投じながら模索し、どうじに環境に照らされ、限定されていきる「主体性」のはたらきをここに見て良い。こうしてなんらかの可能性を求め、世代を継いで環境と関わりながら生きてゆく無名の民衆が、営々と紡ぎだした衣食住の姿、あるいは環境を解釈し意味づける言葉の織りもの、歴史的に生成されるこの物語こそが風土である（風土の第一原理「志向性」または歴史性）。

こうして「人間存在の風土的規定」という大命題へ出発した和辻にとって、人間の日常生活をとりまく世界は、心理現象などではなく、主体的な関わりの手がかりとして外在する手段―目的の連鎖である。「寒さ」なる風土現象は、それを表現する多彩な言葉やコタツという避寒の道具、家の結構、雪見という行事、などなど、人間の主観や身体を超えて外在し、生活に関わるモノや言語や身振りの連鎖によって構成されるのである。これらは、個人の主観に還元される心理現象などではない。外在し皆が共同で触知できる。和辻はこれを「外にでている」（existere）と執拗に繰り返し、風土現象の「超越性」と結んだ[3]（風土の第二原理「外在性」）。

以上の二点は、ハイデガー（Martin Heidegger, 1889-1976）から譲り受けた着想であろう。

これに引きつづいて、個人性と社会性を往復し、風土を共有する「間柄的人間」というすこぶるユニークな人間観が示される。人間は個人と社会の両面をもっている。このふたつの顔をもつ無数の間柄的人間が、合一と分離を繰り返し、人と人の絆を結いながら共同体を織り上げる。そのブラウン運動的なプロセスのなかで風土が析出されるのだ。ここに姿をあらわした間《あいだ》という始元的な空間性に注意したい。

「同じ寒さを共同に感じる」のは間柄としての人間、つまり「我々であるところの我、我であるところの我々」である（風土の第三原理「間柄」性、または空間原理）。
個人性と社会性の間を遊泳する人間を孤立させず、人と人の関係の相において捉えようとする「間柄」という和辻の着眼は、さらにモノと人、モノとモノ、環境と人間の関係性に拡張しうるはずだ。それぞれが即自的にとじこもらず、むしろ相即不離のダイナミクスにおいて、自然も人間もすべての存在は覚醒し、励起されて風土は生成される。
「気」という主体性の発動や「気合い」という動的な間柄性をほのめかす風土語をたかく掲げて、和辻は日本の芸術や芸能へまで斬り込んでいった。[4]
現象学の血筋をひく「志向性」と和辻の独創といえる「間柄性」は、それぞれ、近代的に抽象化される以前の時間と空間の顕れといえる。和辻はこの人間精神史の古層に風土学の基礎を打ち込んだ。

さて最後の着眼――風土は何故に尊いのか？

その答えはこうだ。

「我々は風土において同じ寒さを共同に感じる」。つまり、人間は「主体的な人間存在が己を客体化する契機」としての風土によって「自己了解」する。

風土は個人の心理を超えて外在するゆえに（第二原理）、社会に共有される風土は、こうして間柄的人間の自己了解を可能にするのだ（第四原理「自己了解」）。

自己了解とはつまり自分の存在証明であるから、大事にちがいない。人間の原郷への回帰をうながすこの四原理は、近代が見失いがちな生命力の泉といってよい。風土の理論は、環境、人間、社会、歴史を丸ごと呑み込む局所的な小宇宙の時空理論である（本章第2節参照）。

難解に悩む読者を励ますように、和辻は興味深い風土資産の例を差し出している。

「我々の食欲は、食料一般というがごときものを目ざしているのではなく、すでに永いあいだにできあがっている一定の料理の仕方で作られた食物に向かう」と。傍点部分は、まさしく間柄的人間の志向性を意識した表現といえる。

例えば寿司という食物は、共同体の長い歴史が練り上げた「一定の仕方」で握られ、さらにまた、寿司屋カウンターに座ればシャリ、サビ、トロ、ガリ、ヒカリもの、ゲソなど板前職人の隠語めいた言葉が飛び交う。一定の作法と言葉で結ばれた小さな風土共同体がここに息づいている。仲間と共に楽しむ寿司が自分の身体と合一するとき、間柄的人間の存在証明が歓びとともに完結する。

ともかく「風土的形象」としての寿司に向かう我々の食欲とは、風土によって動機づけられた身体の志向であり、それは寿司という外在物に焦点をむすぶ。食文化において我々の身体はすでに風土化されている。

ここで注意しておきたいのは、風土的形象としての料理は風物として賞味され、食えるものであるが、風景は食えない。つまり、前者は外在し、口にできるが風景は外在と心理の間にたゆたう浮遊現象である、この違いに注意したい。次章でよく吟味することになるだろう。

「歴史（時間）の契機」を含みながら社会性（空間性）をもっているこの「料理の型」こそが、一つの社会が長い間に身につけた「風土的自己了解」の一例である。外国から久しぶりに帰国し、寿司を口にしたときの喜びと安堵は列島原人の風土的自己了解にちがいない。

こうして風土を生きながら食卓をかこむ人々は、政治とは別次元の風土資産を分かち合う風土公共圏を結ぶ。

「我々を取り巻く土地の地味・地形・景観などとの関連においてのみ体験される風土」は、「文芸、美術、宗教、風習等あらゆる人間生活の表現」に見出すことができるだろう。そして、作法と言語という共同体の絆を植えつけられ、間柄を生きる個人の身体は最小の風土と言える（中村）。風土化された身体は、その風土圏に特有の原感覚によって、自然の発する信号を受信し解読する。

（2）風土という身体

以上のように風土の門を叩いた和辻は、いよいよその本丸へわれわれを招こうとする。そこに見えるのは、地理的に限定された舞台のなかで、間柄的人間が織り上げる社会と、その時間的な運動がみせる歴史のスペクタクルである。それは、夥しい数の間柄的人間が分裂と結合を繰り返し種々の共同体を形成する複雑な運動の様相であると同時に、その結果が析出する風土である。

すなわち、「個であるとともにまた全であるような」人間存在は、無数の個人に分裂し、また合一する主体的な実践行動を通じて「種々の結合や共同態を形成する」。このような無数の人間のカオス的運動のなかで、間柄的人間の身体に流れていた時間は、物語性を持つ歴史を語り、同じくその間柄的人間の空間性は地理的空間へ写像され、風土の刻印を押された「場所」が立ち上がる。場所とはそこで歴史を生きてきた間柄的人間と相即不離の契りを結んだローカル（局所的）な空間であり、その表現として、風景が立ち上がる。

個人において、始元的な時間と空間の相即不離が、その交差点である身体という生命の場において受肉し総括される。それに並行して、社会の動的運動の産む歴史性（時間性）とその舞台である場所性（空間性）の相即不離は、風土の懐において交わる。ゆえに風土は、共同体の身体と言える。

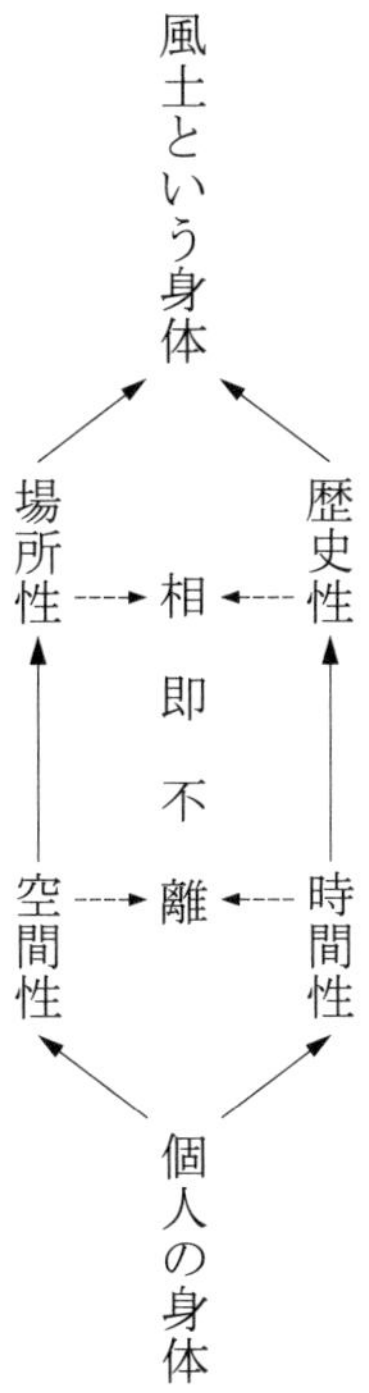

以上は私見を交えた説明だが、これに対し、和辻は場所性という概念を用いずに次のように言う。間柄的人間がその主体的な実践行動をつうじて合一と分裂を繰り返す運動の根本構造をなす時間と空間の相即不離は、すなわち「歴史と風土との相即不離の根底」をなす[5]、とされる。つまり「歴史は風土的歴史であり、風土は歴史的風土」にほかならない。

空間と時間が交差する人間の身体は、共同体の次元へ昇華して、「風土性と歴史性の交差として己を現してくる」。その交差点の場所をあらためて「風土」という名辞で総括すれば、「歴史はついに風土という身体を持った」といえる。

説明の道筋はともかく「風土もまた人間の肉体であったのである」[6]という驚くべき結論に達した和辻は、ゆえに……と言葉をつなぎ、こう宣言する。「肉体の主体性が回復さるべきと同じ意味で風土の主体性が回復されなくてはならぬ」のである。風土の主体性は、第9章でまちづくり論の中枢を担うことになる。

（3）風土の胎内に棲む

さて、風土とは間柄的人間の肉体、という風土理論の頂上へ手をかける部分はやや難解であるが、私見をまじえてこれを敷衍し、視覚化しておきたい。

個人の時間を生きる「考える私」は、自分の身体という空間に同棲してはじめて存在する。おなじように、時空の交差点を生きる「私」がどうじに「私たち」でもある間柄的人間たちは、皆でにぎわう街で交歓し、山野に混じって戯れる。こうして己の身体の擦痕を世界へ刻みつけ、あるいは言葉の穂先を天地に放ち、またときには料理という風土の恵みを五臓六腑に呑みこみながら、自から成した風土という太母の胎内に棲み、存在する。たしかに胎児と太母は相即不離であろう。それを、太母と胎児に截然と二分するのは、太母の外で観察する視点である。

いわゆる心身問題という哲学の大問題は、風土論の地平で論じられるべきと考えていた和辻にとって共同体の身体である風土は、その生成過程からみて同時にその精神であったろう。

平たく言えば、風土とはそこに住み込んだ人間の行動と言語によって神話化された天・地・人の物語だ。天空に輝く天体は日月星辰と称され、さらにまた、おびただしい言葉で絡めとられた雲の様子、風雨のありさま、嵐も、雷鳴さえも、風神雷神と観ずれば、ただの気象現象も風土になる。寒暖のおもむきまたしかり、梅一輪に託された暖かさは、物理現象でも心理現象でもない風土の断片《かけら》として外在する。野山の花に戯れる昆虫、水しぶきに踊る小魚、土手のつくし……風土としての大地は、地母性の豊穣と地霊の棲む歴史の大地である。

天と地の間に夥しい言葉と身体の痕跡をちりばめた風土という織布。そのめくるめく様相は、間柄的に生きる人間自身もまた織り込まれている歴史の舞台であり、歴史の身体でもある。地霊（ゲニウス・ロキ）という歴史の立役者たちの物語は、この気韻生動する天・地・人の舞台を得たとき、はじめて受肉し力強く現前する。

人間が風土を生きるとは、あたかも蚕が己の体液の糸で織りあげる繭玉の内側に棲み、あるいはまた、蜘蛛がその身体から吹き出す糸で編んだ虚空の巣に生を委ねるに似ている。繭玉も蜘蛛の巣も生物から切りはなされた客体ではなく、自ら編みあげた拡張身体といえる。半ば閉じた、この小宇宙めいた世界の内側に棲み、いたる所に刻みつけた自分の生の痕跡により、生物は自らを了解し、ゆえに存在する。

合一と分離をくり返して生きてゆく無数の間柄的人間は、こうして大地の隅々に己の身体の擦痕を残すが、それればかりか遠い天空であろうとも、そこへ言語の網を投げるという離れわざで、己の生の証しを拡散してゆく。蜘蛛や蚕が体液の糸を吹きだすように、人間は、触覚をおびた視線の穂先で、あるいはまた、肉声の響く言葉の網で、自然を肉化しつつ天・地・人を編み上げてゆくだろう。

このとき、傍観者ではなく、自らが職人のようにこの織布工程へ、主体的に参入している「私」にとって、風土という「場」の模様は、いわば内側から見た世界の様相だ。こうして、風土の内側に生きる人々は、あたかも仏陀の身体に懐胎されたように、半ば閉じた胎内景に眼をみはりつつ、自身も風土化されてゆく。人はその眺めを風景とよぶ。

これを「風土の繭玉《まゆだま》モデル」(図6―2)となづけたい。それは無限にひろがる均一な普遍空間ではなく、無数の民衆の拡張身体の生きる、「場所」と呼ばれる半ば閉じたローカルな領分である。そこには、風土的歴史という生命的・局所的な時間が流れ、風土を紡ぐ無数の人間が蝟集し賑わう。(7)

ここで、生《なま》の自然は、風土的小宇宙の埒外にあることに注意してほしい。だが風神雷神が躍動する天は、風土のうちにある。時いたれば、蚕は繭玉を破り抜けて羽ばたき、新しい繭玉をつくる。

哲学の言葉がとかく難しくなるのは、思考の対象が遠いからではない。言葉の介在を要さない当たり前の日常を、危機にあたってことさら言語化するからだ。難しくなったら、お寿司でも、木枯らしでも、サラサラゆく春の小川でもいい、民衆的な風土語をおもいだそう。風土は身辺にある。或いはまた詩人という霊媒師のことばに聞き入るのもよい。

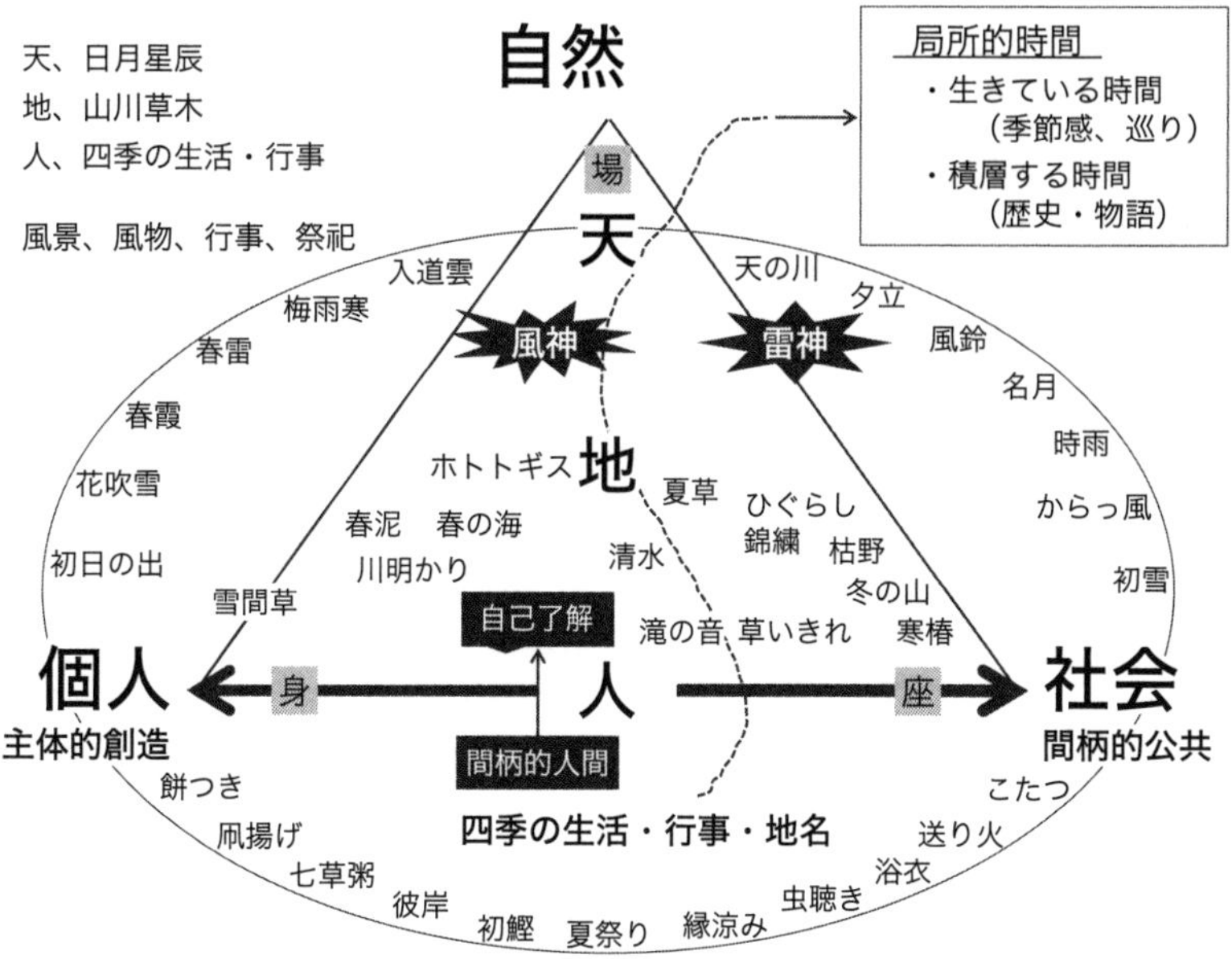

図 6―2　風土の繭玉モデル

風土は 2 本の「相即不離の枝」を措定する、第一は個人対社会（間柄的人間）という枝、第二は自然対人間（天地。人）。風土化を促すこの 2 本の枝へ、繭玉のように風土世界がぶら下がっている。繭玉の内部をみれば、風土化された日月星辰が天に張り付き、同じく風土化された大地、そして風土化された間柄的人間の生活や行事が連なる。ここに記した天・地・人の風土要素は主として「風物」と呼ばれる風土表現である。それらの背景を成す「風景」や、風土圏にみちる「精気」としての芸能などは、第 7 章で詳述される。半ば閉じた繭玉の限界は最遠平面（ユクスキュル）と呼ばれる（第 7、8 章を参照）。

人と自然を結びながら、同時に人と人を結びつける風土プロセスの心臓部は、宇宙が発する暗号めいた通信を傍受し、主体的に解釈する心境不二の感覚をもとめる。人間にそなわったこの始元的感性を全開する詩人の言葉は祝詞《ことほぎ》のように響く。例えば、こんな調子だ。

廬を結んで人間にあり
……
菊を採る東籬の下
悠然として南山を見る
山気日夕に佳く
飛鳥相いともに還る
此中に真意有り
弁ぜんと欲すれば已に言を忘る

陶　潜　（前野直彬、石川忠久・読み下し）

菊の花が咲く庭のなかで、ふと、故郷という太母に懐胎された詩人は、その胎内景に溶け込んでゆく。菊の花、南山の雄姿、夕ぐれの霞み、巣へもどってゆく鳥……。人間《じんかん》に棲む詩人の呪文で自然は風土になった。真意とは何か？　相即不離の境地にはいった環境と人間が、風土化する姿か。

だが風土は理想境ではない。生を受け死にいたる人間が正気で元気に人生を歩む故郷である俗塵を払った詩人は偉大なる凡常を言語化した。

環境と人間の相即不離という母胎に生をうけた風土は、その出自のあいまいゆえに、おおいなる詩魂を宿している。

風土の諸相を探りながら、まちづくりへのヒントを得たいわれわれは、和辻哲学の森を巡るうちに、風景の源泉を見てしまった。どこまで行けるかわからないが、時空の始元感覚をもう少し逍遥してから風景へ立ち戻ろう。

2 生命的局所性（ローカリティ）――風土の時空と言語

さて、人間学としての和辻風土学は、その原点において、近代悟性の虜になっている人間を、その冷徹な軛から救い出す試みであった。もし風土論が始元的な生命力への帰還を求めるなら、その「元気」を語る始元の言葉を探るに躊躇すべきでない。共同体を束ねる神が不在となった現代において、科学的理性の光に照射されて、風土がその深い陰影を失ってしまえば、詩魂を失った人間は虚無の風に晒されるしかない。それはまちづくりの志を萎えさせる寒風である。科学的知性と風土学はその適応分野を棲み分ければ、それで済むことであろう(8)。

和辻の風土論の根底には、科学的に抽象される以前の「根源的な姿において捕えられた」時間と空間の相即不離という問題意識があった。根源的な時空とは何か。それは、近代知性が拓いた普遍的な時空ではなく、生物の種に固有の時空、あるいはそれぞれの場所に固有の、局所的な時空（ローカリティ）と考えてよい。つまり風土圏という局所的な場所には、人間という生命が張り出す固有の空間と、固有のリズムで時間がながれている。最小の風土である個人の身体という場には、もっとも私的な時間が流れていると言えるだろう。

普遍ではなく局所的な時空とは、ようするに時空の相対論である。地理的に限定される場所、すなわち風土の空間は地相や風景として現れるが、時間は難しい。

悠々と風土を紡いできた時空の根元感覚、そこへ斬り込もうとする諸賢の断ち筋に眼を据えよう。それは詩と哲学のあいだに浮いている風土への入り口である。その春風駘蕩の様相に眼を据えよう。

（1）風土の時間——降り積む時間、流れる時間

風土への遡上は、意識の表層を突き抜け、身体が受けとめる血肉化した風韻をあじわうことである。月見とか、花見など、風土化した行事は上代の野遊びまで遡るだろうが、旬の食材にこだわる感覚は縄文まで遡行するとする説もある。[9] 季節感をはこぶ「旬」という生きた時間の感覚は、たしかに列島原人の風土資産であろう。

「……意識的なものの考え方が変わっても、意識出来ぬものの感じ方は容易には変わらない……

……お月見の晩に、伝統的な月の感じ方が、何処からともなく、ひょいと顔を出す。取るに足ら

ぬ事ではない。私たちが確実につかんでいる文化とはそんなものだ。」（小林秀雄[10]）

　個人の心理を越え「外に出ている」風土の形象は共同体の資産として代々、相伝され読み継がれてゆく。「自分の一存で消そうとしても消えないのが伝統だ」と小林秀雄はいう。なるほどそうだ、月見という行事にふと蘇る感慨は、普遍的な知性の開陳などではなく、ながい歴史によって血肉になった我々の風土思想である。風土的美意識と言ってもよいこの感覚は、社会に共有され、自己了解を促す風土資産と呼びたい。文化財のレッテルを貼った建造物や山岳だけでなく、我われの感覚がすでに風土資産であるなら、環境と相即不離の人間の身体は最小の風土資産と言ってよい。

　風土資産としてわれわれの身体に埋め込まれた、この環境の詩的解釈力は、たとえば詞章によって継承されてゆくだろう。

　秋来ぬと目にはさやかに見えねども風の音にぞおどろかれぬる　　藤原敏行

　ススキ野を吹き抜けてゆく秋風。形をもたず、目にみえない風のすぎてゆく音に耳をすます『古今集』の詩人は、それをつかみ取りたくなった。言葉の網でたくみに生け捕った風の音は、自分の命の鼓動ではなかったか。

　うつろう季節の相を生け捕る工夫として、初秋の「風」という風物は、人々の共感をよびさまし、つぎつぎに名歌が生まれた。

あかあかと陽はつれなくも秋の風　　芭蕉

そしてまた現代、

くろがねの秋の風鈴なりにけり　　蛇笏

蛇笏や芭蕉の句は、身近な風鈴という季節のアンテナが受信した宇宙の風韻を言い止めたものだ。古代の歌人から代々、受け継いだ「秋風」という風土的形象は、時代の感性によって磨かれながら生きながらえてきた。これが和辻的「風土」の主体的継承だろう。夏から秋へと移ろう「空気」は、言語という文字と音声のエクリチュールとして共有されたとき、風土という肉体を獲得したといえる。われわれが時計の針やカレンダーをめくりながらたどる時間は生きた時間ではなく、もはや空間へ翻訳されている。歴史的文化財も降り積んだ時間であって、流れる時間ではない。

ところが、よどみない無垢の時間として生きている意識の流れ、ぴちぴちとしたその生命の鮮度を追求したベルクソンはそれを「純粋の持続」と称してこう言う。

「……ようするにすべてを持続ノ相ノモトに sub specie durationis 見る習慣をつけましょう。このとき知覚は電撃をうけて、その中のこわばっているものはほぐれ、眠っているものは目ざめ、死んだものはよみがえってきます。[11]」

確かにそうだ。風土資産として固定された詩歌を静かに口ずさむとき、その風韻はたちまち解凍されて爽やかに流れ出る。詩人たちは、ともすれば、紋切り型に凍結しがちな風土の味を、初々しい言葉の網ですくい取る。風土はこうして受け注がれてゆくのだ。始元的時間へ遡行し、時間を生け捕りする詩人たちは、風土の名編集家である。

さてここで一つの疑問がおきる。日本の詩人たちが、執拗に追いかけた「初秋の風」が運んでくる「時間」とは風土論の基礎でのべた歴史を編んでゆく時間、志向的目的へ向かう時間と同じなのか。そうではないだろう、藤原敏行が摑もうとした秋風の時間とは、意味や目的とは無縁の虚無の風ではないか。しばらくこの渋味をふところにして進もう。

(2) 風土の空間そして言語——環境・主体の双対的一元性

一、個体生命の「環世界」

①図像的文節（ゲシュタルト、有機的構造化）

ゲシュタルト心理学の基礎的なテーゼによれば、環境の視覚像は、「地」(ground) と呼ばれる無限定の広がりのうえに「図」(figure) と呼ばれる「形」が浮き出るようにみえる。このとき、「図」と「地」はそれぞれが独立に知覚されるのではなく、一つの相即不離な全体構造として、双対一元性をなす。

本章第1節（1）「和辻風土論の輪郭」でのべた「志向性」とは、間柄という空間性の背後にながれる時間であって、それぞれが「図」と「地」の関係にあるのではないか。「地」とは「図」を産む沈黙の母胎である。

②拡張身体型（環世界 Umwelt）

空間—身体の双対一元性を生物学的に指摘したユクスキュルの「環世界[12]」においては、「環世界に投影された動物の行為」である「作用像」によって、「知覚像に意味を与える」とされる。生物はそれぞれの種に固有の身体行動の「作用像」によって主体的に環境をとらえ返すのだ。生命体は視覚像（ゲシュタルト）と一対になった「自らの行為の作用像」によって「環世界」なるものを主体的に構築している。ゆえに人間も含めた生命体の視線は触覚性をおびているともいえる。

それればかりか、主体的に意味づけられる環境は、主体の気分におうじたトーンを帯びて柔軟に解釈される。「意味づけ」あるいは「主体的解釈」により結ばれる生物と環境の関係はすこぶる創造的と言える。二元性が超越され双対的一元に統合される身体と環境は、これを相即不離または心境一如と呼んでよい。

環世界の問題は、第7章第2節（2）「身体座の理論」および第7章注（19）にて、具体的事例に即し再び立ち入ることにしたい。

二、社会的生命の生活世界

①ブーバーの「我と汝」

宗教哲学者のM・ブーバーは、環境を客体として対象化する実務性を肯定しながらも、われわれが、環境に見つめられる経験、すなわち我―汝という根元的な関係に注意をうながした。[13]

次章（第7章第2節参照）で風景の諸相を紹介するが、山水を対象視する硬い自我ではなく、逆に超越者によって見つめられ、照射されて発現する受け身の我がしばしば風景として現れる。始元的な空間は間柄という社会性から発生すると考えていた和辻の空間論につうじるであろう。我―汝という この根元的な関係は、「形なき自己」（formless self）あるいは無相の自己[14]などと呼ばれる禅の思想に交わるであろうか？

この根元感覚について、文学者はこう述べる。

「……私の実感から言えば、ゴッホの絵は、絵というよりも精神と感じられます。私が彼の絵を見るのではなく、向こうに眼があって、私が見られている様な感じを、私は持っております」[15]。これはサン・レミーの精神病院の窓から見た、あのカラスが舞う麦畑や渦巻く空へ巻き上がる糸杉の絵を見た感慨であろう。風景のなかに他者の眼差しを感じる感覚は、かならずしも病態の天才だけに見られる奇想ではない。むしろ神との邂逅を暗示するブーバーの言説と響き合いながら、日常につながる感覚ではないであろうか。

②ベルクソンの仮構機能論[16]

『道徳と宗教の二つの源泉』において、人間の始元感覚といえる精霊信仰についてこういう。

「……こうした場合にわれわれが体験するのは、何か効験ある現前（présance efficace）とでもいったものの感じにほかならぬ。」「このようにわれわれが心に懸けられているとなると、その意図は必ずしも善意でなくても、ともかく、われわれの存在は宇宙において無視されていないわけである。」……このような人間の始元的確信が失われようとするやいなや、そこへ間髪入れずに対抗心像「事物や出来事が人間の方をむいている」という確信をなげいれねばならない。そこに自由思考の入る余地はない。そのような「……確信が押しつけられるわけは、そこに何か哲学的なものがあるわけではなく、その確信が生の秩序にぞくしているから」とされる。

すなわちベルクソンにとって、精霊信仰のような始元的な感覚とは、知性の危険な暴走に歯止めをかける生命現象であり、「……知性を働かせる場合、個人にたいしてはその元気を殺ぎ、社会に対しては解体的に作用する懸念のある要素に対して、自然がとる防御作用なのである」。つまり、ベルクソンは生きる必要に社会的、倫理的感覚の発生を見ようとした。

③言語の次元から

F・ド・ソシュールにしたがえば、言語による環境の分節は、文化圏によって恣意的に、すなわち主体的に決まる。たとえば、列島文化圏においては物質としての水（H_2O）は、固体相では、氷、氷雨、雪、細雪、液相では雨、小雨、細雨、霧……、気相では、様々な雲の形容など多くの言葉で分節された記号の示差的体系によって相互に意味づけされ、風土的世界が出現する。

ソシュール言語学における記号的分節はすべて恣意性とよばれる主体的な行動である。(17)

このような風土における言語性は、その発展の過程で、普遍言語よりもむしろ、詩的言語、あるいは身振り性言語の昇華として、さまざまな芸能をうみ、風土を発酵させる（第7章第4節参照）。

④生命の「気」

間柄、気合、間《ま》という和辻風土論を特徴づける言葉は、生命体がそれぞれ自律した個として生きながらも同時に、他者に依って生きる現実、すなわち双対的一元性の関係にあることを意味している。

和辻は日本庭園における苔の敷き方、石の面の刻み方、その配置などについて、シンメトリーではなく苔の面の形状や起伏に応じて自由、自在に散らされる仕方についてこういう。

「……それは幾何学的な比例においてではなく、我々の感情に訴える力の釣り合いにおいて、いわば『気合い』において統一されている。ちょうど人と人との間に『気があう』と同じように、苔と石と、あるいは石と石との間に、『気』があっているのである。」（傍点原文）[18]

同じことが、芸能について見えるだろう。

連句における「付け」の気合、能や歌舞伎における笛、鼓、あるいは長唄なら三味線などとの関係は、たがいに会話をかわすような丁々発止のやり取りであって、全体を調和的な統合を図る指揮者は存在しない。それはあたかも一期一会ともいわれる人と人の出会いをモデルにした美意識と同相であろう。日本の芸能においては、人と人の社交的な掛け合い、というか当意即妙の受け答えが前提になっているように見える。

つまり、「気合い」は、絶対者が命ずる調和ではなく、モノとモノ、モノと人が交わす対話相の心いきであるから、その結果として、ある要素の在り方はつねに周囲との関係性のみに依存する。「気」をあわせるには自性へのこだわりを捨て、自らを主体的に空無化してゆきながら、相手と新しい関係をきずいてゆく。そういう柔らかな社交的動態性から生まれた生活美学は、風土という言葉にふさわしい。それは生活から分離し額縁に入った至上の美ではない。この磨かれた生活感が、日常の時間を満たし、そこに張り詰めた安らぎという矛盾態の美がうまれる。

風土圏は漠とした空間ではなく、「気合い」が遍満する生命的ポテンシャルの「場」である。そのような風土圏は、無数の人々が生きた証として散らす吐息というか、あるいは人と人の付き合いが発する「気風《きっぷ》」にみちている。たとえば、それは、「粋」、「いなせ」……というような人倫の「気合い」がそのまま織布や工芸の美意識になる。こうした社交的母胎からうまれた風土の流儀は芸術至上主義ではなくて生活の香りがする。いずれにせよ、「気」といっても、何やら神秘的な想像をたくましくすることはない。それは、「生命現象の具体的な姿を歪めずに正視するのに欠かせぬ視点」なのだ(19)。

和辻風土論の「間柄」も結縁に還元できる。人間同士の間柄、人間と自然との関係、物と物の関係はすべて、相対的に顕現するという考えは、ユクスキュルの生物・環境観やブーバーの「我と汝」の発想に接近している。

人間社会の間柄性をモデルにした間《ま》や縁《えん》という関係性の意味づけには、自ずと人間の「情」がはいりこむ。「間」も「縁」も情理の関係である。その張り詰めた関係の場には詩神が棲んでいる。

このような相即不離の関係の論理は、存在についてその自性を空と観じる大乗の縁起思想に通じるであろう。[20]

その昔、つれづれなるままにもの思う洛北の隠者が「人のこころは、鏡のように実体がなく、空虚であるがゆえに、すべてが映る」といった（「虚空よく物を容《い》る。我等がこころに念念のほしきままに来りうかぶも、心といふもののなきにやあらん」『徒然草』第二三五段）。自生をもたず空であるこころは、同じく空である環境との縁で有情を生む。無常の乱世を生きる透明な知性の慧眼に脱帽するしかない。

ところで、環境と人間の相互限定性という点において、和辻とユクスキュルの相似性に注目するA・ベルクは、人間と環境の結縁的関係性に立脚する方法を解釈学的現象学 phénoménologie herméneutique と呼んでいる。[21]

注および風土資料

（1）和辻哲郎『風土』岩波書店、一九七九年、三―二八頁。西田幾多郎に招かれた和辻の昭和三年九月から同四年二月にかけ、京都帝国大学で行われた講義草稿にもとづき、昭和十年に発表された著書。

参考文献

1　坂部恵『和辻哲郎』岩波書店、一九八六年。
2　湯浅泰雄編著『人と思想・和辻哲郎』三一書房、一九七三年。
3　中村良夫「評伝・和辻哲郎」『言論が日本を動かす　第四巻　日本を発見する』講談社、一九八六年。
4 A・ベルク、篠田勝英訳『風土の日本』筑摩書房、一九八八年。
5 A・ベルク、宮原、荒木訳『都市の日本』筑摩書房、一九九六年。
6 A・ベルク『風土学序説』筑摩書房、二〇〇二年。
7 藤井聡「実践的風土論にむけた和辻風土論の超克」、『土木学会論文集D』六二巻三号、二〇〇六年、三三四―三五〇頁。
8 木岡伸夫『風景の論理』世界思想社、二〇〇七年。
9 高野宏「和辻風土論の再検討——地理学の視点から」、『岡山大学大学院社会文化科学研究科紀要』第三〇号、二〇一〇年十一月、三一三―三三二頁。

(2) 主体性　世界を自分から切り離し客体視するだけでなく、むしろその内側に入り込んで、それを解釈し、象徴化して我が身に呑み込むしなやかな主体性、主体と客体は状況に応じて相互規定する（本章注(20)参照）。

参考文献

1 Q. Hiernaux, Le statut du végétal dans Fūdo de Watsuji, *European Journal of Japanese Philosophy* 2, 2017, pp. 159–177. 自立する実在として外在する事物に対峙するデカルト的主体（即自的自己）ではなく、他者あるいは環境との関係において在る人間（p. 163）。

2 A. Berque, *Glossaire de Mésologie*, Éditions Éolienne, 2018, p. 36. ベルク風土学において、主体性は subjectité と訳されている。環境との関係において存在し、「適切な述語によって環境へ投影される主体」である（Le fait d'être un sujet, pas un objet, et d'être donc capable de trajecter l'environnement selon ses propres prédicats）。

他方、環境と人間は、それぞれ独立に存在する不動の実体ではなく、それぞれが自律的に存在しながらも、相互に規定しあいつつ生きる。このような主観性と客観性の相互的、動的な関係をベルクは風土的世界における「通態性（trajectivité）」と呼ぶ。本章注（1）ベルク『風土学序説』を参照のこと。これらの「双対的一元」について、本章第2節で踏み込むことになる。

（3）超越性　形而上学的なあるいは神学的な超越ではない。個人の心理現象を超え、「外に出ている」可触的な風土的形象はその好例。個人を超えて社会へ結ばれる「間柄的人間」において、個人としての「私」は、同時に集合的な風土場へ拡散、超越し、無意識化されてゆく。

（4）気合い　この言葉は、『風土』第三章二、二二七頁を参照。「気合い」は人的結合だけでなく、人とモノ、モノとモノ、を相互に結びつけ、意味づける「間合い」とおなじ始元的な論理である、それらは事象の実体を「空」とみなし「相即不離」の関係性つまり「結縁」による価値の生成に注目する。いずれも人間の主体的な始元感覚として次節で再び取り上げる。

（5）相即不離　二つの事象が、あたかも鍵と鍵穴のように、決して分離し得ない一対としてはじめてその存在を顕にするとき、相即不離という。ゲシュタルト理論の「図」と「地」の関係と同じである（本章第2節（2）参照）。

　志向性と間柄性は、それぞれ、時間と空間、情動と形象、意味と表現、そして歴史と風土を産出する。このような二者はそれぞれが独立した存在として、二元的一元性に統一されるのではない。否、あたかも透明な「場」としての紙の表裏に印刷された地模様と図柄のように「双対一元性」をなすとおもえる。これが「相即不離」の真相であろう。身体はこの相即不離を統括する主体の「場」のように思える。ユクスキュルは「環境」と「生物」の相即不離を説いた（本章第2節（2）参照）。

（6）きわめて重い発言なので、そのまま引いておく（『風土』一二一―一二二頁）。

「肉体の主体性は人間存在の空間的・時間的構造地盤として成り立つものである。従って主体的な肉体なるものは孤立せる肉体ではない。孤立しつつ合一し、合一において孤立するというごとき動的な構造をもつのが主体的肉体である。しかるにかかる動的な構造において種々の連帯性が開展せられる時、それは歴史的・風土的なものになる。風土もまた人間の肉体であったのである。しかるにそれは、個人の肉体が単なる『物体』と見られたように、単なる自然環境として客観的にも見られるに至った。そこで肉体の主体性が快復さるべきであると同じ意味で風土の主体性が快復されなくてはならぬのである。そうしてみると心身関係のもっとも根源的意味は『人間』の心身関係に、すなわち歴史と風土との関係をも含んだ個人的・社会的な心身関係に、存在すると言ってよい。」（傍点筆者）

（7）場所　場所は風土的プロセスで形成される共同体の身体。①半閉域性、②家族、都市など共同体の行事（祭祀、市場、社交）、③歴史性、④風土化された自然。風土は極大の「場所」（二八）である（第8章参照）。様々な説明が可能。（参考文献　E. Relpf, *Place and placelessness*, Pion limited, 1976.）

（8）デカルト的時空と自由意志　近代的理性の独立をはたし、デカルト座標系で解析幾何学への道を開いた「透明な無限延長」という時空概念は、生命の息吹を放つ風土的時空の対極にあるだろう。

ところが、最晩年を飾る『情念論』（一六四九年）においてデカルトはこういう。「……欲望はいつも未来に向かっている……」（一四二頁）とすでに生命体に固有の「志向性」を予言している。そしてまた一方で「いかなる理由によって人は自己を尊重しうるか」と自ら問い「……自由意志は、我々を、ある意味で神に似たものにする」という。「自由意志」すなわち、「主体性」は晩年のデカルトにとって至上の価値であった。『情念論』のハイライトといえよう。ここにおいて、デカルトは、彼が拓いた近代悟性の有効領域をみずから限定したのである。冷徹でしかも寛容なその知性に喝采したい。（参考文献　デカルト、野田又夫訳『方法序説・情念論』中公文庫、一九七四年、二一二―二一三頁）

一点、補足しておきたい。

デカルトに始まる近代科学の決定論的な世界と、生命現象を特徴づける主体的、非決定論的な情念の世界、その両者の境界が今、ゆらぎ始めた。つまり、ある種のカオス的な複雑系においては、システムの要素に還元しえない自己組織化現象という有機的価値が生成される。すなわち創発（emergence）である。「無数の個人に分裂することを通じて種々の結合や共同態を形成する」（和辻）ブラウン運動的な雲の中へ自己組織的に析出する風土は、まさに創発現象といえよう。

（9）上田篤『小国大輝論』藤原書店、二〇一二年、二〇八頁。

（10）小林秀雄「お月見」、『考えるヒント』文春文庫、一九七四年、一四六頁。

（11）澤瀉久敬責任編集『ベルクソン』世界の名著53、中央公論社、一九七九年、一三二頁。純粋な持続（durée）する時間とはデカルト的な空間の延長（étendue）とは倫を異にする「意識」であり、生命の徴しにほかならない。

（12）J・v・ユクスキュル、日高敏隆・野田保之訳『生物から見た世界』思索社、一九七三年、第一部。

拡張身体型としては、他にもアフォーダンス系（参考文献1、2）、ハビタート系（参考文献3）などもこの範疇に入れて良いと思われる（詳細は第7章、または原著にゆずる）。ユクスキュルの行動像が「主体の気分」におうじた柔軟なトーンの可能性を認めるのに対し、ハビタートの見晴らし・隠れ場所理論はやや決定論的であるが、いずれも、この分野の先駆的名著といえる。

参考文献

〈affordance 系〉

1 J.J. Gibson, *The perception of the visual world*, Riverside Press, Cambridge, 1950, pp. 197-213.

2 J・J・ギブソン、古崎他訳『生態学的視覚論』サイエンス社、一九八五年。

〈habitat 系〉

3 J. Appleton, *The Experience of Landscape*, Wiley, 1996.

4 澤瀉久敬『医学概論』第二巻、誠信書房、一九六〇年。

ミンコウスキやユクスキュルの立場を参照する澤瀉氏は、知性の誕生の後に発達したデカルト的延長（étendue）と始元的な空間性（spacialité）を区別し、後者を「有機体的触覚的空間性」とよぶ。

「生物と環境は相互限定的に自らを生み出してゆくのである。生物は環境を原因として自己を形成するのであり、他方、環境はその生物に応じて次第に生物的環境となったのである。生物そのものというものがないのと同じく環境そのものというものも存在しない。ひとはともすれば一定不変の環境を考え、その中へすべての生物はおかれていると考える。しかし人間には人間の環境があり、魚には魚の、また鳥には鳥の環境がある。一言にしていえば環境は無数である。……環境があって生物があるのではなく、生物が成立した時に、それに応ずる環境が成立するということである……（ユクスキュル的な環世界（Umwelt）において）生物を離れて環境自体（Umwelt ansicht）というものはどこにもない」（澤瀉、前掲書、一六九頁）。

（13）M・ブーバー『我と汝・対話』みすず書房、一九七八年、第一部。我―汝という根元語は対偶語（Wortpaar）と呼ばれる双対性によって表現される。

（14）無相の自己　参考文献「思想家紹介・久松真一」（日本哲学史専修ホームページ、京都大学大学院文学研究科）。

（15）小林秀雄「ゴッホの病気」、『芸術随想』新潮社、一三三頁。同氏は、別のところで、「……むしろ、僕は、ある一つの大きな眼に見据えられ、動けずにいたように思われる」と書いている。

（16）H・ベルクソン、澤瀉久敬責任編集『道徳と宗教の二つの源泉』、前掲書、三九〇―三九二頁。

（17）丸山圭三郎『ソシュールの思想』岩波書店、一九八一年、九二―九七頁。たとえば、物質としての水（H_2O）は個体相では、氷、氷雨、雪、細雪、液相では雨、小雨、細雨、霧……、気相では、様々な雲の形容など多くの言葉で意味づけされ、人間の生活世界を彩る。このように生活のしかたにしたがってなされる自然の記号的分節によって自然は風土化されるといえる。文化圏に固有なこの主体的分節は、言語学では恣意性（arbitraliness）と称される。言葉の意味または価値は、このような言葉の関係の網目の「差異」によってのみ発生する。ゆえに単語それ自体の実態（substance）は「空」である、とされる。

（18）『風土』第四章「芸術の風土的性格」、二二七頁。

（19）澤瀉、前掲書、八五頁、「気」について。

生命現象を考えるには、デカルト的な空間ではなく、非延長的なるものを考えねばならない、とする澤瀉は、この「非延長的なるもの」に二つを区別する。第一は「意識」または精神であり、その第二は「力」、または「はたらき」である。「延長的でないもの」の存在を認め、なおかつ精神ではないものを認めてそれを「気」と名づけたい、とする。澤瀉によれば、activity として総括される「気」は、①非延長的非空間的な「はたらき」、②統一の原理、③発動性を持つとされる。②の「統一の原理」はややわかりにくいが、全体的な形態的統一や機能的統一を志向しつつ、他者に対しては自己同一性を発揮する性質を意味するようだ。すなわち「気」は和辻風土論において、個人、社会の双方において発動される「主体性」に相当する。

空間性をもたぬ「気」は有機体としての「体」と融合することにより、双対的一元性としての身体を構成する。これによって「気」は初めて「筋肉運動として力」を発露しうる。ゆえに延長的なる「空間」と「非延長的なる時間」は身体という交差点で統一される。

さらにこの一元的統一としての身体は、環境とのあいだに一層上位の一元的統一をなすとされる。（一〇八頁「力」）。ユクスキュルの環世界（Umwelt）を生きる生物の主体性はその一例であろう。澤瀉氏のいう「気」はほかでもない、和辻風土論の「気合い」に同調するであろう。

なお、本書では「気」と「体」は相まって示差的一対（différence oppositionelle）として価値が発動するので、「双対的一元《そうついてきいちげん》」とした。

(20)「縁《えん》」と「間《ま》」いずれも相即不離の別称と考えて良い。

大乗の論理でいう結縁においては、存在はすべて自生空であり、他者との関係においてはじめて存在する。一人の男性が、子にたいして父になり、妻に対して夫であり、学生にたいして先生である如き、いわゆるペルソナと言われる存在形式をさす。人間だけでなく、松は梅に対し、山に対し、竹に対し、それぞれの取り合わせにふさわしい松の表情を顕す。そのとき松の自生は空であり他者との関係で自らを顕す「依止」という性質のみを持つとされる。「依止」は、松や竹という具体相を得たとき、「縁」という「気」の引力を発動するのである。「因果は論理的客観的法則であるが縁起は情理的主体的な理

法」（一六九頁）とされる。（参考文献　山内得立『ロゴスとレンマ』岩波書店、一九七四年、第五章）

（21）A. Berque, *op. cit.*, preface, p. 6. 主体的人間による環境の主体的解釈という点で、和辻的風土と、ユクスキュル環世界との同相性に注目するA・ベルクは、存在における結縁的な両義的（mésologique）論理を一般化してメゾロジク理論とよぶ。名もない小さな丘をよく知れた名山に「見立て」る手法はまさしく「解釈学的現象学（Phénoménologie herméneutique）」の格好の材料である。また、心境一如、雅俗不二という風土論的美意識などに見る排中律にこだわらない両義性もこの部類であろう。この分野は記号学と現象学の両棲分野のようにおもえる。

参考文献

1　K・エーダー、寿福真美訳『自然の社会化――エコロジー的理性批判』法政大学出版局、一九九二年。

2　J・ホフマイヤー、松野・高原訳『生命記号論――宇宙の意味と表象』青土社、二〇〇五年。

第7章

風土の詩学

図 7—1　フェルメール「デルフト遠望」（マウリッツハウス美術館、1670 年頃）
ロイスダールとほぼ同時期に活躍した画工フェルメール（Johannes Vermeer, 1632-75）の数少ない現存作品。生涯、故郷デルフトという小宇宙に生きた彼の画業は 19 世紀になって再発見された。スペインから独立を果たし、富裕な市民層の自治的精神が輝いたこの時期、画布から歴史や神話の主題は全く消えうせ、日常の静寂というあらたな神話がうまれた。

1　風景――その発見と生成

(1) 風景という制度――風土の表現として

そもそも視覚、味覚はもとより聴覚、触覚など身体の快楽ははしたなく反宗教的とされていた西欧中世社会の人々にとって、自然の山河などは、無関心か、または忌み嫌われていた。大地といえば農産物、鉱物、木材資源など経済的な値打ちを生み出す「良い土地」はあったが、美しい眺めなどはなかった。そう言って良い。ところが、この「風景以前」の末期に、詩人ペトラルカ (Francesco Petrarca, 1304-74) が、ヴァントゥーの丘の上から思わずその眺めの素晴らしさに打たれた、という。風景美に開眼した詩人の歓声は、まさしく神々の支配する中世的世界の終幕に誕生した、新しい感性のうぶ声であった。風景美への開眼として、よくできた話である。

このような早い時期の挿話はべつとしてルネサンスの盛期にいたっても、山河の断片は、写実的人物画の肩越しにおずおずと姿を表したにすぎなかった。「モナ・リザ」の背景にその典型をみる風景画の断片が、やがてオランダの画家のキャンバスの主題に上ったのは、ようやく十七世紀のなかごろであった。ロイスダール (Jacob Izaaksz van Ruisdael, 1628-82) の画業はその代表である。このとき、大空をいただく地平線に縁どられた田園の面影が、はじめて絵画の主題として額縁に収まったのだ。王侯貴族のサロンを飾る歴史画や、おごそかな教会の祭壇画の世界から自由になった新興商人たちの清楚な日常世界が、ようやく画布を彩る時代がきたのだ。いわゆる北方ルネサンス期である。[1]

A・ベルクによれば、中国においては「風景」がうぶ声をあげたのは、東晋の時代、永和九年（西暦三五三年）の陰暦三月三日、王羲之（三〇三―三六一）の別荘・蘭亭で催された曲水の宴の席であった、という。[2] この宴席で披露された王羲之の詩のなかに、人の心を陶然とさせる「山水」ということばが初めて使われた。今日、わが国で「桃の節句」としてつたわる祭日の出来事である。何日と明記するのは象徴的な表現であるが、ともかく四世紀の中ほど、軍馬のいななきが近づく世相を背に、しばし別荘で憩う貴族の胸の内に詩ごころが芽生えた。そして間も無く、煩わしい宮仕えに背を向け、故郷へかえった陶淵明が、東の籬の下に菊を採り、悠然として南山を見る、と嘯く。それぞれの文明圏において、ただの環境が風景になった瞬間、人間も一皮むけたのである。

さて、唐の詩にも見える由緒ある「風景」という言葉は、日本の知識人のあいだで外国語として使われ、日本語化して広まったのは案外遅いらしい。志賀重昂『日本風景論』はその一例だ。むしろ「景色」の方が早く日本語化したようだ。

折口信夫氏によれば、日本における風景観の発生を、開国第一、第二の天皇の頃とし、次の歌を引いている。

畝傍山　昼は雲と居　夕来《さ》れば　風吹かんとぞ　木の葉さやける　いすけより媛（記紀）

政治的な不安のなかで、このような早い時期に（八世紀初）、「人間の対立物たる自然を静かに心に持ち湛えて居ることができたのに驚かねばならない」と言う[3]。

ともかく、風景という美意識は、人類の初源から生理的必然として生ずるア・プリオリな体験ではなくて、むしろ個人の貢献を含む社会的・歴史的状況の果実であり、また改定されるべき文化である。つまり、それは自然現象ではなく、一定の文化圏における主体的な自然の解釈＝解読（レクチュール）が定着した一つの風土的制度と言ってよい。アラン・コルバンが言うように、「ある時代に美しいとされた風景が、べつの時代には醜いと見なされる事もある」のだ[4]。その反対もあるはずだ。変転する社会層の好みに沿って風景観が改定されるのも当然であろう[5]。

それでは、風景という体験の誕生や変化、あるいは革新がどのような事情で生じるのであろうか、かなり唐突に到来するように思えるがよくわからない。しかし、幾つかのヒントは考えられる。

まず、大規模な社会・政治的な変動による人々の意識の変化である。前漢の崩壊から秦の統一のあいだの、いわゆる魏晋南北朝という不安定な時代を生きた王羲之から陶淵明にいたる時代は、それにあたるだろう。

ペトラルカはまさに、神と信仰で秩序づけられた中世的世界がくずれ、人間復興が始まったルネサンスという文明の大転換期を生きた詩人であった。

あるいはまた、カトリックの支配的信仰圏であったスペインの覇権に対し、新教ののろしをあげて独立を果たしたオランダである。海外貿易で莫大な富を得た中産ブルジョアの市民層が、自ら統治する市民都市の時代に活躍したロイスダールやフェルメールは、王侯貴族の墨守する歴史・宗教色のつよい絵画をすて、農民の生きる田園や市民都市の凡常の美に目覚めた画家であった。

文明の変動期は価値観が錯綜する。しかし、変化する環境条件の必然として人間の美意識がかわるのではない。むしろ社会変動を生きる人間の身体が環境のイメージを主体的に組み替え、再構築しながら、人間自身が脱皮するのだ。この意味で、風土の表現としての風景の歴史は人間の自画像の変転と言える。現代はその時期かもしれない。だがそれは、あらかじめ計画も予期もできない歴史的プロセスの生んだ創造行為である。風景において発見はすなわち創造である。

（2）幾つかの基本問題

さて、ここで、数点、注意したいことがある。

第一は、発見された風景には、絵画型と言語型の二形式があること。西欧の場合は絵画型が主流のようだが、東洋では漢詩による言語型が発生的にもはやく主流であった。やがて詩画一致を旨とする宋代の文人画のように、絵画と詞章の混合型があらわれる。自らを儒者で通した鉄斎は自分の水墨画は賛から先に読め、と諭したそうだ。ところが、明治期に日本美術の真髄に迫ったフェノロサはこのような混合型を美術の不純として、遠ざけたという。ここでこの問題に深入りしないが、興味ある事実だ。

それはともかく、絵画的構図性にたいして、言語型は断片的な表象の詩的編集なのだが、どちらが現実の生活感覚に近いであろう。この問題は風物論でさらに展開したいとおもう(本章第3節参照)。

第二に注意したいこと。

それは、絵画型にせよ言語型にせよ、芸術表現として刻まれた風景形式が、現実の風景印象をかなり規定するという事実である。このことをオスカー・ワイルドは「自然は芸術を模倣する」と定式化した。これは、ランドスケープにかんするコペルニクス的転換とされる。(6)

ロイスダールの生きた時代に美術史の表舞台に上った「ランドスケープ」とは、大地らしさを意味する中世オランダ語の landscihp(7)(大地らしさ)にゆらいし、額縁におさまった「風景画」を指す言葉であった。それいらい人々は、緑の地平線と牧野を前にして、風景画の構図をそれに重ねて、頷いたのだ。

さて第三に、景観、風景という言葉づかいについて。

よく使われる景観という言葉は、ドイツ語のランドシャフト(Landschaft)の翻訳で、植物の分布する有様を客観的に記述する和製のサイエンス漢語として、植物学者の三好学博士が使い始め、一般に普及し定着したようである。(8)

ここでは景観地理学の目的、方法には立ち入らないが、ここで定義された景観は、「私」の主観から切り離された客体として在る。景観地理学が客観的に土地の姿を捉える科学である以上、当然であろう。

それに対して、既に唐代の漢詩にあらわれた「風景」は、主体から分離した客体ではなく、複雑な環境の体験から主体的に抽出され、解釈された要素群の編集体である。このとき、「私」は山水のふところに生きている、といえよう。

たとえば、東アジアの文化圏においては無限に変化する景観を山と水の対比構造として捉えて山水と呼んだりする。このとき、山水画の中を逍遥する自分の分身を添景として描くのが通例であった。この意味の環境は、自己と分離できずむしろその拡張である。もっといえば、環境を外からみて客体化せず、その内部へ踏み込んで内側からみる感覚に近い。このような主体的環境像を、風景という言葉に託したい。そこに現れる多様な現象の解読が次節の課題である（本章第2節参照）。

第四に、このように風景をかんがえてくると、風景の歴史とは何かという、やっかいな問題がおきる。

その第一は、客観的な環境変化あるいは視覚対象の姿の変遷を記述する景観の歴史。

その第二は、あらたな対象の発見や見方の変遷、あるいは主体的人間による環境解釈の歴史。つまり風景観の歴史である。先に見たように、風景という環境体験が人類史のある時期に発見された歴史的産物であるなら、それが長い歴史の中で転変するのは当然である。たとえば、「冬の美」という日本風景史の最大の発見は、古代王朝の衰退に始まる権力の交代期におこった社会の動顛と人間観の変革期に重なっている。客体としての景観と人間が発見する風景は、交錯しながら現前する。

A・コルバンによれば、風景とは様々な主体的解釈（lectures）の錯綜体として変遷し、「ある時代に美しいとされた風景が、別の時代には醜いとみなされる」ことは先にも紹介した。その逆に西欧社会にあっては、嫌悪と恐怖の対象にすぎなかった山岳や海辺が、健康や保養の「効用」に始まり、やがて十九世紀になってから「美しい風景」に変貌したとされる[9]。

ともかく、環境のなかに投錨した人間の風景感覚は、自然現象ではない。人間という生命体が身を挺して開拓した主体的環世界（Umwelt）である。それもまた、文明の風向きしだいで豹変するだろう。ルネサンス期に産まれた脱農者の風景が古典となるにつれ、情報化の今、脱工者の風景が産声をあげている。だが、先人が拓いた風景感覚は、「近代化遺産」として、慈しみたい。

2 風景の諸相——風土の胎内景を探る

風景は、「世界の内を動き、その一部として生きている主体としての人間の存在形式（le mode d'être du sujet）」であり、「それは人間から切り離された客体ではない」（Ervin Strauss）[10]。

人間の存在形式とはまさしく和辻における「人間存在の構造契機」という風土の定義に響き合うだろう。

互いにその内実を限定しあう環境と人間の相即不離なる諸相を探ってみよう。そこで、環境は「生命の気」が遍満する身体場になる。

図 7—2A　高空から見た大地（国土地理院）

図 7—2B　地上の風景、風景の中の「私」（宇治橋からの眺め）

（1）低視点風景の不思議[11]——天・地・人の契り

一つの思考実験をしてみたい。

高空から少しずつ視点を下げて行く（図7―2A・B）。高空から真下に見る大地は天と地の分別もない混沌の相を呈し、時間も空間も未分のまま、泥流のようにのたうつその様相は、人間の大地というよりも「私」から切り離された抽象絵画のようにみえる。

そこから少しずつ視点を下げて、視線が地面へ平行になるにつれ、地表のありさまは劇的にかわる。

鮮やかな地平線が浮き彫りになり、やがてその起伏が川面にうつるだろう。地上に足をおろしたとき現れるのは、くっきりした山の稜線や、天を突くように枝葉を茂らす樹木だ。世界の内側と外側の境界を象徴するようなこの光景は、いわば天と地の契りの様相を、われわれの身体に転写している。その場所に固有の地上風景は、そこに投錨して生きる「私」の身体を中心にした局所的な世界像、すなわち風土のプロフィールである。天動説を思いだすこの懐かしい風景は、コペルニクス以前の時空へ私たちを連れ戻すのだろうか。

この風景のありさまをつらつら眺めてみよう。

その姿は、手前が極端に大きく、「私」を乗せた大地は激しくのたうち、ねじれた地面が折り重ってつくる深い襞はすこぶる見透しが悪い。

自分の手足や鼻先に絡みつくその景色は、見るほどに奇怪で、異様で、醜怪だ。この呪術的な粘着性は迷宮性といってよい。

しかしその様子をよくみれば、少しずつ秩序が見えてくるはずだ。天地《あめつち》の分かれしとき、富士の高嶺が忽然とあらわれたように、風景のうぶ声がきこえてくる。

・深さまたは身体場

まず最初に注意したいのは遠近感である。遠ざかってゆく起伏のさざ波に浮かび上がる、遠い近い、という感覚の起点には「私」がいる。そこから退いてゆく「深さ」(depth)は、物理的距離ではなく「環境」と「私」がそこでたがいにその内実を相待的に規定しあう相即不離の「間《ま》」である。その間合いには、身体の境界を超えて「私」がはみだすのに応えるように、私の身体には環境の痕跡が刻まれる。この相即不離の結縁には生命の精気がみなぎっている。

つまり、地上に投錨した「私」と相即不離の縁を結んだ「環境」、この両者が同時に誕生した。その初々しいすがたが地上の風景である。風土論の領分においてたびたび引用される「間《ま》」という根元語はたびたび引用されるだろう(次項「(2) 身体座の理論」参照)。

・図と地

このような空間の構造化のなかで、もっとも基本的な分節はたとえば、空《そら》という「地《じ》」を背景に浮き出る山という「図」の現れである。あるいは、塔、家、橋、道、塀、樹木など、ぼんやりした「地」(ground)から浮きでた「形」(figure、ゲシュタルト)という構造体である。「図」在って「地」あり、「地」在って「図」あり、両者は相まってはじめて存在しうる相即不離の関係にある。

しかし、複雑な環境像として現前する「図―地」の複合体（風景的ゲシュタルト）は生き物のように変幻自在に生滅する。[12]

・相貌性と半図像性

こうして高空から見た混沌の相は、地上へ降りてゆたかな生命的な次元へ移るのだが、その図―地という分節秩序のなかに、ある種の相貌らしきものがあらわれてくる、くっきりした横顔を見せる山、特に上古から崇められた修験の名峰はただの形ではなく、神格化された相貌を以って現れるのである（本節（4）参照）。

ところで、『枕草子』の冒頭、「春はあけぼの、やうやう白くなりゆく山ぎは」と言い「秋は夕ぐれ、夕日のさして、山の端いと近うなりたるに……」、あるいは「夕日はなやかにさして山ぎわの梢あらわなるに……」（『源氏』「薄雲」）と書き留めた上古のひとびとは、山の稜線で接する山際と山の端を区別していた。[13] 天地の境を見つめる始元的な感覚のするどさにおどろくしかない。このとき稜線のえがく図像は意味的反転性を示す、といえる。

ところがこのとき、天空の稜線からはるか下にひろがる裾野は水や森のなかに、茫として消えてしまう。したがって山は自足的に閉じた図形ではなく、半図像的な性質を持ち、上半分はしっかりした「図」像でありながら裾の半分は「地」のなかに霞んでいる。同じく、山際という意識もまた自足せず、その上端は、天空にとけこんでしまう。この未然形の「図」こそは、視覚世界の孕む朧態である。言葉はそれを捕捉する。

図 7—3A　借景の原理（齋藤潮氏による）

図 7—3B　借景の原理（円通寺方丈庭園。山田圭二郎氏提供）

・絵画的構図性

そのようにあるていど図像化した要素の群れが、選ばれた視点から見たときにうまく整理され、「絵画的な構図」をなすように構造化する技術がランドスケープデザイン、あるいは造園術である。そのとき、地理的に何の関係もない遠い名山と私邸の松が構図のなかで結ばれる。因果関係のない二つの景物が新たな価値を産むように「縁《えん》」を結ぶのだ（図7―3A・B）。このとき、ひろく世に知れた名山は、主人好みの松や庭石をそえられて、カスタマイズされる。すなわち、この借景において、名山という社会性と、個人の好みとが、地理的構造を超えて結ばれる。第6章で紹介した、陶潜の庭に招かれた南山は、菊をそえられて詩人の客となった。

しかし、幾重にも折りたたまれた空間の襞、錯綜した見通し、断片化した景物、不連続なムラ（物陰／遠望）などを、こざっぱりと絵画的に整理するだけが風景術であろうか。すっきりした「絵画的構図性」は近代の景観理念として捨てがたい魅力をもつが、それは外側から風景を見たいわば括弧づきの環境像といえる。

大地に根を下ろして生きる人間の「生の投錨形式」としての風景とは、人間の身体である風土の内側からの眺めでもある。視覚の篝火に頼りながらも、この胎内的な触覚の記憶をさらに辿ってみよう。そこには、われわれが失ってはならぬもの、生命力の根元としての「元気」が満ちている。この風土資産を未来へ継承できるか？　確かに現代人は風景に試されている。

・二項対立と言語

さて最後に、いま一度、環境をつらつら眺めてみよう。

山がみえる、高々と伸びる枝葉が風にそよぐ、姿の良い家並み……、これらの視覚的な姿や形だけではない。

右と左、高と低、前と後、鉛直と水平（山と水面のように）、凹と凸、内と外、表と裏などなど、視点が低くなるほど、空間体験が二項の対比として浮き出ている。さきに述べた「図」と「地」はその典型である。

言葉にならない混沌とした世界からうまれたこの分節秩序（articulation）は言語の示差的構造への入り口である。たとえば、ゆったりした起伏のつづく京都の東山の姿は、三六座の山体に分節し、名づけられている。この雅びた記号システムは、京の風土共同体が育てた言語秩序である。(14)

言語といえば、地名をちりばめた地表面の分節だけでなく、さらに茫洋とした雨、風、雪など大気の様相も微妙に言分けされる。細かく言葉によって分節された季節の風韻は本章第3節「風物の領分」の課題である。

ここでは、風景的秩序が視覚的分節と記号的分節の二面性をもっていることを記憶に留めよう。

（2）身体座の理論——身体と場の双対的《そうついてき》一元性《いちげんせい》

低い視点から眺めた二項対立的な分節構造のなかで、もっとも基本的な分節は遠／近の感覚であった。自分から遠のいてゆく地表面の肌理の漸変や、不連続な断絶を観察したGibsonは、この

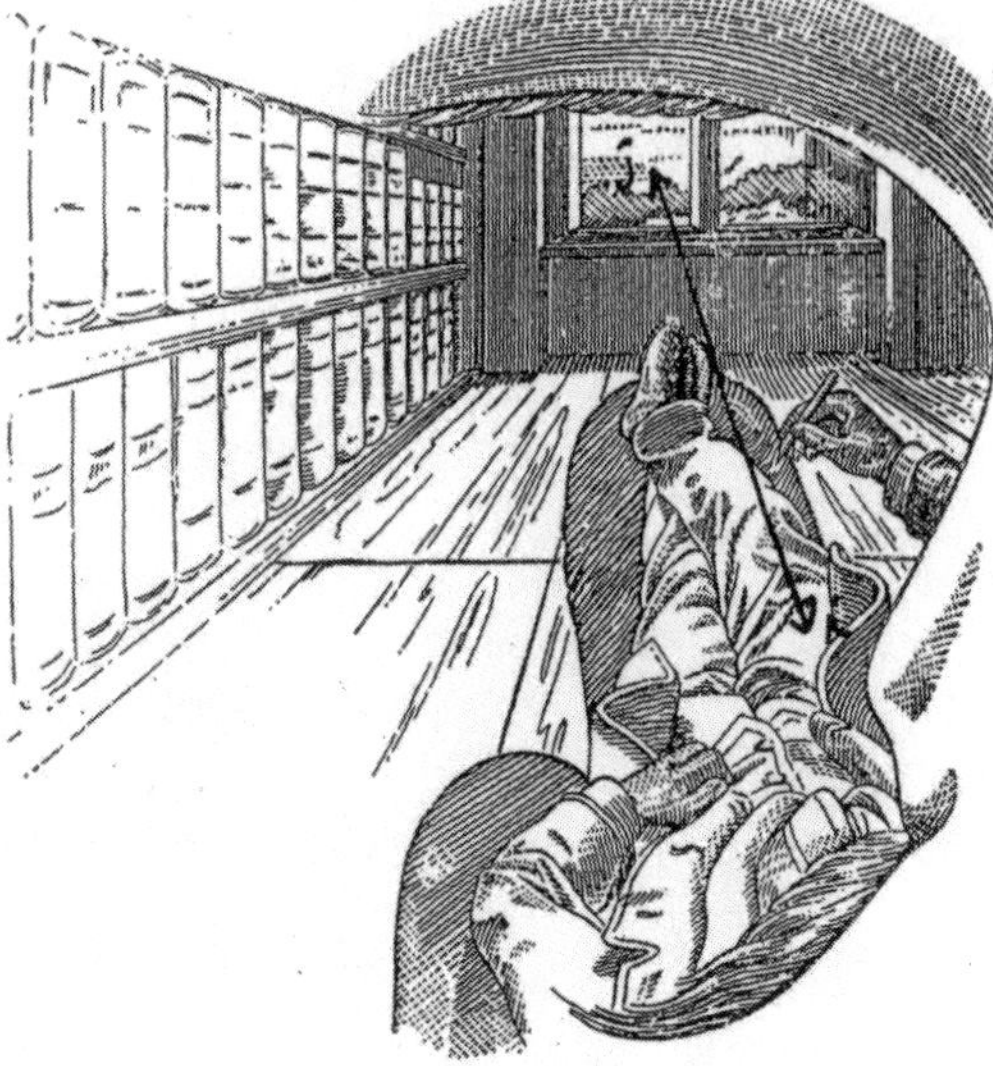

図7—4　人間の視野 E. Mach（J. J. Gibson 本章注（15）文献から転載）

遠近感を深さ（Depth）となづけたことは先に述べた[15]。距離と言わず「深さ」と呼ぶのはそこに、自分の身体の可能的拡張が暗示されるからであろう。つまり、視野の周辺部に見えている自分の身体像の輪郭で生じる見えの断絶は、この遠近感の基底に「彼方」と「私の身体」とが相即不離の間柄にあることを示している（図7—4）。この対比によって、遠方の環境への「私」の転写が暗示され、「私」には環境が転写される。「環境」と「私」は、こうして互いに限定しあいながら、生成する。こういってもまだ、この絵にはなにか不思議の感がぬぐえない。つまり、「私」が見る視覚世界のなかに、ほかならぬ「私」の身体が入り込んでいるという事実。その意味するところは、両者の相即不離である。つまり、身体と環境は、単独では存在し得ず一対になってはじめて間柄的にそれぞれの意味を生じるので、二つながら一つといえる。このように「私」という主体的身体と結ばれた環境を「場」とよぼう。相待的な相即不離として現れるこの身体／場の関係を双対的一元性とよびたい。この関係は磁石と磁場の関係に似ている。

さて山並みのシルエットが天地の契りに華やぎをそえるなら、「私」の身体と大地の風景的対話は地と人の身体的結縁の証しである。

・身体座あるいは「寄る辺」

このような身体／場という双対的一元性を、さらに補強し、現実感をもたせるのは、身体近傍の空間の働きである。もう一度、E・マッハの図7―4を参照しよう。(16)

この不思議な絵は、視覚世界における身体近傍空間の重要性をよく示している。人間の生活空間においては、しばしば室内や、庭園のような囲まれた場所に身をおき、そこから遠方の空間を眺めることがおおい。このとき、身体を包むマントのように感覚される近傍の場所は、空間に投錨する「私」がわが身を寄せる身体座と呼ばれてよい。縁先に借景庭を眺める縁側はその典型である。身体座は身を寄せる木陰であったり、橋の高欄なども我が身の「寄る辺」である（図7―2B）。そもそも自分の身体とは、いわば最小の身体座であり「自我の寄る辺」と呼ばれてよい。景観工学ではそれを「視点場」と呼びならわし、景観デザインの契機になっている。(17)

琵琶湖のほとりの幻住庵に仮寓した芭蕉は、亭々とそびえる椎の木立に身の平安をたくした。

まずたのむ椎の木もあり夏木立　　芭蕉

椎の木陰の幻住庵という身体座は、先に紹介したユクスキュル的「環世界（Umwelt）」（第6章第2節（2）参照）へ人を誘う入り口である。この庵から眺める遠方の場へ身体投影を促すのは、「点景」である。それは、人物をはじめ、見晴らしの良い東屋、橋や木陰など、「作用像」の手がかりになる風物を綴りあわせながら伸びてゆく道の存在である。日本の回遊庭園で愛用されるこのような点景の群れは、文人画に現れる「臥遊」という水墨風景画の得意技でもあったが、実空間においても有効といえる。臥遊とは座敷に寝転び、床に飾った山水画の景物をたどって物見遊山する風雅を指す言葉であろう[18]。

ところで、建築史家の伊藤ていじ氏に教わったことだが、庭職人は山を借景すると言わずに山を「生け捕る」というそうだ。遥かなる山が庭や座敷という身体座へ生け捕られたとき、環境は身体座という小宇宙へ呑み込まれ、肉化されるのだ（図7―3B）。

山も庭も動きいるるや夏ざしき　　芭蕉

ユクスキュルの「環世界」が、環境へ拡張する身体なら、座敷にすわる芭蕉の身体は環境を呑み込んだ。身体座は環境と「私」の身体の相即不離の関係を具象化するデザインといえる。

このように身体と交情し、受肉した環境を産んだ風景は、両面をもっている。第一は、環境という場へ拡散し「環世界」を編んでゆく「私」の投影。ちょうど蜘蛛が自分の吹き出した体液の糸をもって、木の枝に己の巣を編むような環境、あるいは「臥遊」する「私」が紡ぐ環境である。このような。ユクスキュル的な「環世界」は「可能的行動の場」としての空間というベルクソンの考えに重なっていく[20]。

第二は、芭蕉の、座敷へ動き入ってくる環境である。この第二形式は次項の話題に重なるであろう。

いずれもたがいにその内実を限定しあう環境と人間の相即不離なあり方を証明する風景の好例といえる。風景は見る人の力量に応じた意味と価値をさし出すのだ。風景に何を見るかが、いま試されている。

引きつづき、いろいろな見方を試してみよう。

(3) 名山に照らされる自己——相貌的知覚

環境を見る「私」がいつしか、環境に照らされている、そのような「私」を語りたい。

松の木陰にうずまる草屋根に身をよせ、一人の隠者が明窓浄机にむかって読書している(図7—5A・B)。『日本名山図会』「伊吹山」の一幅である。おなじ隠者といっても悠然として南山を仰ぐ

図 7―5A **「伊吹山」**（『日本名山図会』による）

図 7―5B **「伊吹山」**（同上、部分）

陶潜とちがい、背中に照射される「孤山の徳」を感じながら書見する伊吹の隠者の姿は謎めいている。彼は「場所の光に照らし出されて」生きているのだ。伊吹山といえば、過ぎ行く夏、「奥の細道」をたどって大垣にたどり着き、そのまま冬ごもりした芭蕉の名句をおもいだす。

其のままよ月もたのまじ伊吹山

「花にもよらず、雪にもよらず、只これ孤山の徳あり」と前置きしている。さすがに名山である。たしかに、富士山のように太古より崇められてきた霊山を仰ぎ見る場所や、古い町並みを歩いていると、ふと背中に何者かの霊気めいた視線を感じることがある。このとき、私は風景を見るのではなく、逆に他者に見詰められる。すると何かを眺める私の自意識は退いて、『正法眼蔵』に言うような「万象に証せられる自己」とでもいうべき受動態の自己が眼をさます。

かつて、私は井上靖氏のエッセーをひいて、このように書いたことがある。

「(故郷の)富士の視野のなかに置くと……私という人間の背負う人生も、小さく、小さくなったが、その反面、生気をおびたものになった」

富士に見られているという、ただそれだけのことで「幽かに濡れ光ったものになった」我とは、まさにブーバーの「汝」に照らされた自分であろう。このとき、名山・富士と相即不離に結ばれた「私」は、濡れ光りながら別の自分へ変容してゆくようである。禅者のいう「無相の自己」へ通じてゆくのであろうか？　一座の名山にはこれだけの後光がさしている。

伊吹山、富士山……。列島の風土圏において、誰もが知る名山として認知され、あがめられる集団表象[21]ならではの霊力か。

ギブソンやユクスキュルなどの理論にあっては、空間の姿と、主体の可能的所作のあいだに或る程度の形態的応答性があり、したがっていくぶんかの因果関係がのこっている。ところが「場所の光に照射される身体」においては、場所と身体の関係は、まったく非因果的であり、縁起的に風景は立ち現れる。

このような縁起の法によって山と人間がいわば間柄的存在になるには、両者がほどよい「間あい」を保たねばならない。遠すぎればその姿は弱くなるし、近過ぎればその風貌は視野をはみだして散漫になるだろう。両者の「間あい」によって山の姿は超越者としての「相貌的」な調子をおびてくるのだ。このような相貌的な体験は、ブーバーがいうような「生得の汝」の感覚に近いのではないだろうか[22]。

「わたくしが汝と出会うのは、汝が私に向かいよってくるからである。……この関係とは選ばれることであると同時に選ぶことであり、受動（Passion）であると同時に能動（Aktion）である」（ブーバー[23]）という。

これに関係することだが、そもそも始元空間の距離感は対人感覚から生まれたとする説もある（和辻説）。このような、「生得の汝」の感覚は、大乗仏教思想の真如感覚と極めて近いのではないか。

さらにまたベルクソンはいう。「自然が何かしらの意図をもって迫ってくる」感覚とは、「世界の意味を無に帰する知性の誕生とともに、生きる勇気をそがれる危険に直面した人間に対し、間髪を入れずに自然が与えた補償的機能」にその起源があるのだ。

なお、操作的な主体性が紡ぎ出すユクスキュルの「環世界」の意味論においても、相貌的知覚を認めていることを確認しておこう[24]。

ここに、内実をたがいに限定しあう環境と人間の相即不離なあり方、という風土論の基本テーゼの妥当性が示された。

（4）時空の迷宮——ヘテロトピアの愉楽

——風景はあたかも拷問のように湧いてくる、激しい夕立のように……　E・ストラウス[25]

地上風景の諸相に析出してきた「私」と環境の相即不離の関係は、目くるめく迷宮性をもって迫ってくる。

この特徴を一層うながすのは、視点の移動である。

静止視点を前提とする西欧の絵画とちがい、列島文明圏の風景は、回遊と巡りという実生活を生きた。日本の回遊庭園を「運動の視覚化」と評した伊藤ていじ氏の日本デザイン論に敬意をあらわしながら、庭園から国土へと問題を広げてみよう[26]。

私は、かつて『日光山志』をとりあげて、天平期に遡る信仰の山ならではの迷宮山河の愉楽について考えたことがあった[27]。回遊する視線の戯れが産むこの時空の迷宮の岩肌には、詩歌や地名など無数の言葉の蔦がからみついている。

しかし、この化け物めいた時空の迷宮性は山岳に限らず、地上風景の性質そのものである。視点を下げて行く思考実験を思い出して欲しい。天空から地上へ降りてゆくにつれ、山や谷、樹木や家々によって視界は狭窄し、分断され、折りたたまれた地形の襞は、薄暗い迷宮の様相をみせながら、移動する視線と戯れるように崩壊と再生を繰り返すであろう。

風景の輻輳ぶりはそれだけではない。遠くにある名山の名が近くの丘へ転写される。加賀の名山がいきなり江戸のなかへ挿入され、霊験あらたかな比叡山や琵琶湖が、都市・江戸の丘や沼に見立てられ、はるかな山の名が坂の名に借用されるだろう。見立て山水についてはすでに紹介したとおりなので繰り返さないが（第3章第3節参照）、風土をつくる歴史的場所性という一度限りの場所が、あちこちの場所へ唐突に移植され、増殖する。山の名という言葉の播種によって、ただの野くれ山くれに、はるかなる名山の神韻がふき込まれる。神の勧請というこの魔術的レトリックは、地上風景の輻輳ぶりに、いよいよつむじ風のような迷宮性をあたえることになった。

これにくわえて、迷宮めいた風土を味読するために発達したのが、回遊という方法であった。あたかも分厚い絵入りの書物をひもとくように、人々は都市を巡り、画家もまたそれに習った。三十三観音霊場巡礼、東都観音巡り、七福神巡り、「富嶽三十六景」……などなど札所巡礼の例は枚挙に暇がない（第2章第5節参照）。おもえば、多くの絵巻物の系譜はもちろん、「鳥獣戯画」「山水長巻」「洛中洛外図」「江戸一目図屏風」から現代のアニメにいたるまで、我々の空間体験は、動きのなかにあった。それは、氷結し空間化した時間を解凍して、その初々しい息吹と戯れる儀式のようだ。

巡りという呪術的な身振りは、地理的空間ばかりか、季節という時間の円環においても繰り返された。巡る季節の移り変わりのなかで、朝な夕な光を浴びる富士とたわむれてみよう。地平の彼方にいつも鎮座する富士にいっそうの興をそえる近景の風物は、進むにつれて次々に入れ替わる、その添景は、寒風にまう凧であったり、強風に編笠を飛ばされる旅人であったり、あるいはまた、波間にのみこまれそうな小舟であったりする。視点の空間的移動と季節の巡りにつれて、富士と隠れんぼでもするような戯れのうちに、高楼からみはらす富士はたちまち変身し、橋の下の水面から面目を一新した富士がひょいと顔を出す。こうして地理的構造は解体され、春夏秋冬を巡る円環的時間もまた、散りぢりになって春秋双彩の舞いを演じるのだ。富士との戯れが次々に風景を生成し、人々は、身も心も洗い直され覚醒する。

回遊という行為は、受け身の鑑賞ではない。それは、次々に更新される風物の組み合わせによる意味の生産であり、「増殖的な読み取り」である[28]。こうして、あてがわれた風景の消費を超えた風景生産の次元が開かれる。もしこの回遊を、食い道楽のグループで楽しむなら、四季の珍味をそえた土地の風合いはメンバーで共有され、かれらの絆はいっそう強まるであろう。そのむかし、人々を熱狂させた富士講のような風土共同体の観光はその好例である。

このような意味において、もはや都市は、くっきりした輪郭をもつモノの積み木ではなく、精気を帯び、乱舞する場の状況に近づく。

このような都市の見方は、解釈学的文明史の名手M・フーコー（Michel Foucault, 1926-84）が提唱したヘテロトピア(29)という概念にわれわれを誘うだろう。異相態の都市とでもいうべきか。均質で退屈な機能主義的な都市観へのアンチテーゼといえる。

およそ多くの人間が長い間に積み上げた風土としての名都は、みなヘテロトピア錯綜態といってよい。しかしどのような凡庸な都市も、回遊や巡りが生成する時空の戯れに身をまかせれば、ヘテロトープの愉楽は約束されるだろう。そのとき、風景は「見分け」「触れ分け」「言分け」という複合解読術の助けをかりながら、静観の美学から遊相の詩学へ相転移するに相違ない(30)。

ヘテロトピアという異界には至るところに過去へ通じる洞窟があって、回遊者はそこへ迷い込む歓びを味わう。こうして、透視図法というルネサンスの呪縛から解き放たれ、都市と戯れる「私」は、生成する風土という時空の快楽に浸ってゆく。この錯綜した漫遊体験は他でもない「ハイパーテクスト」によって記述される迷宮の快楽に似ている。

都市・江戸というヘテロトピア錯綜態の息づかいに耳をすますと、そこに湧き出た遊相態の気配が東京まで吹き込んでいるのを覚えないであろうか。

天空から降下して地上に着床し、人間の「生の投錨形式」としての風景をつぶさに検討した我々は、さらに回遊という呪術的身振りにより、めくるめく迷宮体験の秘儀をへて、「風土」の胎内へ招かれた。「環境」という母胎に着床した「人間」は、いまや両者の境いを越えた相即不離の境地に達した。そこに風土は在る。それは、「生命の気」が充ちる身体場と言ってよい。それは、現象性と記号性のカクテルである。

さて、この迷宮のような胎内をかえりみれば、その芝居の舞台のような大場面のなかに、なにやら綺羅星のようにかがやく妖精めいた役者がおどっている。季節の化身のように……。月、小鳥、凧、風鈴、初鰹、初雪、花……風土のかけらともいうべきこれらの「風物」とはなんだろう。節をあらためて仔細に検討してみたい。

3　風物の領分——受肉した「気」のデザイン

(1)　風土を活性化する風物——風土の資産目録

和辻風土論には、「風景」という語は見えない。わずか三回ほどページの隅に隠れている「景観」もその位置づけは、曖昧である。和辻にとって、主観の妄想でも心理現象でもなく、れっきとした「外に出ている存在」(existere) であるべき風土の内実はなんであったか。さらにまた、個人性と社会性の二面性によって定義される間柄的人間によく対応できる外在物は何か。

図7—6　晩春の風物「鯉のぼり」（古河公方公園。野中健二氏提供）

それが「風物」である。和辻風土論には風物という語はみあたらないが、「風土的形象」は、おおむね風物とよばれて良い[31]。

固定視点ゆえの心理性と個人性の強い風景は風土論の要請に十分に対応できないが、言語で規定される風物は、個人的な愛着や賞味に答えながら、同時に社会性の高い符号としてコード化され、貨幣のように、または言語のように流通する外在的な記号体である。

たとえば、夏の風物といえば朝顔、夕立ち、ひぐらしの声、虫の音、蛍、浴衣、西瓜、土用うなぎ、涼をよぶやり水など……かならず詩的な言語で規定されるこれらの風土的形象は手にとってその匂いを嗅いだり、音をきいたり、味覚すら楽しめる「外に出た存在」として、個人の身近にありながらその言葉において社会的である（**図7—6**）。風景は食えぬが、旬の風物は食える。風土の精気を受肉するもの……それが風物である。

家族の食卓を賑わし、仲間の宴会で賞味される旬の料理は、たしかに皆で分かち合う物語性をおびた風物である、こうして風物は、個人と社会の双方に跨った間柄的人間の自己了解を保証するのだ。

風景画の枠から飛び出した風物は、妖精のように人々の座辺に戯れる風土のかけらである。「人間の身体である風土」の胎内景としての風景がいわば舞台装置なら、風物はそこで生き生きと演技し朗詠する役者であろう。その諸相をつぶさに見つめてみよう。

(2) 風物の諸相——時間の断片

①場の気配と生きている時間

青空がぐんぐんと引く凧の糸　　寺山修司（一九三五—八三）

凧糸の先の青い空の弾力、そこに烈風が吹きすさぶ荒々しい時間が流れている、凧という初春の風物がもたらす力強く呪術的な気迫をいいとめた名句だ。

あるいは風鈴の音。わずかに揺れる秋の気配は、風鈴という受信装置によって捕捉され、増幅されて宇宙の鼓動を人々につたえることができる。深い宇宙から運ばれるその信号は、空間に漂う時間の匂いを乗せている。それは、いわゆる歴史遺産のような、あるいは時計の文字盤に刻まれた時間の痕跡ではない。風物は、今ここに揺れる清々しい時間の息吹と鼓動を運ぶ。

梅一輪、一輪ほどの暖かさ　　服部嵐雪

一輪の梅の花もまた可憐な花びらで受信した宇宙の鼓動をかすかな匂いに変調して詩人につたえる。

極小の風物に宇宙の波動を受信した詩人たちは、その暗号を解読し言語化して人々につたえ、風土を編んでゆく。詩人は風土を現前させる霊媒師である。

春風や鼠のなめる隅田川　　一茶

江戸の春の総体を舐める小動物の舌……

山路きてなにやらゆかしすみれ草　　芭蕉

山襞に咲く小さなすみれが宇宙の息吹を吐く。

ここに硬い構図は失せ、芥子粒のような野草の花びらが宇宙の鼓動を受信している。詩的インフレーションとでもいうべきか。霧散する物質の痕にのこる気配（ambience）という匂いの感覚は、現代の風景デザインにもあらわれている。そこには、石も木もない。野草の大地がはなつ大地の香りだけ[32]。

気迫、精気、生気、気配を運ぶ風物は、空間よりも時間の相において、人間を力づよく揺さぶり覚醒させる。

②構図から「取りあわせ」へ

風景がその絵画的な構図性（空間性）を旗印にするならば、風物はといえば「取りあわせ」が命だ。松竹梅、梅にうぐいす、松に月、雪間の草といったぐあいに、複数の並置によってその価値を自在に生産する。このような風物の結合は、構図的調和にこだわらず、むしろ意味の生産を求めるだろう。古典的な取りあわせを参考にしながら、生活者にいくらかの詩ごころ、アソビごころがあれば、卑俗のなかに新しい雅びはいくらでも産まれるだろう。「目にあおば　山ほととぎす　初がつお」といった「取りあわせ」の新発明を思いおこそう。

風景を意味する山水という言葉は、絵画的構図性より山と水という「取りあわせ」を重んじる。それは絵心が育む構図という空間性よりも、意味生産の「気合い」という時間の緊張から発するであろう。あるいはまた、さまざまな個性の自然石や切石を目利きし、それらを置きあわせておもしろい景色と律動を生み出そうとする庭師は、石と石の間に生まれる一瞬の気合いを見抜く。

このこころの張りは、和楽器の演奏者が平仄をあわせる「気合い」あるいは「間合い」と同じであって、モノの形の「おさまり」という空間の静的結合では説明できない。むしろそれは、ぴちぴちと元気な時間の破裂だ。それに同調するのはこころの張り、つまり生命の「気」が発する力であって、空間的というよりも、時間の次元に属する価値にちがいない。

風景は視点の移動によってその構図がかわるが、「取り合わせ」によって意味を生産する風物は視点に依存しない。空間優先の風景と、時間を生きる風物は、いささか倫を異にするのだ。

③歳時記化

英語の教師を務めていた若き漱石は、英語の「アイラヴユー」を直訳する野暮を諌め、「月が綺麗だね」と訂正したとか……。ことの真偽はともかくよくできた話だ。それぞれが自分の時空を生きている人間はたがいに心を通わせるのに腐心する。ましてや、若い男女が心の機微を伝えるには格別の工夫がいるだろう。「名月」という無双の風物の霊気に誘われた二人は、時空を共有し、縁を結ぶ。

移ろう四季に人生の諸相を重ねる風物の群れは、長い歴史のはてに季語として言語化され、膨大な歳時記にまとめられている。少なくても一万五千語はくだらないだろう(33)。風土の詩魂を体系化した歳時記は「風土資産」の目録といってよい。

このようにコード化された風物は、四季の移ろいを地模様として散らしながら、そこへ人事、芸能、祭礼、食文化、服飾、建築、街並み、園芸造園、などの諸現象をとりいれてゆく。こうして編まれた風物の体系に託して、人々は自己の感情を表現し、個人の人生を社会化しながら風土圏を育ててきた。

まちづくりにたずさわるわれわれが、建築や道などの都市デザインを考えるとき、その範囲を風景から風物へと拡大してはどうであろう。範囲の拡大は、問題を複雑にするだけであろうか。否。むしろデザインの選択肢がひろがり、誰でも参加できるデザインの民主化が起こるに違いない。風物を季語として言語化する俳句の世界には、国民の一〇人に一人が参加する。都市デザインも又、その専門性にこだわらず、雅俗をこえた風物の言葉を頼りに民衆の波間へ降下できるはずだ。

専門家による都市計画が大河小説、風景が私小説なら、風物は俳句のようなものか。涼しげに鳴る風鈴を軒先に吊るし、家々の門辺に朝顔ひと鉢を添えるだけで、わが街並みはその風情を一新する。山沿いのまちなら、崖から滲み出た一筋のせせらぎは、デザイン次第でまちの顔になる。町にそえられた季節の風物は、空間デザインのなかに時間の気配を散らす。気さくで愛想の良いその社交感覚は、ひととひとを結ぶ社会デザインの領域を開くだろう。

たとえその小さな詩魂に大きな風景構図の乱れを糺す力はなくても、路傍の朝顔、赤とんぼの舞いに天地の息づかいを聞く人々は、ひととき心の俗塵を払い落とすに違いない。風物によって、われわれは清々しい「気分」さえも分かちあうのだ。大山高岳、金殿玉楼ばかりを追うべきではない。

創造と鑑賞がとけあう風物は、風土公共圏のデザインを編み上げるといえる。

農耕社会の余韻を秘める日本の風物は、時代の進運に取り残されるきらいがある。古典に過大な負担をかけることは控えねばならないが、たとえその意味が曖昧になっても、古典形式はなるべく放棄しないのがよい。すぐれた形象は、時代とともに読み替えられ、あらたな意味を産む種子であるから。[34]

風物は四季の巡りに関する人間の始原感覚の体系化として、観天望気の系列に属する風土資産ともいえる。

（3）風景の系統発生

空間の詩法といえば風景や漢詩などをおもいだすが、いったい風物の出自はどこに尋ねればよいのだろう。

すでにみたように、ルネサンス期に産声をあげた風景感覚は、やがて透視画法の登場によって絵画的構図としてその姿を固めた。その一方、風景詩もその歩みをつづけたが、西欧世界の風景といえば、やはり絵画的世界であろう。

ところが、東アジア文化圏で西欧世界に先立つこと千年もふるく目覚めた風景感覚は、おもに詩的言語にゆだねられ、したがって構図性よりも、言語表現が優位であった。宋時代の『林泉高致』[35]は独自の遠近構図（三遠の法）を論じているが言語もすてていない。文人画に見るように、絵画的構図のなかに、讃《さん》と称する韻文の墨跡を重ねる。言語性と絵画性は補完的であった。

それでは、しっかりした言語性を持ちながら、けなげな図像のかけらを捨てない風物とは何者か。

風土の裡に芽生えた詩魂は二つの系譜に分かれた。その一は、触覚性と迷宮性を秘めた風土から離陸し、芸術の階段を駆け上った空間性のつよい絵画的風景。

第二の古株は、絵画的風景を横目で眺めながら、季節の循環という時間性の詩的言語の枝を伸ばしていった。

前者は視点と構図性を出発点とし、後者は構図性よりも言葉により世界を分節し、意味と律動を産む。

これら二本の太い枝のあいだにのこされた詩魂の孤児、それが、風物詩の世界を組み上げた。言語性と図像性をもつこの合いの子は、構図よりも「取りあわせ」による意味生産を特徴とし、視覚、触覚、聴覚、嗅覚から味覚まで、五感の全てを動員して世界を摑み取る。

歳時記によって体系化された「季語」という言葉を伴う風物なるものは、絵画系の表象性と言語系風景詩の合いの子である。しかし構図的な全体性をもたず断片的だからといって、風物は絵画系の未熟児でもなく、言語系の私生児でもない。風物のもっとも誇るべき資質は、その象徴的な環境性と言語的社会性によって広く人と環境、人と人を結ぶことだ。こうして風物は、風土の外在性による自己了解という和辻風土論の核心を受け継いでいる。風景は食えないが多くの風物は宴のうちに食える。日常生活のリズムを刻む民衆的な風物は風土の正嫡といってよい。

巡る季節が撒き散らす生滅無常の様相を、言語システムの投網によって捕捉し社会化した風物には、原風景ならぬ身体の原感覚《げんかんかく》とでもいえる古い時空の匂いが遺っている。人間の肉体にきざまれた生命史の遠い記憶の痕跡と局地性を刻印された風物は、人間と環境の分別を解きほどいて、両者を相即不離の境地へ導くだろう。

いささか理屈っぽくなった。口直しに風物の世界をえがいた中勘助の名文を紹介しておく。東京・小石川の屋敷町と坂下の巷に生きていた昭和初期の風物たちの世界。荷風の「狐」が出没した屋敷も近い。

……陰鬱な鐘の音をつげる「閻魔さまのお寺」の縁日の夜。一杯五厘の氷屋、おでん、寿司の屋台、盲いた美しい女乞食の琴歌、……「ほおずき、……ほおずき」……と「ほおずき屋」が呼ぶ。虫籠に入れたクツワムシや松虫の鳴く夜店でもとめた「鉢植えの草花」を軒先において夜露をあてる。屋敷内といえば、「畑を巡る杉垣のくろ」「栗と胡桃の木」「とりたててみどころのない鳳仙花」「杏の花」「すももの花」、雲のように青白い花をさかす「巴旦杏の古い木」……

「それらの花をみるときの子供ごころをなんといおうか。そののち最早再びすることのできない清浄無垢の喜びであった。花にそそのかされて明ける朝は、はやく起き寝巻きのまま、まぶしい目をこすりこすりみると、花や葉に露がちろりとたまって、ビロードのような石竹の花、髭の形した遊蝶花、金盞花（キンセンカ）などいきいきとめざめている。」

夢のような縁日の様子、童話の主人公のように風物と戯れる少年……。無心な子供の身体に着床した精霊たちは、やがて風土になる。原風景とはそれだ[36]。

『銀の匙』の後半、十代後半の年齢に成長したこの作者は、幼少期の夢空間を抜けて、遠近感のある空間構造を書き分けている。巻末解説で和辻氏は前者を「子供の目で見た世界」とこれを激賞している。無垢の風物は人間を覚醒する。ピカソは晩年になって「ようやく子供のように描けるようになった」と言ったそうだが、画家はどこにたどり着いたのか。始元感覚の故郷に違いない。

4　芸能的なるものと「元気」——始元的言語の末裔

天・地・人と交差する間柄的人間が紡ぐ風土の胎内景については第6章でモデル化した素描を試みたが、草庵という感性のフィルターをかけた極小の「胎内景」を披露しよう。

小雨に濡れた椿の路地をぬけ、草庵へにじり入ると、遠い春雷の声が下地窓から洩れてくる。ほの暗い小間のなかで風物と戯れる秘儀がはじまる。床には草ボケと鶉の掛け軸、高麗青磁の香炉。

主人が炉に炭をつぎたし、山海の風味を吹き寄せた懐石料理がふるまわれる。ときおり梅の香。先づけは、いくら醤油漬け、木の芽に筍の和え物、ばい貝と海老の刺身、真鱈の揚げもの、早わらびとわかめ酢の物、塩いわし混ぜご飯、止め椀はいわしのつみれ汁、赤かぶの香のもの……。鈍い光を浴びたおあずけ徳利が客にまわる。主人のこころくばりと静かな会話、濃茶、薄茶……草庵にみちてくる早春の気配。

天・地・人三才が織り上げるこの演劇的空間の中で、招待客と主人が一期一会の宴に興じる。

さきに、風景を舞台、風物を役者にたとえたが、草庵という社交の場において、季節の装いに身を包んだ人物もまた風物であり、風土資産の要であることは疑いない。風土圏に遍満する目に見えぬ「気」は、受肉した風物によって現前する。

確かに衣装をつけた身体は風物である。浮世絵の前景をなす人物は、風景の添景ではなく風物という主題である。たとえば、朝顔市や夕涼み、あるいは虫聞きの行事などの浮世絵をよく見ればすぐにわかることだが、浴衣《ゆかた》に身を包んだ婦人たちの粋な姿は、それ自体がとびきりの風物で、添え物ではない。

四季の衣装をまとった人間が、鳥獣、虫、草木などあらゆる生命の友を連れ添って、季節の「気分」を播種し、風土という場を活性化していく。浮世絵はこのような、列島風土圏の人間観の表出であった。風物としての人間という事実は、まちづくりにとって、忘れてはならないことである。

さてそこで、芸能である、風土のモデルとして、いま取り上げた茶の湯も中世の言葉づかいでは芸能であった。都市論を展開する本書が、第I部で異例なほどにページを割いた芸能とはいったい何か？　室町期の同朋衆が統べた芸能といえば、猿楽能はもとより、田楽、曲舞などの舞台芸術をはじめ、茶の湯、連歌、作庭、立華、香道、座敷飾り、などがつづく。折口説によれば、現代で言えば、野球、庭球さえも芸能になりうる、という。[37] そして、料理、ファッションはおろか、多彩な大道芸やパブリックアートも仲間入りして欲しい。芸能は活物たる人間の気焔により社交の場を演出する。

深い軒下に座して庭を眺めてみよう。すると個性のつよい山や石や岩、そして草木までもが、神さびた山水の姿をまねて神の降臨を誘う呪術的な舞いに見えてくる。原始、庭とは造形であるまえに、山水の精が咲きあう舞い場ではなかったか。

風土という「場」の趣を編集する行為として都市デザインが構想されるなら、芸能的なるものは必須といえる。なぜなら、それは都市という場にみちる生命体の「元気」を、いたずらに散逸させず大地に鎮定させるからだ。

風土場に満ちる「気」の源泉が風物なら、間柄的人間の「私」の身体が演じる芸能の気力こそは、いっそう根元的な「元気」と呼ばれてよい。それは、風景、風物と並び、風土表現の三態を成す。

5 遊相の詩《うた》——風土の詩的生産性

以上に見てきた風土表現の諸相を、振り返りながらまとめておこう。

(1) 気韻生動する場の気配

間《ま》と縁《えん》といえば、これまでも、庭屋一如における縁側、季節と季節の間の揺らぎ、石と石のあいだの気合い、道具のおき合わせ、芸能の合奏における気合いなど、折に触れて語ってきた。第8、9章でも、デザインの具体例に触れるであろう。それらに通奏するのは、気韻が生動する「空《くう》」なる場である。これはすでに朦朧とした「場の気配」という言葉でくくったが(本章第3節参照)、風土の詩的生産性という観点から、すこし、話題を補っておきたい。

物しばし匂うて止みぬ枯野原　田川鳳朗(38)

天保期の俳人・鳳朗《ほうろう》は、床屋俳諧というほどに庶民あげての文芸ブームの時代、頭角をあらわした。

芒として広がる枯野にぽつんと立つ詩人、風雅の彩りは失せ、荒涼とした裸形の時間が流れる、虚空という場の緊張。その昔、枯野見という行事があった。「枯野」は無常という否定態の風物だ。花や月ばかりが風雅の種ではない。乾坤の変に風雅を探る道は、とうとう空無という無常をかたる羽目になった。

湯豆腐やいのちのはてのうすあかり　久保田万太郎（明治二十二―昭和三十八）

夫人をうしなった最晩年の作。湯豆腐の湯気という人生の渋い余白だ。余白といえば、空無の気迫を生きる現代の歌を一首。

この椅子をわたしが立つとそのあとへゆっくり空がかぶさってくる

沖ななも（昭和二十年―）（『衣裳哲学』）

凜とした孤独を照らす青い虚空……。もうひとつ、誰の句か知らないが、

白魚のあとに生まれる心太《ところてん》

今は昔の佃島、春浅い隅田川に遊ぶ白魚が退場すると、涼しげな江戸切子の茶椀に透明なところてんが泳ぎ入る。無常を超えたところに見えた清々しい白い透明が冴え渡り、食い道楽の江戸っ子がそこにいる。

江戸っ子は舌先で詠む風物詩　　詠み人知らず

空無の緊張をつらぬいて、風のように息づく季節の気韻。捕えたと思えばするりと逃げてしまう遊相の詩魂が、この国の風土に棲んでいる……。

人と人の間をむすぶ。

ところでこれまでに手当たり次第に引いた名句の幾つかは、連句の発句である。あるいは和歌にしても、その源流をたずねれば、祭祀か社交の泉へたどりつくはずだ。

中世の上流社会に発しながら、近世にいたり俳諧の連歌として貞門、談林派そして匂い付けの蕉風にいたってなお、座の文芸の伝統はいきていた。寺社の勧進として発句をきそいあう投句の流行をみれば、この国の文芸が根を下ろす民衆的な社交の根は深い。

このきわめてユニークな連句という文芸は、単なる座興におわらず、付けの気合と間合いによって人を結ぶ社交空間を編み上げながら、前へ前へと時間をすすめる集団的創造性を旨としていた。自然と人の結縁をうたう題詠のおおくは、風土論の二軸をふまえている点で和辻理論のモデルのような風土芸といってよい。

個人の創造性を尊ぶ西欧の芸術至上主義を頂上とすれば、連句のような集団芸はその裾野にひろがる限界芸術の世界といえる。

第I部で瞥見したように、日本のすべての芸能が、山野を放浪する賤民に発しながら、やがて貴顕の身辺へ上り詰めたのであった。この関係を、社会的上下関係ではなく、文明の中心と周縁の動的関係と見ることもできる。

(2) 雅俗のたわむれ――周縁と中心のダイナミスム

貴賤のあいだを巡りつなぐ文化対流（第I部参照）を、俗という民衆的周縁と雅という政治中心の緊張として捉え直すこともできる。[39] ところが、列島の風土圏においては、この政治的矛盾は、あろうことか雅俗の戯れという詩的なダイナミクスに変調され、そこに超階級的な風流という詩的境地への道がひらかれた。「雅俗不二」ともよばれるその様相を眺めてみたい。

第I部で紹介したところだが、『江戸芸術論』において、荷風はこう指摘した。「余は江戸演劇を以ていはゆる新しき意味における『芸術』の圏外に置かんことを希望するものなり」と。「新しき意味における芸術の圏外」とは何か。近代文学の花咲くフランスへ渡りながら、帰国してほどなく江戸へ回帰した荷風は、西欧ふうの舶来芸術のどこに惹かれ、また何が気に入らなかったのか。これは、近現代日本の風土性を考える上で避けられぬ論点である。

十九世紀の西欧文明は、産業革命の煤煙のなかを驀進していた。荷風が吐き捨てるようにつぶやいた「芸術の圏外」とは何か？　咳き込むようなスモッグに包まれた至上主義的芸術観への違和感をさすのであろう。産業優先の風潮にあらがって美の牙城を死守しようとする陣営のなかには、美神を崇め、民衆を見下す真面目な芸術家の面々がならんでいた。ところが、未だ産業革命という生真面目な文明の埒外にあった江戸の芸術は、西欧とは逆にアソビの精神をもって「芸術の圏外」を遊泳していたのだ。

この自由な精神は、まさしく、本書の第I部において予告しておいた限界芸術に他ならないのだが、いま、風土の詩学の裡でとくと考えるときがきた。

限界芸術という言葉を提案した鶴見俊輔氏はその三分野を次のように要約している。その研究者として民俗学の柳田国男をあげ、その研究分野はすべて限界芸術だとする、第二の限界芸術の作品としては、「雨ニモマケズ」の宮沢賢治を、そして第三に評論家として李朝陶磁の民藝美に刮目した柳宗悦をあげている。なにしろお座敷小唄まで写しこむ広角レンズをかかえた鶴見氏は、戦前の米国留学で接したデューイ（J. Dewey, 1859-1952）やリード（H. E. Read, 1893-1968）のモダンアート論の影響下にあった思想家であった。

凹凸のおおい名調子で「民の美」を語った柳宗悦は、ある日、「大無量寿経」の経文をたどりながら「無有好醜《むうこうじゅ》」の四文字の電撃に打たれ、眼が醒めた、という。[40] 美醜を超えた悟りの境地がそこにひらけた。民藝の誕生である。

天台本覚思想に発するとされる山川草木悉皆成仏という言葉は、人間と環境は切っても切れない相即不離であるという達観の吐露であろうが、虫愛ずる姫君につうじるこの思想にとって自然は美しいか？　否、それは「水魅山妖」とも表現される美と醜のカクテルである。そこに、「自然に優しい」で済まされぬアニミズム的風土観の苦味がある。それは雅俗を同根とする反語的詩情につうじるこころではないか。こんな思いで近世の画壇を見回せば、たちまち若冲に出会うであろう（第2章第4節参照）。

京洛の錦市場を切りもりする八百屋の主人が、やむにやまれぬ道楽の果てに切り開いた限界芸術がここにある。それは、「風流ならざる、すなわち風流」と大燈国師が喝破したあの雅俗不二の世界だ。

雅俗不二から風流への道は近い。『陰翳礼讃』のなかで風流について、谷崎さんはこう述べる。少し長くなるが、耳を傾けてみよう。[41]

「総べてのものを詩化してしまう我等の祖先は、住宅中で何処よりも不潔であるべき場所を、却って、雅致のある場所に変え、花鳥風月と結び付けて、なつかしい連想の中へ包むようにした。これを西洋人が頭から不浄扱いにし、公衆の前で口にすることをさえ忌むのに比べれば、我等の方が遥かに賢明であり、真に風雅の骨髄を得ている。強いて缺点を云うならば、母屋から離れているために、夜中に通うには便利が悪く、冬は殊に風邪を引く憂いがあることだけれども、『風流は寒きものなり』と云う斎藤緑雨の言の如く、あゝ云う場所は外気と同じ冷たさの方が気持がよい。……

支那に『手沢《しゅたく》』と云う言葉があり、日本に『なれ』と云う言葉があるのは、長い年月の間に、人の手が触って、一つ所をつる〳〵撫でているうちに、自然と脂が沁み込んで来るようになる、そのつやを云うのだろうから、云い換えれば手垢に違いない。とにかくわれ〳〵の喜ぶ『雅致』と云うものの中には幾分の不潔、かつ非衛生的分子があることは否まれない。西洋人は垢を根こそぎ発き立てて取り除こうとするのに反し、東洋人はそれを大切に保存して、そのまゝ美化する」

そうであるならば、「風流は寒きもの」であると同時に、「むさきものなり」と言い切る。

いったいこの風流とは何者か。自然に対する屈折した感情を示す風雅の骨髄とは何か？　いささか黴くさく、完成よりも不完全のなかに生命の艶をみる、この不純主義の言葉が気になってきた。

（3）風流という生き方——無常というラジカリスム

このように見てくると、どうも日本風土圏においては、雅俗一如、自他一如、美醜不二、身土不二など、中世以来、世界を二相に分別しない無相の文明化プロセスを手放さなかったようだ。雅俗の戯れ[42]というか、こだわらず風のように舞いあそぶ風流という美意識、アソビの創造力をはらんだこの遊相態の文明相を西欧文明が失って久しい。

先にも引用したホイジンガは遊びについてこう述べる。

「遊びは何かイメージを心のなかで操る事から始まるのであり、つまり、現実を、いきいきと活動している生の各種の形式に置き換え、その置換作用によって一種現実の形象化を行い、現実のイメージを生み出すということが、遊びの基礎になっている……」[43]。

なかなか気むずかしい言い回しだが、たとえば、生と死の間《ま》あいにて、限りなく変幻する人間生活の実相を、いきいきした自然の姿に置き換えて表現する風流という方法は好例であろう。それは「見立て」と言ってもいい。前田愛氏は手ぬぐい一本の被り方で人物、身分、職能を表現する「自在な意味作用」についてアソビの真髄を見ている[44]。

日本のあらゆる地方的風土圏を貫く精気というか、根元の「気」の正体を見極めようとして、縷々、言葉をかさねながら、いっこうに埒があかないが、とりあえずこの虚実の戯れに「風」という符号を重ねておこう。

ともかく美醜と雅俗が交錯して遊び戯れ、生成流転してゆく生命の潑剌とその形象表現をわれわれは風流と言い慣わしてきた。それは固結した美意識をきらい、虚実の間を舞いながら、生滅無常の場の気配を追いかけてきたようにおもえる。

風流における、「風」とは、自然が孕む生命的なエネルギー、すなわち「気」の喩えだ、と解してみよう。みずからの殻を破り、ふわふわと変身する気力が日本のアメニティを産んできた。それは、形を超えた人の生きかたでもあった。

ところで数寄屋といえば、いかにも、粗末な山家ふうの構えを思い浮かべるが、近くによってその細部に目をはしらせると状況は一変する。刻んだ藁を無造作に散らした荒壁は、あたかも枯葉の舞う庭おもての様子になり、そこに開いた窓からは四季の彩りが吹きこんでくる。ところが、化粧屋根裏にくまれた矢竹やよしずの厳しい寸法やおさまりを目にすれば、思わず襟をただす気分になってしまう。

数奇屋の構えは矛盾態の造形である。文芸評論家、栗田勇氏によれば、「自然と対峙しながら、その矛盾を生きていく日本人の決意がうみだした、ぎりぎりの美しい姿」であり、「ひとつの生き方にまで昇華されていく」のである(45)。

野卑と上品、放埒と厳格の矛盾はいつしかのりこえられ、そこに陽炎のように風雅の妖気が立ち込めるのだ。野生と雅びの相克、ああでもない、こうでもないの末にたどり着いたこの矛盾態の風韻、その解脱した姿に人は戦慄する。幻術めいたその虚実の駆け引きは、限りない雅俗の戯れである。風流という日本語が中世の初期から江戸期に至るまで、たゆまずに辿った矛盾態のアソビごころが、ここに結晶している。

このような雅俗一如の風体は、自在に変身するゆえに、なかなか一筋縄では括れない曲者であるが、それゆえにこそ「風」であり、そこに未来を望む契機があるだろう。ともかくそれは、文明の裾野において、自然と交わると見えながらたちまち反転する。激しくもみあう野生と文明が、言葉による限定を拒みながら、風のように時代を超えて舞う。人間と自然が演じる、この厳しい愛憎劇の舞台裏には、両者を貫く天台本覚の詩魂が棲んでいるだろう。

風流のはじめや奥の田植歌

奥の細道の入り口で、田あそびの神事を見た近世の詩人は、遠来の神を招き豊穣を請い願う遠い昔の田楽の響きを聴いたであろう。「田遊び」という神事に芽生えた田植え唄は風流《ふりゅう》の原点であった。虚にいて実をおこなうこの詩人は霊媒師のように中世の埋み火を蘇らせた。

風流の源流にちかい田楽の起源について大江匡房の『洛陽田楽記』には、「初めは田舎の人々が行い、やがて公家に及んだ」(「初め閭理よりして、公卿に及ぶ」)と見えるという。ともかく風流なるもの、それは平安時代半ばから近世末まで続いた庶民による文化運動と考えてよい。

折口氏によると、田遊びのアソビという動作は神をむかえ、自然の霊気をその場所や身体に鎮定させる「鎮魂の動作」である。それが田植え唄となって豊作を祈る。風土に充ちる生命的エネルギーである「気」を捕捉し、鎮定したいという呪術的願望から、風流という美意識が芽吹いてくるのか。そうを思ったりする。[46]

このような日本の基層文化[47]から芽生えた風流という風土思想は、「風流ならざるすなわち風流」と大燈国師が喝破したように、絶えざる自己否定によって転生し、未来を目指す。なぜなら、生命とその無常を知る風流は、死を超えて命の更新を要求するからだ。

生死を超える自然の精気を吸いこむ否定態の美的衝動、それが風流という矛盾態の詩魂を育ててきた。「風神、雷神は凶暴なる力と命をはぐくむ恵みという二つの顔をそなえていた」という栗田氏の指摘は、実に日本人のダイナミックな聖性観につうじるであろう。じっさい、天照もふくめて、列島の神々は、荒御魂《あらみたま》と和御魂《にぎみたま》という両相を具有する。このような矛盾の止揚という聖性観が風流というライフスタイルの深層に流れている。いいかえれば環境と人間の相即不離という超エコロジーの風土思想にとって、貴賤、美醜、善悪、自他、という硬い対立の言葉は解きほぐされ、むしろ雅俗不二、美醜不二、心土一如、心境一如、そして生死もまた不二になる。

いかに、人倫の則を誇るとも、人間はついに死によって沈黙する生物の掟には従わねばならない。この冷厳なニヒリズムを梃子にして起きる詩的な逆転、それが風流である。一定の志向性をもって歴史の金字塔を築こうとする西欧文明の思想。それに対して、あらゆる意味を剝ぎ取られ、ぞっとするような裸形の時間を耐えてつきぬけた先に、静かに訪れる澄み透った感性は、飛花落葉、渓声山色の美に打たれるだろう。それはイノセントな生命感の美である。生と死の矛盾を契機としたこの否定態の風土思想は、環境デザインと人生の思想をついに合体させた。風流とはそれである。生きる目的や意味、進歩、歴史、物語性など生活人の常識を了としながらも、あらゆる装飾性を剝奪された「裸形の時間」（唐木順三）の果てに浮き沈みする「無」の思想を参照すること。乱世を生き抜く捨て身のニヒリズムとして編み出された、この、方法としての無常というラジカルな風土思想は、ついに風流という詩魂に目ざめた。それは、時代をこえて転生する。

西欧にアメニティありて、日本に風流あり、両者相俟って未来を拓こう。

注および風土資料

（1）窪田陽一「景観と風景の概念構成に関する試論」、『埼玉大学工学部紀要』第四六号、二二二頁。

（2）A・ベルク、木岡伸夫訳『風景という知』世界思想社、二〇一一年、五二頁。この著書のなかで、ベルクは風景の条件を要請している。①場所の美しさを歌う文学または地名表現。②観賞用の庭園。③眺望を楽しむ建築の存在。④環境を表現する絵画。⑤「風景」を言い表す単語または語句。⑥「風景」についての明白な反省。

（3）「叙景詩の発生」『折口信夫全集』第一巻、中公文庫、一九七五年、四一九頁。

（4）A・コルバン、小倉孝誠訳『風景と人間』藤原書店、二〇〇二年、一二―二〇頁。

参考文献

1　K・クラーク、佐々木英也訳『風景画論』岩崎美術社、一九六七年。

2　A・コルバン、福井和美訳『浜辺の誕生』藤原書店、一九九二年。

3　P・カンポレージ、中山悦子訳『風景の誕生』筑摩書房、一九九七年。

（5）参考文献　D. Cosgrove, *Social Formation and symbolic landscape*, Croom Helm, 1984. 時代に応じた社会層に

固有の風景形式が発見される。

(6) A. Roger, *Court traité du paysage*, Gallimard, 1997, p. 9. 原文では「自然」は人生 (la vie) となっている。自然に関する生活体験、という意味か。
　参考文献　A・ロジェ、三宅京子訳「風景と環境――その「言分け理論」をめぐって」、『SD』鹿島出版会、一九九五年四月、八二―八七頁。初出 Alain Roger, "Paysage et environnement, pour une théorie de la dissociation," *Autoroute et paysage*, Edition Demi-Cercle, 1994.
　A・ロジェはこれらの著作のなかで、大地に生きる農民には「良い土地」はあったが、「美しい景観」などはなかったと述べている。しかし彼らには、美醜をこえ、恵みと恐怖をともにもたらす「風土」はあったであろう。「美的景観」は、脱農者の生活圏で産まれた。この点は、忘れないようにしよう。ポスト工業社会のいま、「脱工者の風景」を問いたい。(第9章第5節(4)参照)

(7) 英語の landscape の語源は、古英語 landskip や中世オランダ語の landscihp とする説もある。-skip は shape (形) とする説の他、英語の抽象名詞をつくる -ship という説もあり、このばあい、landscape は大地らしさを意味するだろう。friendship (友情) と同じ。ところで、landscihp は本来、土地の形状だけでなく、そこに根をおろした共同体や、人々の生活全体の光景をあらわしていたようで、オランダのブリューゲル (Pieter Bruegel, 1525-69) が描いた労働にいそしむ農民絵などは、その典型といえる。ロイスダールの「純粋に美的」な風景画より一世紀もまえの出来事である。これは、生活者としての生命体とそれをとりまく外部の世界との関係を意味するヘッケルのエコロジー概念にちかいであろう。

(8) 辻村太郎『景観地理学講話』地人書館、一九三七年、一頁。

(9) 参考文献
　1　Serge Briffaud, « Découverte et representation d'un paysage », *Pyrénéss*, Ville de Toulouse ASCODE, pp. 5-25.
　2　P・フランカステル、大島清次訳『絵画と社会』岩崎美術社、一九六八年、第一章。「人類の冒険を中止させたり、逆戻りさせようとすることは不可能である。人類は絶えず、仮構の空間を創造しつづけるのであり、そして芸術家たちは、その空間のなかに彼らの信念や習慣の魅惑的な解釈を投影するのである。造形空間は、外界に対するわれわれの集団的力に応じて常に変形することをやめない。」(二一五頁)

フランカステルの主張は、つまり網膜に投影された図像が、そのまま認識に直結するわけではない、ということだ。科学的と思われている透視図的世界像も、人類史のある段階において、少数者の拓いた先端的ヴィジョンである……一定の歴史的条件下において、その少人数の先覚者の身辺に偶発した環境感が、次第に成長し社会的承認形式に昇華して風景として結晶する。したがって、それは人間自身の身体感覚の転生をふくめた風土的条件の副産物である。

3　木岡伸夫『風景の論理』世界思想社、二〇〇七年。

4　桑子敏雄『風景の哲学』岩波書店、二〇一三年。

5　田路、斉藤、山口編『日本風景史』昭和堂、二〇一五年。

(10) C. Grout, *Le sentiment du monde*, Fédération, 2017, p. 6.

(11) 中村良夫『風景学・実践編』中公新書、二〇〇一年、序章「風景はどのように立ち現れるか」。

参考文献　中村良夫「大地の低視点透視像の景観的特質について」、『土木計画学研究論文集』1、土木学会、一九八四年、一―一〇頁。

(12) 古典ゲシュタルト理論の限界　二項対立的な分節構造の複合体として現前する現実の視覚世界は「地と図」や群化、という実験室的なゲシュタルト法則をこえた、複雑な生成現象であり、視覚世界の分節構造も言語と同じように文化に依存するのではないか、という疑問がのこる。我々の視覚体験は、絶えず躍動する眼球運動の連鎖によって生じる。

参考文献

1　「眼球運動と視覚」(D. Norton, L. Stark, Eye movement and visual perception)『別冊 Scientific American』日本経済新聞社、一九七五年十一月、九八―一〇七頁。「……対象の内的表現つまり記

憶は、断片的な特徴の集合体であり……正確に言えば、要素的特徴の記憶痕跡の集合体」（傍点筆者）とすれば、風景的ゲシュタルトとは緊密で普遍な構造体ではなく、錯綜する断片の生成的編集体ではないか、という疑問がのこる。注視点の継起的連鎖が産む視覚像の体験は、構造的な要約を拒むような動的な生成体であろう。風景的ゲシュタルトは、第一に言語的分節とおなじように、生活する人間がそれぞれの文化圏において、歴史的に獲得した文化的視覚像であり、第二に個体発達の過程で獲得した視覚像は、眼球運動や身体運動の筋肉感覚と結びついているのではないか。視覚は触覚をはらみ、触覚も始元の視覚を備えている。注視点近傍の僅か視角1度しかない鮮明な視力は、周辺へ向けて急速に低下する。しかし、周辺視は、動き、点滅、不規則な形に鋭く反応し、そこへ注視点を招き寄せ、刻々と環境像を改定する。視線はあたかも戯れるように、環境をまさぐるのだ。

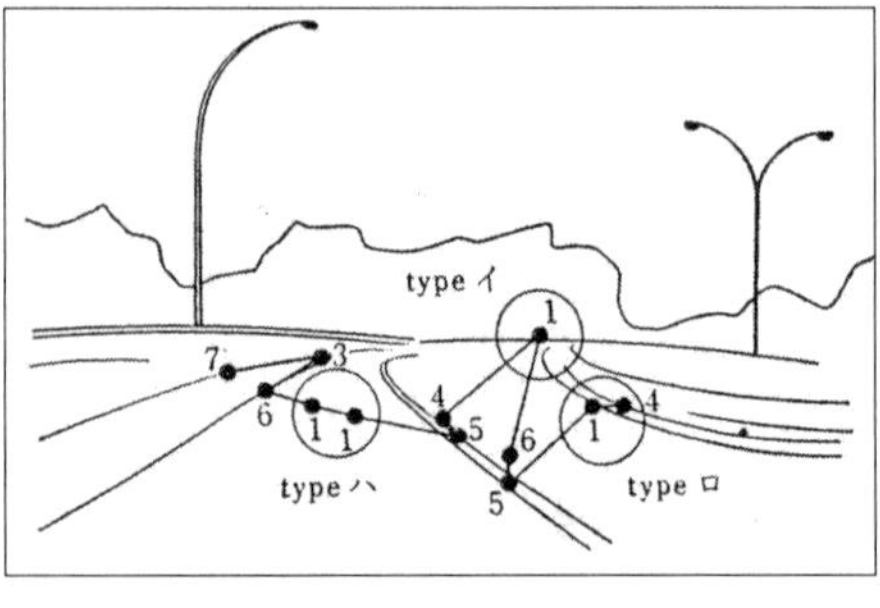

2　鈴木・中村・村田・小笠原「運転者注視点の性質」、『高速道路と自動車』Vol. 9, no. 7、二四—二九頁、図「運転者の注視点分布」。

(13) 池田亀鑑『花鳥風月誌』斎藤書店、一九四七年、一二七頁。「『山ぎは』は山と天と接する部分を天の方からいふのであり、『山の端』は、山と天と接する部分を山を主としていふ」。

(14) 中村、前掲書、九—一二頁。

(15) J. J. Gibson, *Perception of the visual world*, Riverside Press, 1950, chap. 11, meaning に記された「空間の意味」は、後年、『生態学的視覚論』（古崎・辻・村瀬共訳、サイエンス社、一九八五年）のアフォーダンス理論に結実した。

(16) E・マッハ（Ernst W. J. W. Mach, 1838-1916）「超音速飛行物体の衝撃波」「ニュートン古典力学の基礎概念の批判的研究」などで知られる物理学者。感覚生理学にも関心が深く、ゲシュタルト学派に影響をあたえた。現象的自我と称されるこの図解は、視覚世界における、主客の絶対的二元論ではなく、環境と「私」の相対主義、つまり、双対的一元性を暗示している。このようなマッハの反絶対主義は、A・アインシュタインの相対性理論に影響を与えた。（図は Gibson 前掲書から引用）

(17) 景観デザイン研究会編、篠原修監修『景観工学用語辞典』彰国社、一九九八年。

(18) 中村良夫『風景学入門』中公新書、一九八二年、第三章「行動と風景」。

(19) 環世界　第6章第2節でも簡単にふれたが、やや詳しく復唱しておく。

ユクスキュルによれば、「生命体が主体的に作り上げる環世界（Umwelt）は、知覚世界と作用世界が共同で築き上げる……統一体であり、主体的生命はその種におうじた固有の空間と時間を生成する。生命がなければ時間も空間も存在しない」のだ（九―二四頁）。

続けて言う。「たとえて言うならば、あらゆる動物主体は、ちょうど、やっとこが二本の腕で物をはさむように客体をつかんでいる。作用の腕と知覚の腕である。……そうして作用標識は知覚標識を拭い取る。たとえば、普段、椅子の知覚像（Merkbild）はわれわれの座るという作用像（Wirkbild）を重ねるのだが、主体の置かれた状況（主体の気分）によっては、それは、高いところにあって、手の届かぬ物を取るための踏み台というあたらしい作用像というトーン（Kletterton あるいは意味）をもつことになる。つまり、状況におうじて旧いトーンは「拭いとられ」更新されるのだ（傍点は原著者）。これは生物的決定主義を超える重要な指摘である。

さらにまた、「作用のトーンを考えに入れてはじめて、動物の環世界が動物に対して驚嘆すべき偉大な確実性をもつようになる……ある動物がなしうる行為の数だけ、その動物は自分の環世界において対象物を区別することができる」（八五頁）。

そしてまた、「作用像は環世界に投射された動物の行為であり、その行為は作用像によって初めて知覚像に意味を与える」と強調される（八五頁）。

参考文献

1　J・ユクスキュル、G・クリサート著、日高・野田訳『生物から見た世界』思索社、一九七三年。

2　J・ホフマイヤー『生命記号論』青土社、一九九九年、第五章。

(20) 可能的行動　H・ベルクソン『道徳と宗教の二つの源泉』、澤瀉久敬責任編集『ベルクソン』世界の名著53、中央公論社、一九七九年。「知覚というものを事物の純粋な認識作用と考えることが間違いなのである。知覚というものは、……身体が外界にはたらきかけるための手段なのである。要するに、知覚は……、可能的な行動である」（二一七頁）、「精神は身体を大きくはみ出している」（二一八頁）、「意識とは可能的行動と現実的行動の距離、表象と行動の隔たり」である（三三三頁）。

「身体と相即不離の空間」は、人間の感覚を除き取られた「限りなく無限に延びる」（étendu）デカルト的空間とは相容れない。

しかし、最晩年の『情念論』において、デカルトは「人間の自由意志」つまり主体性を「われわれをある意味で神に似たものにする」とまで言った。このことばは重い。いわゆるデカルト的世界と、受肉した主体的世界それぞれの有効範囲を限定し、相互の和解を示唆した言葉ではないか。身体と環境の間に生じた痛々しい裂傷を癒す道を探したい。そこに風土学は生きる（ベルクソン、前掲書、二一七頁）。

（参考文献　デカルト『方法序説・情念論』中公文庫、一九五三年、二〇一頁。本書第6章注(8)参照）

(21) 中村、前掲書、第二章「風景の様式」五九頁、並びに第四章「風景の相貌」一二五頁。

参考文献　齋藤潮『名山へのまなざし』講談社現代新書、二〇〇六年。

(22) 生得の汝　M・ブーバー、田口義弘訳『我と汝』みすず書房、一九七八年、三九頁。我と汝がそれぞれ、我とモノとに、分離したあとの両者の関係ではなく、「関係のアプリオリ」としての根元的体験にふくまれる汝が「生得の汝」（das eingeborene）と呼ばれる。しかもこの生得の汝は「接触本能」（ある他者に、まず触覚的に、つぎに視覚的に触れようとする本能）のうちに働いているのであり、「自然の精華たるひとつ」とされる根元的感覚である（M・ブーバー、三九頁）。

「人間の秘められた憧憬とは、実は、精神へと花咲いた存在としての自己がその真の『汝』と宇宙的に結合すること」にほかならない。もちろんブーバーはこの根元的な汝に神を見ている。「我と汝が向かい合う状況の光輝のなかで輝いているその形姿は……わたくしに向かって歩み寄ってくる」、それを「経験によって知られる」よりも一層「明瞭に観る」のだ（一六頁）（本書第6章第2節（2）参照）。

これはベルクソンのいう「何か効験のある現前」（présence efficace）に重なるだろう（ベルクソン、前掲書、三九〇頁）。

（23）ブーバー、前掲書、一七頁。
（24）たとえば、大人には異様に思える恐れや感動にみちた子供の童話的世界をユクスキュルは共感的にとらえ、それを「魔術的環世界」（magische Umwelt）となづけている（ユクスキュル、前掲書、一一五頁）。
（25）Grout, *op. cit.*, p. 35.
（26）伊藤ていじ『日本デザイン論』ＳＤ選書、一九六六年、一九五頁。
（27）中村良夫『風景を創る』ＮＨＫライブラリー、二〇〇四年、六九頁（『日光山志・日本名山図会』大日本名所図会刊行会、一九二〇年）。
（28）中村良夫『最終講義録』東工大社会工学科、一九九六年三月、一二頁。
（29）ヘテロトピア　M・フーコーの講義草稿に出てくる概念。中村、前掲『風景を創る』八四―八五頁を参照されたい。
（30）中村、前掲書。迷宮的愉楽については、同第三章を参照。静観の美学（aesthetics of detachment）、遊観の美学（aesthetics of engagement）については同書五六頁を参照のこと。本書では遊相の詩学とした。これについては S. C. Bourassa, *The Aaesthetics of landsape*, Belhaven Press. London, 1991. を参考にした。

なお、『風景を創る』では、風景体験に三側面を認めている。見分け（視覚的分節）、触れ分け（身体的分節）、言分け（言語的分節）。

参考文献　Yoshio NAKAMURA, Reconsidering Epistemological and Ontological Framework of Landscape and its Implications to Design and Management: Towards Sociable, Readable and Livable Landscape, *Journal of Jsce*, Vol. 2, 2014, 102-115.

（31）和辻風土論の事例　『風土』の冒頭で「土地の気候、気象、地質、地味、地形、景観などの総称」を風土としているが、本文の具体例は、寒さ、雪、日光、春風、夕立、山おろし、から風、着物、火鉢、炭焼き、家、花見、暴風、洪水、堤防、排水路、刺身、団扇、梅雨、春雨、若葉、そして、「俳諧において季を持つあらゆる言葉」などが挙げられる。これらは、風土の断片としての風物に他ならない。

（32）参考文献

1　P. Oudolf, N. Kingsbury, *Oudolf Hummelo*, The Monacelli Press, 2015.

2　小林亨『余暇の風景学を考える——美学的時間消費論と川瀬巴水の郷愁』上毛新聞社、二〇一八年。

3　吉村晶子「新・宿根草ムーブメントにみるデザイン思想と日本における草本ランドスケープの可能性」、『景観・デザイン研究講演集』No. 15、二〇一九年十二月、一五五—一六六頁。

右記、いずれも朦朧態の「気」の風景論。

（33）『日本大歳時記』講談社、一九八三年。

参考文献　川崎房五郎『江戸風物詩』光風社出版、一九八四年。

（34）中村良夫「『論語』に学ぶシヴィックデザインの心」、『研ぎすませ風景感覚1　名都の条件』技報堂、一九九九年、二二七頁。

「子貢曰ク、告朔ノ餼《き》羊ヲ去ラント欲ス、子曰ク、賜ヤ、女《なんじ》ハ其ノ羊ヲ愛《おし》ム、我レハ其ノ礼ヲ愛《おし》ム」（『論語』八佾第三）

意味が不明になった儀礼の廃止を提案した弟子の子貢にたいし、礼はその形が重要である、やがてそこにあたらしい意味が芽生える、と孔子は諭した。

(35) 参考文献
1 吉原広仲『画論』中国古典新書、明徳出版。北総の郭熙による『林泉高致』で唱えた三遠の法（平遠、高遠、深遠）、『臥遊』などの紹介。
2 中村良夫、前掲『風景学入門』第三章、九五頁。
3 滝浦静雄『言語と身体』岩波現代選書、一九七八年、一八七―一九七頁。
言語の肉声にこめられた律動や音は、制度的な意味伝達を超えた力をもっている。それは、われわれの身体の痕跡である。
(36) 中勘助『銀の匙』岩波文庫、一九三五年。巻末に和辻哲郎の解説がみえる。
「……、また大人の体験の内に回想せられた子供の記憶というごときものでもない。それはまさしく子供の体験した子供の世界である。子供の体験を子供の体験としてこれほど真実に描きうる人は（漱石の言葉をかりていえば）、実際他に『見たことがない』。しかしその表現しているのは『深い人生の神秘』だといわざるをえない。」

昭和十年版『風土』上梓の年である。この解説文には「風土」という言葉は出てこないが、『風土』の重力圏で書かれた解説と思える。なお、『銀の匙』については建築家の栗生明氏からご教示を得た。
(37) 芸能的なるもの　芸能の発生を訪ねれば、「鎮魂の動作」（折口、五四頁）という神事の中核にあったアソビとしての芸能がその祖型だろう。神事であった相撲なども「芸能」であった。本書では、折口説にしたがい、野球など現代スポーツも含めて広く芸能を考えたい。芸能による鎮魂とは清らかな魂を鎮めて場所へ定着させたり呼び醒ますという趣旨のようで、つまり自由な創造や気力などすべての生命の主体性すなわち魂の表現が芸能である。風土にみちるべき生命の「気」は風土マネージメントの核心といえる（第2章注（18）参照）。
(38) 田川鳳朗（宝暦十二／一七六二―弘化二／一八四五）。枯野見は古い歴史をもつ行事であった。
枯野ゆく人はちひさくみゆるかな　千代尼

「枯野は何処とさだむるにあらず、そのところどころにして風景あり。……図にあらはす処は、雑司ヶ谷より堀の内へ廻る道なり。ここは山間の耕地にて、清水の流れなどありてしつけき地なり」として、田の畔に枯れすすきが風になびく図を添えている。（参考文献『江戸名所花暦』生活の古典双書、八坂書房、一九七三年、一二二―一二四頁）

気配については本章第3節（2）参照。

(39) 第5章注（44）参照。民衆的周縁とは、「コミュニタス（情緒的共同体）」に相当し、正統文化による「支配的現実への溶解作業」を持つとされる。雅俗のたわむれの典型といえる芭蕉の「高悟帰俗」は、ディスタンクシオン理論においてブルデューが自らをモデルにしたとされる分裂ハビトゥス（habitus clivé）に重なるのではないか。

(40)『美の法門』柳宗悦集第一巻、春秋社、一九七三年、四九―九一頁。

設我得佛　国中人天　形色不同　有好醜者　不取正覚

「たとひ私が仏と成り得ても、浄土に於いて、もろもろの人達の形や色が同じでなく、よきものと醜きものとに分かれるなら、私は佛にはならぬ」。なお、「美の法門」はいわゆる念仏宗（浄土宗、真宗、時宗）の思想に依拠するところがおおいが、「一切衆生悉有佛性」という本覚思想との関連を示唆する記述がみられる（八五―八六頁）。

民藝理論のいきさつについては、次の著作も参考になる。

参考文献

1　鶴見俊輔『柳宗悦』平凡社選書、二三八頁。

2　鶴見俊輔『限界芸術論』ちくま学芸文庫、一九九九年、九―八八頁「芸術の発展」。

(41) 谷崎潤一郎『陰翳礼讃』中公文庫、一九七五年。

(42) 雅俗不二、心境不二、など禅家が好んで口にするAB不二という言葉は、ありのままの世界に分別の二相はなく無相とみる考え。言葉のそれぞれに固有の意味実体はなく、双対的に意味が発生すると解釈すれば、それは、ソシュール言語学の「差異しかない」という言語観に近いといえる。(参考文献　丸山圭三郎『ソシュールの思想』岩波書店、一九八一年、第三章)

(43) J・ホイジンガ、高橋英夫訳『ホモ・ルーデンス』中公文庫、一九七三年、一二二頁。

(44) 前田愛『成島柳北』朝日選書、一九九〇年、一三頁。

(45) 栗田勇『松の茶屋』毎日新聞社、一九九〇年、五四―五六頁。

風流について、栗田氏のエッセー風の所見を紹介しておく。

「……そこで『風』という字に注目した。

今日、『風流』といえば、世をすて、はかなみ、流れに身をゆだねる逃避的生活を連想するが、どうも実際は違っていた。

たとえば、『風』とは『風流踊り』という一世を風靡したもの狂惜しくエロティックな踊りからも想像されるように、むしろ、風狂、瘋癲、風邪。風疹などというように、動く自然の邪気をはらむほどの激しい力を暗示していた。それはしばしば人力をこえて病をもたらすほどの猖獗さをそなえていた。」

参考文献

1　唐木順三『詩とデカダンス』中公選書、二〇一三年。

2　唐木順三『無常』筑摩選書、一九六三年。

(46) 参考文献　「永長大田楽における貴族と民衆」、『現代社会文化研究』no. 27、二〇〇三年七月、一五九頁。

(47) 基層文化と表層文化　本書第5章第1節および同第6節(1)参照。

第8章

風土公共圏

アソビと戯れのニハ

図 8—1　山形市七日町のまちニハ

馬見ヶ崎川から取水し、扇状地に発達した山形城内を、網の目のように流れる五堰は、城の濠へ水を供給するほか、生活用水、農業用水としてもつかわれた多目的用水網であった。その一つ御殿堰に面して、市民起業家たちが共同商業ビルを建設し、都市の顔を造った。現代のまちニハの秀作。

1　風土公共圏の芽生え――非政治性という政治性

おびただしい数の間柄的人間が、自然と相即不離の縁を結びながら編みあげる風土圏は、たしかに生の基底といえるが、しかし理想郷ではない。むしろ矛盾と苦楽のはてに成った風土という人間の生活世界を鏡にして、人間は自己を了解する。個人をこえたこの悠久の時空に坐す詩神は、民衆の手のとどかぬ金殿玉楼を退け、むしろ四季の彩りを添えた生活の景色を愛でるだろう。そこから生まれる風土資産は、国家よりもその母胎である地域の風土公共圏にその保護と育成を委ねるのがよい。

第I部でくわしく見てきたとおり、中世末期から近世にいたる日本の都市文化の特徴は、民衆のねりあげた風土性に彩られていた。それはまた基層文化に根ざすゆえに、超階級的な広がりをもっていた。

名所絵の流行と呼応するように華々しく展開したさまざまな遊覧、芝居見物、そして祭礼や遊芸の熱狂。これらの集団的な行動文化の熱気は、階級をこえた老若男女の血を沸かせ、そこから巻き上がる炎は盛り場という風土の太極を炙り出してゆく。ここにきわめて大衆性のつよい行動文化公共圏が成立したのであった。市民の「共通の関心」を軸にしたこの公共性の類型は、政治的、あるいは知的関心の共有というより、むしろ祭祀的な情念の発酵であった。文芸公共圏と市民公共圏（第

1章注（39）参照）につづくこの第三類型の市民性は、法によって制度化された誓約団体ではなく、国家を監視する動機もうすい。むしろ、社交的・祭祀的精神によって結ばれた市民たちが、ともに山水都市を探勝し、賞味し、祈り、あるいは遊芸に身をゆだねながら、都市的風土を織りあげてゆく。このような社交的感性で結ばれたローカルな世界を、「風土公共圏」と呼ぼう。

そこで、あらためて指摘したいのは、このような社交的な公共圏が、政治的なモーメントをもたずに推移したことである。それを市民性の限界とみるかどうか。社交という人的結合は政治とはまた別の展望を開くのではないか。たしかにそれは、政治性に縁遠いが、平等と平和を本義とする点で、無言の政治性を持つとさえ言えるのだ。なんども引用した「京都三条、糸屋の娘　諸国大名は弓矢で殺す　糸屋の娘は眼で殺す……」という戯れ歌は、アソビが結ぶ風土共同体のこころの張りというか、反政治性の身振りが問いかける政治性をよく語っているであろう。

さまざま行動文化や、芸能、文芸、浮世絵など町民のいわば社交的公共圏を仔細に見れば、おびただしい庶民が武家や貴顕さえも巻き込みながら沸騰した事実、そして繰り返し発令された文化統制にもかかわらず、むしろそれを逆手にとって、渋く、粋な町民の美意識を練り上げた事実を注視するとき、そこに一つの光明がみえてくる。文化のレベルにおいて、社会階層の下から上へ吹き上がるアソビ情念の上昇気流が一滴の血も流さずに上層部を席巻する光景である。たくまぬ反骨の社交魂がまきあげる炎は、流血革命におとらぬ文明遺産ではないのか（第5章第5節参照）。

近世都市の風土公共圏は明治維新で幕を閉じたが、ふと脳裏をかすめることがある。近代国家への道を驀進する明治国家にたいし、神社合祀反対の狼煙をあげた南方熊楠のことだ。この、ひとりぼっちの反乱に目を据えてみよう。それは明治末期に起きた風土公共圏からの異議申立てであった。

2　南方萃点論——風土の萃点《すいてん》を衛る

(1) 南方テキストの分析

明治三十九(一九〇六)年、財政基盤の弱い神社を廃止して、一町村一社とさだめる神社合祀令[1]の発布は、大字ごとに祀られていた由緒ある産土《うぶすな》社の荒廃を招いていた。神仏分離令など、明治政府による神道国教化政策の一端に、小さなつむじ風が巻き昇った。

合祀は敬神の念を高める、と主張する国家政策に南方は真っ向からあらがった。雑誌『日本及日本人』に発表された「神社合併反対意見」は、歴史的に生成される社会・生態系、すなわち、「風土」を知るのに格好な資料とおもえる。

反対運動のさなかに、一時投獄されるような緊迫した状況下の筆運びは、じつに鬼気迫る名文をなしたが、やや重複も多く脈絡が摑みにくい点もなしとしない。そこで、反対理由としてあげられた次の七項目を整理し、つぎに、それらをつなぎわせ構造化しながら神社をめぐる精妙な風土のからくりを俯瞰してみたい。

a　合祀により敬神思想を高めるとは偽りである。

b　合祀は人民融和と自治機関の運用を阻害する。
c　合祀は地方を衰微せしむ。
d　合祀は庶民の慰安を奪い、人情を薄くし、風俗をみだす。
e　合祀は愛郷心をそこなう。
f　合祀は土地の治安と利益の大害。
g　合祀は勝景史跡と古伝を消滅させる。

合祀がもとめる基本財産の積立は、廃社跡地の神林、財産などの売却をもって贖われた。これが、地域の衰退と民心不安に結びつくという洞察が、多くの事例を援用して展開される。

生態学者として粘菌の研究に打ち込む南方にとっては、貴重なフィールドであった鎮守の森の崩壊は無念であったろうが、そればかりか、民衆の生活・心情に寄り添う民俗学者として、神事にともなう芸能や笛、太鼓の賑々しい音色を惜しみ、荒れ果てた神社を捨ててトボトボと村を去る民の心情にはいたたまれぬ思いがあったに相違ない。合祀を進める県吏の講演会に赴き、面会強訴のはてに数週間の監禁騒ぎまで起こしている。

意見書全体を通読すると、南方の関心が、神社の廃止による人心の荒廃と村落共同体の崩壊への危機感に向けられている。環境の破壊、コミュニティの瓦解、そして個人のこころの荒廃。自然、共同体、個人の交差が歴史的に生成する風土……、南方にとって神社とは、故郷という局所的な小宇宙を結び束ねる要であった。これは南方のいう「萃点」に他ならない。萃《すい》とは「あつまる」の義である。南方の慧眼が見据えた産土社とは、森羅万象の精気が収斂する「萃点」であった。風土公共圏には「萃点」という扇の要が欠かせない、これは、南方が遺した最大のメッセージである。

（2）南方モデルの天・地・人

参詣・祭事でにぎわう神社の境内は、見晴らしもよく、村人の社交場でもあった。春は花、秋は紅葉、神林から流れ出す水、鳥や虫を養う浄らかな風景は、おのずと村人の風流心と、愛郷心を培うだろう。遠くからでも村の目印になる鎮守の森の周りに生を営む村人たち。南方の鋭い舌も、いつしか庭園の回遊記めいてくる。南方曼荼羅の産土社とは、大いなる「庭」（ニハ）の「萃点」であった（図8―2）。

（a）総合戦略性

南方意見書の環境・社会システム論はたんなる因果連鎖の記述ではない。神社を中心とする地理的宇宙が、生活者の視点から戦略的に評価されている。すなわち、隣村への距離、神社の立地と歩行にあたえる影響、高所からの眺望による地域の景観秩序、目印としての神社、信仰と社交、融和と自治、祭事、林野の地盤安定と河川水質の維持、などなど、生態・地理・文化的コスモスのなかで戦略の網が張られている。

（b）戦術体系のロバストネス

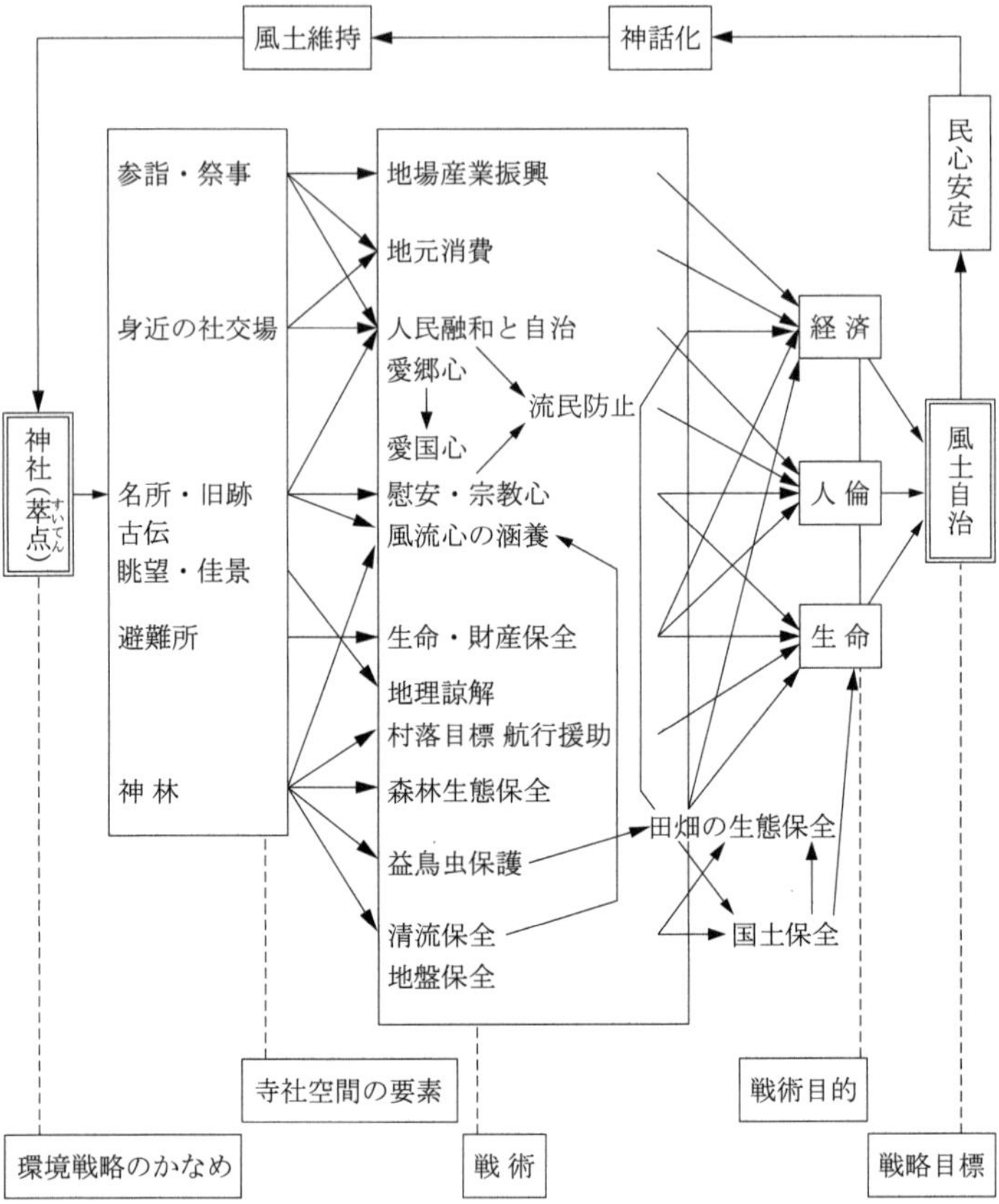

図 8—2 南方熊楠の風土自治生成モデル[2]

参詣・祭事でにぎわう神社の境内は、見晴らしもよく、村人の社交場でもあった。春は花、秋は紅葉、神林から流れ出す水、鳥や虫を養う浄らかな風景は、おのずと村人の風流心と愛郷心を培うだろう。遠くからでも村の目印になる鎮守の森の周りに、ゆうゆうと生を営む村人たち。南方の舌鋒もいつしか庭園の回遊記めいてくる。南方曼荼羅の産土社とは、大いなる「庭」（ニハ）の「萃点」に相違ない。

神社の地政学的戦略モデルは、多くの戦術単位の複合である。第一に神社空間の諸要素は複数の戦術に利用されている。第二に、いくつかの戦術は、複数の神社空間要素により支援される。同じ戦術群の中でも流民防止が二つの戦術手段（「人民融和と自治」・「慰安、宗教心」）によって支えられ、清流保全が風流心の涵養を支えるという相互補完性がみられる。戦術と戦術目的の間にも同様の関係がみられる。すなわち、一々の空間要素や戦術は多目的性をもち、かつ複数戦術のリンケージによる目的達成が認められる。すなわち戦術体系は複線的な強靭性（ロバストネス）をそなえている。

（c）戦略の循環性

南方戦略においては、神社による人民の社会的結合（コミュニティ）の維持が重要な動機となっている。これを戦術目的として経済・人倫・生命とまとめてみた。かくして民心の安定したコミュニティにより神社の維持運営が保証されるという循環形式になっている。この循環性は、本文では必ずしも明示的ではないが、流民による労働力の減少が道路、森林などの維持を困難にするという記述からみても無理のない解釈であろう。

（d）戦略の思想性

南方モデルは、コミュニティの絆の維持をつうじた民心の安定という強い倫理性に貫かれている。経済、人倫、生命を束ねた民心の収攬と治安、さらに生態系の安定がもたらす風土活力すなわち風土自治をもって最高戦略目標として位置づけてみた。

（e）戦略の「かなめ」

南方モデルは、その循環性によって自律的に自己再組織化を繰り返す倫理性の強いシステムであり、その要をなすのが個人を超えた神社という存在である。それは、「私」を「公」へ繋ぎ、四季の巡りを視覚化し、さらに古伝によって過去から未来へ流れる時間を湧出する。すなわち、社会システムと環境システムの結び目である鎮守の杜によって村人は自らを了解する。南方が恐れた「流民」とは心の故郷を見失い、彷徨うことであろう。このような天・地・人の結縁、人と人の可触的な結び目としての神社はまさに、風土的小宇宙の「萃点」に違いない。

南方が真剣勝負におよんだ神社合祀反対運動はそれ自体が、生態学、民俗学、地理学、歴史学などがからみあう学問の萃点でもあった。そしてまた、禁足の森に囲まれた神域こそは、地域の生態系を生きる村人たちの生活と心の萃点に違いない。

このような故郷の萃点に坐した神が不在になった現代において、南方の思考は、なにを語るのか。「神社は、説教、講釈、理屈をまたずに人心の感化に大功あり」、と南方は言葉を結ぶ。南方モデルは、目的・手段関係が嚙み合う機械装置ではなく、豊かな風景に織り込まれた村の生活の絵巻物のようだ。そこに環境を守る法的抑制はない。鎮守の森という風流な禁忌と人心の「感化」、この神話性の黙示が南方モデルのみどころだ。

またこのシステムにおける、要素間の関係は、原因と結果の「因果」だけでは説明できない。人間と環境がとり結ぶ「縁《えん》」という相即不離の黙契をみとめるべきだろう（第6章注（20）参照）。南方熊楠の知的照準は風土、すなわち生命の漲るローカル（局所的）な場としての村に向けられていた。

（3）南方萃点論の射程——聖なるものを問う

萃点とは何か？

それは「諸事理の筋道のあつまるところ」である。第6章で展開した、風土モデルにおいて、人—社会の「間柄軸」と自然—人間を結ぶ「天・地・人の軸」の交差点にある産土社はまさしく萃点ではないだろうか。

熊楠の思考をもう少し、詳しく追ってみよう。

鶴見和子氏によれば「……心界の現象が、物に接してその物の力をおこさしめて生ずるものが事」であり、この「事」の世界では、どのような法則が働いているのかをきわめたい、というのである。事の世界を南方は、「心物両界連関作用」とよんでいた(3)。

ここで問題なのは、物と心の間に生じる「縁《えん》」、または「えにし」である。このことを南方は見抜いていた。

「今日の科学、因果はわかるが（もしくはわかる見込みがあるが）縁がわからぬ。この縁を研究するがわれわれの任なり。しかして、縁は因果の錯雑して生じるものなれば、諸因果総体の『層上の因果』を求むるがわれわれの任なり(4)」。広角レンズめいた南方の思考は「層上の因果」とよぶ「縁《えん》」にピタリと焦点があたっている。「縁」なるものがはたして因果の連鎖なのか、それとも「生命の主体性」の次元に属するのか。あるいは因果に帰着しえない創発的自己組織化なのだろうか。

ともかく「萃点」という場所は「心物両界連関作用」という大疑問群が収斂するブラックホールであろう。第6章第2節で取り上げた風土論の根底に在る相即不離の縁起や間柄を、南方は正眼で見据えた。ともかく南方の思考の行く末は、環境を解釈する人間の生命的な主体性を認めるかどうか、そこにかかっている。もしそれを認めないなら、間柄性も天・地・人の縁《えん》もなく、いっさいは無に帰すしかない。

もういちど図8—2の矢印を追っていただきたい。

叢林にかこまれた産土社という「萃点」こそは、人と人、人と自然、この間柄的な二本の縁《えにし》の軸が交わる大交差点であり、この縁《えにし》を実感し、解釈し、共有する両界の連関作用の聖地であったに違いない。つまり風土の要である。

風土自治が発酵するところ、何事のおわしますか知れぬ萃点という聖なる場所の気配を、昔の人は神韻縹渺といった。

さて、神の不在を前提にする現代において、幅広く人心を収攬し、未来をひらく超越的な力をいかにして回復できるか。そして、共通の関心をめぐって育つ公共的な「信」はどのように再生しうるか。自然にやさしいエコロジー的理性だけで人々をまとめきれるものではない。第6章で学んだように、個人の心理現象の枠を超え、皆の目や手に触れ、可触的なるゆえに、社会の絆となる超越的な「風土」は、不在の神の代理を引き受けるであろうか。風土の表現として立ち現れる「風景」や「風物」あるいは広義の芸能による自己了解はうまく機能するのか。こうした課題を抱えながらも、「心物両界連関作用」の「萃点」を充たす「聖なる気配」はおおきなヒントではないか。

産土の鎮守の杜において、神とめぐり合う神アソビとは何か。それは、日々の糧を恵んでくれる自然との縁《えにし》を確かめ、感謝する雅びた共同体の宴であり、その芸能的な陶酔の裡に神と人間が信頼を確かめる風土の秘儀であった。

目に見えぬ気配として現れる神との出会いは、浮き立つような笛太鼓の音や、晴れがましいご馳走の味とともに進んでゆく。風土共同体の絆を結い上げるこの神さびたアソビという感覚、日常にいながらその硬い規範をこえるもの、身近な聖性は、現代においてどのような意味をもつか。とくと考えよう。

3　アソビ共同体

(1)　身近な聖性

風土という世界は、手がとどかぬ高所ではなく、むしろ座辺の野くれ山くれ、そして人の行き交う街中に遍満するこころの磁場である。

米国のランドスケープ・アーキテクト、T・ヘスターは、長年のまちづくり実践から得たエコロジカル・デモクラシーの知恵を語るなかで「通俗のなかの聖なるもの」をじっと見つめた。ヘスターの「平凡の美しさ」とは、日常のなかの風土的形象である。手の届かぬ高みではなく凡常の風格である。ヘスターはそれを聖なる場所とよぶ[5]。

ヘスターは『エコロジカル・デモクラシー』において、おもむろにつぶやく。——広義のエコロジーと直接参加型のデモクラシーは結び合わされなければならない（同著、八頁）。——（「虫愛づる姫君」を引用しながら）人々が幸せになれるぐらい汚くなるのを許容すること——小ささは大抵のばあい美しい——貴重な美しさと平凡な美しさをみとめること（一二八頁）。

身近な聖性といえば、第7章でくわしく述べた風物との戯れもその一例である。生活のなかで自然の移り変わりを解釈し、詩的言語で整理した歳時記はその集大成である。それは、生活のなかで練りあげられた「身近な聖性」のもっとも洗練された聖書である。風物と戯れながら、その息づかいを増幅してききとり、解釈する体験は、風土を実感しながらそれを再生産することだ。無心のアソビ感覚のうちに山川草木と戯れる我れ。神の不在を埋める機会がここにあるのではないか。戯れといえば、本章第4節「二八の理論」で、さらに包括的な考察に入るまえに思いだしたいことがある。

(2) 天・地・人の戯れ

「風物との戯れ」は巡る季節という時間との戯れとも言える。場所の移動を伴う「巡り」という空間のアソビ感覚も、日本の都市体験の特徴としてたびたび触れた（第2章第5節（2）、第7章第2節（4）参照）ので繰り返さないが。ここでは風土論と関わりつつ総括しておきたい。

たしかに、この国においては、四季の大地を巡りながら、身体の軌跡をそこへ織り込む身振りが執拗に繰り返された。なぜであろう。この点をつぶさに見つめよう。

北斎はなぜ巡りによって富士と戯れるのか。人と山の「間合い」に遍満する生命の「気」を吸い込み、自らを覚醒するためであろうか。

富士という磁極から放たれる風土の精気は、じっと立ち止まっていては受信できない。われわれが名峰・富士を巡って戯れる時、そこから吹き出す風土的磁場は電流となって、われわれの五臓六腑をかけ巡る。大地に触れ、巡る人は、つぎつぎに入れ替わる前景を添えられ、また季節の風韻をおびて面目を一新する富士に目を見張るだろう。このとき、視点の移動が招く地理的構造の解体と組み替えが、あらたな生命の息吹を大地に吹き込むのだ。

このような風土の精気を追い求める人びとにとって、風景の楽しみとは、額縁のなかに凍りついた山河をじろじろ鑑賞することではない。むしろ、額縁をやぶって世界の内側へ踏み込み、四季の山河と戯れることだ。回遊庭園はもちろん、「富嶽三十六景」などおおくの名所絵にみる「巡り」の組み絵はそのような伝統を継いでいる。

参拝講や遊山講の人々が、大地を回遊しつつ見え隠れする地霊にふれ、四季折々の海の幸、山の幸に舌鼓を打つ。数しれぬ善男善女がこうして山河と戯れ、賑々しく行き交う雲のなかに風土の星屑が光りだすだろう。

時空という二つの次元を織り込む巡りについての語りはきりがない。まとめを放棄したい気分を吹き払ってなんとか締めくくろう。それは結論というより、問いの表現を変えたにすぎないのだが……。

ふと機織りの様子が思い浮かぶ。

ピンと張った多くの経糸《たていと》の隙間を、緯糸《よこいと》を引き出すシャトル（杼《ひ》）が、すばやく潜り抜け、右へ左へと旋回して織布を編んでゆく。やがてそこに魔法のように見事な図模様が浮き出してくるだろう。空間を張る経糸と時間の流れる緯糸が交錯するこの精妙なプロセスを眺めていると、時空の交差点へ蜃気楼のように現れる人間の身体をおもったりする（澤瀉、第6章注（19）参照）。

国土を逍遥し、都市を巡る夥しい人間の身体は、風土を織り上げるシャトルめいていないだろうか。風土の生成に機械論のモデルを安易に持ち込むのは禁物であるが、「私」の身体を天地のあいだへ織り込み、自らを風土化していくこの集団的な「巡り」は、環境と人間が相即不離の契り、つまり「縁」を結ぶ祈りともいえる。呪術めいたこの時空の身振りにより、そこに茫としてたち現れるのは、風土という共同体の身体（第6章参照）に他ならない。

なかなか込み入った風土の生成神話は、天・地・人の戯れとでも言っておくしかない。

ともかく、めくるめくこの巡りのプロセスにまきこまれた「私」の自我は放下され、いつしか解脱して風土の胎内に着床する。

ところで、そのむかし、西行、宗祇、芭蕉などは、敬愛する先輩詩聖の読み取った国土の詩情を追体験しようとして国土を遊行した。

彼らの巡りによる風景、風物との戯れは、土地の詩神に邂逅する神遊びのようだ。このとき、身をやつして地霊と戯れる詩神たちは、脱俗の高みへ登るよりも、むしろ俗と聖の戯れを愛した。こうして風土の魂に抱かれた詩人たちは、みずからの旅衣にその渋い香りを染み込ませたであろう。

詩人たちの旅は、行先で多くの門弟に迎えられ、身分を超えた詩的共同体をつくっていた。それは和歌、連歌、俳諧など、いずれも人と人をつなぐ座の芸であり、アソビ共同体または情緒的共同体またはコミュニタス（第5章注（44）参照）と呼ばれて良い。

ところで、遊び一般を文化人類学的な視点から研究したホイジンガは、アソビの共同体についてこう言う。「遊びの共同体は一般に、遊びが終わった後もまだ持続する傾きがある……例外的な状況のなかに一緒にいたという感情、共同で世間の人々のなかから抜け出し、日常の規範をいったんは放棄したのだという感情は、その遊びが持続する時間を超えて、のちのちまでその魔力を残すものである。クラブと遊びの関係は、ちょうど帽子と頭の関係に相当する(6)」。

「遊びの共同体」という概念は権力的秩序の周縁に浮遊する「風土共同体」あるいは「情緒的共同体」（コミュニタス）につうじるところがある。

風土と戯れ、巡る人々は、日常の秩序の殻をやぶり、遊相的な熱気にあおられて風土を紡ぐ。この呪術めいた行動は、風土の二軸を励起しつつ、人と人、人と自然の垣根をとりはらい、詩的な創造へ向う儀式なのだ。ここには「心物両界」が縁を結ぶ聖なる日常がある。

戯れ、巡るとは、風土生成の方法であった。

少し話題を転じよう。民衆と共に生きた日本の芸能の故郷、ニハという「場」に思いを馳せてみたい。

4　ニハの理論——風土は極相のニハ

和辻の風土論を私は次のように締め括った。

「人間が風土を生きるとは、あたかも蚕が己の体液で織りあげる繭玉の内側に棲むようであり、あるいはまた、蜘蛛がその身体から吹き出す糸で虚空に編みあげた巣の内に生を委ねるに似ている」（第6章第1節（3）参照）。蚕虫が紡ぐ繭、蜘蛛の織る虚空の巣は、自らの生活の「場」であるばかりか、かれらの肉体の延長として自己了解を促す、と言えるであろう。

太母のような「場」としての風土の特質をニハという根元的な風土語を手掛かりに探ってみたい。

（1）ニハとは場（バ）である——風土公共圏の庭（ニハ）

南方がこだわった神社の境内には、白砂を敷き詰めたユニハ（斎庭）と称する浄らかな場所を見ることがある。ニハとはいったい何を意味するのだろうか。

風土再生の鍵をにぎるニハ（庭）という古い日本語の辿った道を遡る作業にはいろう。語源の探求の便のために旧仮名づかいニハ（庭）を用いる。国語学者によると、たとえば盛り場の場（バ）

という言葉は、語頭に濁音はおかない、という大和言葉の原則を破って、古語のニハが、音韻変化してニハとバに分裂してうまれた、とされる。[7]

この分裂の結果、ニハが山水庭園に収斂してゆくのにたいし、「バ」はモノが存在したり、コトが行われたりする「空間」という抽象的な意味を担うようになり、また、上代では「ニハ」の漢字表記として一般的だった「場」が「バ」専用となり、ニハは「庭」と書かれるという表記上の区別が生じた。たとえば「い抱く」が「抱く」と音韻変化して二重語になっても意味の変化は起きないが、ニハとバにおいて、両者は二重語の域を脱して別語の路を歩むことになった、という珍しい例である。もともと語頭濁音語のすくない和語のなかで、「ば（場）は清音（ハ）との関係を絶っているほとんど唯一の例」という。

ニハの言語学的歴史は以上のとおりであるが、ここで二つの疑問が生じる。第一は、そもそもニハとは何をさしていたか、という問題。これについては、鈴木氏の音韻変化論の枠外であるが、ニはもともと丹《に》（水銀を含む赤い土）を意味するとする説もあるが、ひろく質料としての土を意味したかもしれない。古い用例では、土場（ニハ）あるいは土間《はにま》の略転として土間（ニマ）などがある。ハは延の意（新村説）でニは赤土だけでなく、土一般を意味する。したがってニハは「土の広がる場所」を意味し、ニハのハは本来、言の葉（ハ）のようにその断片を意味するかもしれない。

「バ（場）が語頭濁音語として単独使用されはじめたのは平安時代末期をそれほど下らなかった」（鈴木）とされ、それ以降しだいに分離されてくるが、一方ニハにしても、次第に山水庭園の義に純化しながらも、なお、ニハとバの両義を分離しきれず、現代までも古い痕跡をひきずっている。たとえば市場などは鎌倉時代の表記では市庭《いちば》であり、イチバと発音される。他にも舞庭《まいば》、稲庭《いなば》、売庭《うりば》など、庭と書いてバと読ませた例は多い。以上、国語学的な考察によってニハの源流を遡ってみた。

ニハをめぐる第二の論点は、この言語論的過程にともなう社会史的な実態である。都市の発生史に関わるこの問題について、古語のニハとは本来、共同体の行事や作業等をするところだという。よく知られた網野善彦氏の論考から見えてくるこの事実は、民俗学的な問題に立ち入って興味深い。すなわち古代末期から中世にかけて、ニハとバを巡って展開した政治権力とその周縁に発生した民衆の自治的な場所をめぐる事情がそこに見えるのである(8)。

用語例の古層を辿って行くと、ニハのありかたのひとつは「無主」「無縁」の性格を持つ河原、街道の辻など、「自然と人間との関わりで、特定の意味を持つ場所」であった。そこは、狩猟や市がたつときに神事・祭文がおこなわれ初穂を捧げる聖なる場所でもあり、ときに処刑場としてもつかわれた。「自然はそうしてはじめて人びとが何事かをなしうる『庭』となった」、とされる。つまりニハは祭祀的行為をともなう共同体の行事の場の始元態であり、霊魂を鎮定させる芸能がささげられた。理念として天皇にのみ帰属し、在地の封建勢力から自由な、この無主の地は、公界《くがい》、無縁、楽などともよばれ、世俗権力に縛られぬローカルな風土性の自治生活の芽生える場所である。

「自然を極度に象徴的に表現」する室町期以降の日本庭園が、河原者など賤民の創作によることを指摘する網野の史観は、自然と人間の交わるニハの薄暗がりを照らし出す。そこに浮かび出るのは、聖俗、貴賤の交わりか、あるいはまた冥界と現世の接点の気配か。時代がくだってもなお、山水の霊気と人の熱気が交差する盛り場には、幽冥の境をぬける風が吹いている。それは始元のニハの残り香ではないか。

それはともかく、山水性と聖なる行事の場というニハの二面性は、時代が下るにつれて分離の傾向をみせるようになり、前者は庭の字が当てられ「ニハ」とよばれ、後者は場の字をあてて「バ」とよばれるようになった。しかしこの分離はかならずしも明瞭とはいえない。たとえば、イチバなどは中世まで市場と市庭という表記が混在したし、今日でもニハということばが共同体の作業場を指す地方もある。うなぎの寝床と称される京都町屋の「通りニハ」、細長く奥へ伸びる土間にカマドや井戸を備えたその場所は、家族共同体の炊事をおこなう作業場である。あるいは、関東地方でも、農家のニハとよばれる空間は、一本の植木もなく、収穫した畑のものを晒し干したり、脱穀など農作業の場であったりする。これらはみな古語のなごりであろう。

ここではとくに都市の発生に関係が深く、芸能の興行も行われる市の立つニハに焦点を絞ろう。

（2）ニハの公界《くがい》性

寺社の境内や門前のほかに、山野、河原、辻、など、霊魂のあつまると信じられた無主の地のニハは、現世と冥府との境界とされる聖地として、世俗の権力が入りにくい場所であった。

神楽や能が神事、祭祀の一部として催されたこのニハの原型のひとつは、下鴨社の河原など近世になっても健在であった。いまなお、加茂河原に張り出した納涼床という都市の縁側で川風に吹かれてみると、遥か中世に遡る河原というニハの幻影を見るであろう。なお、京洛の勧進興行の歴史に関しては小笠原恭子氏の著書にくわしい(9)。

在地領主からの自由が慣習的にみとめられたその場所は無縁《むえん》、公界《くがい》などとよばれていたことはすでに述べた。このような原野、河原にとけこむ自由空間の慣習は、近世の集権的な政治とともに萎んでゆくが、それでもなお、近世都市の寺社境内の秩序は、町奉行ではなく寺社奉行にまかされていた。

たとえば、江戸の場合、官許四座にのみ認められた歌舞伎の興行だが、宮地芝居という形で目こぼしされていた寺社の境内を、中世的な公界《くがい》のうす明かりが照らしていた。この盛り場の景色こそが、中世的なニハの残照であろう。封建秩序のなかに開いたこの妖しい大輪の華は町民的自己表現の場になった。そのありさまは、第2章で見たとおりである。

境内などの縁日をもりたてるあの賑やかな屋台や、見せ物をとりしきる香具師《やし》の仲間は、彼らの縄張りをニワバとよぶそうだ。共同体の行事の場、つまりニハにその略称のバが癒着したものか、あるいはそれらの立地する縄張り全体を場と呼び習わしたのか。清々しい山水と賑々しい交歓が融け合う神社仏閣の混沌の気配は、生死を超えた生命の精気が遍満する場(ニハ)として日本都市の原風景になった。

（3）日本庭園の出自——山水性、行事、そして自由の場

ニハという言葉はいわゆる山水庭園と聖なる行事の場の未分状態にはじまった。周知のように、平安京の貴族の邸宅では、儀式の場であった寝殿造りの前庭は、そのまま池をめぐる林泉の地につづき、泉殿《いずみどの》では管弦の宴がくり広げられた。つまりニハは行事のニハであり、同時に山水の場でもあった。

貴族の邸宅でおこなわれる祭祀では、客殿や寝殿から、「庭を隔てて作り出されている泉殿……が舞台となり」、神を饗宴するマイヒトはそこで舞い、主人たちは寝殿からこれをながめた。「これには「ある種の妖怪味をもって考えられる……神に近づきたくないという感情」や「低い霊物を軽蔑している感じ」があるという(10)。

日本の芸能が「庭の芸能」といわれるように、貴顕の邸宅や寺社においては、境内、屋敷に囲われたニハに小屋がけまたは常設の舞殿で催されていた。客は本殿、書院の広縁や座敷に座して庭越しにこれを見る。

さてこのように、寝殿造りの屋敷構えにみられる、山水性と祝祭性の並置という二元的な性格は、中世都市における寺社、河原、辻などにおける鎮魂、祭祀的な性格をもつニハへと引き継がれる。ここにうぶ声をあげた日本の都市性は近世都市の萃点をなす大規模な盛り場へ育ってゆくが、近世の城中においてもその痕跡を見ることができる。

近世大都市において隆盛をきわめた盛り場というすこぶる町民的なニハをなかなか楽しんだ武家

は、かれら自身のニハの世界をもっていた。

将軍代替りのときには、老中など幕閣を主賓として招請する饗応能を開催して「天下泰平国土安穏」を祈念をする習わしであったという。主賓は書院の御簾のうちから、ニハの向こうの能舞台をながめるのだ。

このとき、小野芳朗氏の考察によると、主賓が翁の面箱を取り上げ、能舞台へ運ぶ。次にシテが箱をひらいて面をつけるのではないか、と推察する。(11)

祝賀の能は、まず「翁」の演技にそって進む盃のやりとりが主賓を中心に進められ、つづいて運ばれる一の膳から三の膳まで本膳料理の進行に合わせて能の演目も五番まで披露される。治世の泰平を祈る趣旨にのっとりそこへ招かれた町民たちも、脇正面の白洲の上に敷かれた畳席に居並び饗応を賜る。この式楽能には、神アソビのニハが生きている。

観能の空間が劇場型に変わった今でも、四本の柱で支える屋根つきの能舞台へつづく橋掛りは、神社のニハにしつらえた舞台構えのなごりとして、三本の松をそえた白洲に囲まれている。貴顕の庭や寺社の境内で演じられた芸能は、至上の芸術ではなく、生活の裡にあった限界芸術性の証である。他にもいろいろ重宝な使い道があった。

「(藩主の)庭園の利用目的は城中では会えない人々に会うための空間」であって、親族側近や山伏との非公式の会合あるいは、「出入りの町人、浄瑠璃師、農民、忍び……」などとの面会、岡山の後楽園での演能もまた、城中ではともにできない農民、町民をまねいて「備前の国の安寧と豊作を領民とともに祈念する装置」であった。ここにも、自由空間というニハの原点を見ることができる[11]。

清々しい山水美と民衆の賑わいのなかで聖俗が交わる矛盾態としてのニハ。それは、日本の庭園というより都市の原点であった。明治いらい、日本の庭は外国文化の影響で、「庭園芸術」として造形化し、行事の場（バ）という自由なニハ感覚は薄れたかもしれない。西欧市民都市のシンボルとしての広場は見事な達成だが、しかし日本都市に広場は育たなかったとする見解には同意できない。

いまでは見えにくくなったその痕跡が、そのまま日本の未来へ投影できるわけではないが、西欧とは倫を異にする自由な都市広場の伝統が、日出ずる国に実在した。その史実は記憶されてよい。ニハという言葉は、日本都市の始元を物語るのだ[12]。

（4）ニハの縁《ふち》——詩神の棲みか

縁の重要性については、「縁の無限反復」として先に話題にしたが（第3章参照）、ここでは、自然と人間、空間と空間、公と私など、風土の間柄原理から手短に総括しておく。

すでに見たとおり、この国の都の造営にあっては、まず山水占地があった。霊験あらたかな山水の「場」が欠けていれば、しかるべき山水を見立て、その場所へ神を勧請すればよい。江戸における、富士山、愛宕山、白山などはこの例であろう。「場」の気配を尊ぶこの占地という原理は、私宅の敷地計画についても当てはまる。心理的にみれば、家作より先にまずニハという浄らかな山水の場を築き、そこへ恭しく家作を付ける、このように言ってよい。ニハは先行する大事であった。家作は庭があって存在し、家作あって庭は映える。庭と家作は相即不離の間柄といえる。

人の住まいと相即不離の間合いに立ち現れる山水は、自然ではなくニハと呼ばれる。濡れ縁を包み込む土庇のふところへ入りこむ飛び石が庭と家をつなぐ。庭屋一如とはこれである。間合いの造形によって庭には座敷の痕跡がきざまれ、座敷には庭の風韻がたなびく。

ともかくニハという広場的空間には家屋の縁《ふち》が寄りそわねばならない。土庇に映った水紋はゆらゆらと座敷へさしこみ、庭には軒先の影がのびる。

いかに茅屋であろうとも、庭の縁でもあり、座敷の縁でもある縁側で、ぼんやり時を過ごす至福のときを愛したこの国では、貴賤をとわず家は庭へ開くならいであった。もし庭がないなら、縁《えん》に盆栽をおき、あるいは床柱に一輪の花でもよい。

ニハに面した縁側は、あるいは虫の声に耳をすまし、ときに秋草でも供えて月見する人々の宴の場所であり、貴顕の屋敷における書院の庇の先は、ニハの舞い殿で催される芸能をたのしむ席になる。人と庭が戯れ、人と人が交歓するぼんやりしたニハの縁《ふち》は、詩神の棲む風土の要であり、風土の縮図に相違ない。本書で度々紹介した名勝図会においても、貴賤を問わずその住まいの様子は、家屋の全景よりも縁先の情景である。

時代がかわってなかなか縁側や庭に縁が遠くなった現代においても、大衆のつどう「都市の縁側」

の夢はつづくに違いない。第9章で事例を紹介しよう。

5　風土公共圏の萃点――さかり場というニハ

第I部で眺めた遊芸共同体は、家元を頂点とした一種のイエ共同体であったが、盛り場という熱いニハは、封建制度という固い身分制の凝りをほぐす効果をもっていた。盛り場では、非日常的な狂いの渦にまきこまれ、中世的な熱気のなかで人々は変身する。そこでは、封建的な身分制度やイエ共同体の磁場は攪乱され、そのくびきから解き放たれた人々は群衆の渦にまぎれて、自由な空気を吸うのである。そこは、中世が産んだ風流《ふりゅう》という雅俗不二の潮騒が響いていた。寺社の磁力圏に咲いた芸能の華を中心にひらいた洛中洛外の盛り場の賑わいは、第二の民衆宗教ともいえる熱気を帯びていたが、階級をこえた江戸の盛り場も、この基層文化の土俗性を継いでいた。

いささか繰り返しをいとわず、ここで風土の萃点としての盛り場の起源と転生をまとめておく。

清々しい山水庭園と、共同体の祭祀的行事の場が混在する古代のニハは、寝殿造りの庭にあった。それは艶やかな祭祀性と山水性の交点に咲いた共同体のニハであった。

このような複合的な性格を持つニハの芽吹きは、やがて聖域を山水にもとめる日本の伝統に従い、中世都市における、神社仏閣の境内が引き継いだ。そこは、山水美のなかで死者を葬り鎮魂する神事としての芸能の花が咲き、またあるときは市の繁盛するニハになった。

中世の京洛においては、辻、河原、特定の寺社の境内など霊魂のあつまる特定の場所において、華やいだ芸能の勧進興行が頻繁に催された。その賑わいが次第に定着して盛り場が形成されてゆくのは自然のなりゆきであったが、これについては第2章第2節でも紹介しておいたので参照されたい。

さて、近世にはいり、元禄期以降の都市・江戸が寺社を中心に本格的な盛り場を育て上げてゆく。回向院《えこういん》門前の隅田川べりに発生した両国橋両岸の火除け地のにぎわいは、近世盛り場の頂点であったろう。山気と水脈のあふれる山水都市の発熱点ともいえる盛り場は、どうじに浮世という市民世界の萃点でもあった。

浮世という言葉には、当世風という意味があったとする石田一良氏はこうつづける。第2章でも参照したが、重複を厭わず記しておこう。

「……その心のうちは大衆的価値評価の観念——文化的価値に関する（権威の評価ではなく）大衆自身の評価に信頼しようとする心——がまた厚く込められていた……」のであり、盛り場への参入により「……大都市の町人にとって、都市生活は一種宗教的な意味をさえもつに至った」ゆえに……「大都市のさかり場が彼らにとって一種の聖地たる心をさえもっていた……そこはまた彼等の文化的価値の創造される所であり、価値の基準の決定される場所でさえあった……」[13]（傍点筆者）。

すなわち、盛り場は人々が交歓するだけでなく、町民世界の文化を格づけする場所であり、人生の価値基準の決定される場所であった。さらに出版文化や各種芸能の結社、講などを加えれば、そこは風土公共圏の萃点に他ならない。

江戸随一のさかり場といえば両国であろう。第2章では、平賀源内の名文を眺めたが、『江戸名所図会』の口上は、こんな具合だ。

「楼船扁船ところせく、……一時に水面を覆いかくして、あたかも陸地と異ならず。……絃歌鼓吹は耳に満ちて囂《かまびす》しく、実に大江戸の盛事なり」として其角の俳句を引いている。

この人数船なればこそすずみかな　其角

風土を産み育てる名所という場所は、このように四季の歓楽を共にしつつ人々の身体感覚を都市的に社会化し、すなわち風土化した。こうして砂を嚙むようなニュータウン江戸の住民を孤独と殺風景から救うのであるが、その総決算こそが、盛り場という熱い聖地であった。

そのような山水性と祝祭性という遊相的な二元性が盛り場の境界をこえてだらしなく拡散することは戒めねばならないが、アソビの時空において人間が解きほぐされる自由感覚こそは、管理社会のロゴス優先の軛とデジタル社会の虚ろな呪いを解きほぐす力をもつのではないか。

極相のニハであり、遊相態の都市の萃点として風土の生成をになったニハの転生を考えたい。

6　まち二ハ考——街なかの小さな二六[14]

盛り場というほどの大きさと賑わいはないが、都市に散在する小規模な自由空間に目をうつそう。この身近な自由空間をまち二ハとよびたい。

1　半閉鎖領域性
2　自由空間（車両交通の排除、現代の公界性）
3　公私の両義性
4　身体座の存在（腰掛け、縁台など）
5　山水性と賑わい

まち二ハは、これらの条件を自在に組みあわせた小広場として、都市の公私を混ぜ合わせ、人と人を結ぶであろう。

ここに紹介するまち二ハの原種の交配はおおくの変種をうみだすはずだ。

・ノキバ（檐場）結界型（図8—3）

むかし檐場（ノキバ）大工という言葉があった。農閑期など暇なときに、近隣のよしみで軒下を借りて仕事をこなす大工さんのことだ。町屋の檐場はそこに設けたバッタリ床几にすわって団欒する隣組の二ハである。

図 8—3　檜場結界型まちニハ——祇園白川畔の商家

図 8—4　路地型まちニハ——郡上八幡の路地（象設計集団）

祇園白川べりの甘味商の構え。門に柳一本は路傍名木型の変種ともいえる。壁は少なく、パッチワークのように張り付くのれんやすだれ、矢来、塀囲い。通りに面した町屋の構えは西欧流の固いファサードではなく、聖なる場所を囲う結界の変種にちかい。ここでは、挨拶景ともいえるのれんの奥から人の気配が送られる。

・境内型（まちニハになった家ニハ。次章図9―4参照）

結界によってかこまれた寺社の境内は、ふるくから清々しい山水の気配の漲る信仰の場であり、そして、賑やかな社交の場でもあった。

ちかごろ倉屋敷のようなおおきな民家の塀の内をレストランとして開放し、まちニハに変身した例がふえてきた。小さな境内型まちニハと名なづけておこう。

・路地型（図8―4）

横丁の路地には近所づきあいの安らぎが漲っている。浅い水が裏路地をながれてゆく。簡素でモダンなせせらぎの名作である。軒下にしつらえた縁台という「身体座」が「寄る辺」を演出している。

・橋詰迎賓型（図8―5A・B）　角倉了以・素庵父子が慶長期に拓いた高瀬川。水の物流幹線に、東海道の終点が交わる。旅人がにぎやかに行き交う道と、小魚の群れる清流が結ばれる橋詰、風土二軸が直交するこの萃点は、人々が一息つく「寄る辺」だ。今、幕末のいけす料理屋の風情が、イタリア料理屋に衣がえして戻ってきた。

・河原盛り場型（図8―6A・B）

図 8—5A　橋詰迎賓型まちニハ——幕末の京都三条橋詰

図 8—5B　橋詰迎賓型まちニハ——京都三条木屋町橋詰のイタリア料理店

図 8―6A　河原盛り場型まちニハ――「京都四条河原夕涼」（広重）

図 8―6B　河原盛り場型まちニハ――都市の縁側になった四条河原の盛り場

図 8—7　路傍名木型まちニハ——「麻布一本松」（『江戸名所図会』）

京の四条河原はそのまま夏の納涼を楽しむ名所であった。広重も描いた、『都林泉名所図会』もとりあげた。昭和初期の洪水後の治水事業で、水の盛り場はあっけなくきえたが、両岸の納涼床として換骨奪胎の妙技を天下にしめした。

・路傍名木型（**図 8—7**）

いわれはさまざまだが一株の老木に注連縄を懸け、その下に垣をめぐらせている。よくみると松影の小屋掛け茶屋で、女性が茶をたてている。並木も大楼もないが、大樹一株が見事な名所をなす。

氷川明神の別当が松の世話をしていたらしいから神木に違いない。民家の構えの内から生え伸びて道を越え、水面に枝を垂れるあの小名木川五本松、今井浄興寺琴弾松など、江戸名所に類例をこと欠

図 8—8　バザー・ターミナル複合型まちニハ——都電三ノ輪橋ターミナルとジョイフル三ノ輪（東京・荒川区）

図 8—9　高層ビルの軒先のまちニハ——グランフロント大阪

かない名木信仰のまちニハである。

・バザー・ターミナル複合型（図8―8）

東京荒川区のジョイフル三ノ輪商店街は、興味あるまちニハである。そこへ直結した都電のターミナルは市民団体が丹精したバラ園を添え、喫茶店が隣接する。

みずみずしい下町の気配がのこる、ほどよい道幅のアーケード型歩道にバザー風の賑わい。ここには近隣のミニ盛り場の感がある。このような気のおけない市場《いちば》型の商店街が少しずつ消えてゆくのは残念である。

望むらくは商店街がいますこし清々しい山水性を思い出してほしい。店先に気の利いた盆栽一鉢、すすきの鉢植でもあれば町の熱気に品格が備わるのだが……。戦災都市の復興と苦闘し、「美観商店街」に熱をいれた石川栄耀先生にとって、そもそも美観とは何であったろう（第9章第2節（3）参照）。

そのほか高層ビル軒先のまちニハ（図8―9）は、古典的軒先の現代版と見える。ビルの屋上をつかった都市農園型など、変種を挙げればきりもない。読者の想像力と工夫に期待したい。

7　超ニハ理論――風土は極相のニハ

日本の現代都市は零落した山水都市である。衰えたとはいえ山水の匂いはまだ生きている。生垣に椿が咲き、柿の実が塀越しにのぞく。朝顔の咲く路地、石垣の野の花。茫々とした都市の隙間に山水の欠けらを散り敷いた都市。現代都市の外見は硬いが、その胎内にはまだ生の波紋が広がっている。

「場の気配」あるいは状況という虚在する都市の有様は先にも詳しく見たので繰り返さないが（第3章第3節参照）、都市を大観する幕末の「江戸一目図屛風」はその集大成ともいえる。富士山の手前に江戸湾と墨田川が配された江戸のまちの地図的構造が見るものに迫ってくる。だが、あの墨画淡彩・六曲一隻（天地一七六・〇cm×左右三五二・八cm）という大画面の細部に視線を滑らせてゆくと、にわかに状況は一変する。両国橋納涼、飛鳥山や諏訪台の花見、九段坂下紅葉、冠雪の富士、名刹地祇の数々は、そこから発した数知れぬ風雅と詩歌の母胎でもあった。

じつに五百箇所もの名所という風土の萃点には、四季の彩りに戯れ、そこに交差して生きる夥しい人間が活写される。富士の見つめる川辺のニハに生をあずけた江戸っ子たちが、そこで土地のいぶきに染まってゆくドラマだ。十九世紀はじめ、百万ちかい人口をかかえた江戸という近世大都市は、寺社を萃点とする無数の風土公共圏の集合体であった。それらを一大風土圏に括りあげる求心力は、まさしく霊山富士と大川という風土神話から発していた。富士の霊気は、江戸市中に築かれたおびただしい数の富士塚から溢れだし、大川の水辺には、浅草と両国に破格の盛り場が萃点をなしていた。

人間が自然を耕し、巡り歩き、戯れ、解釈と意味づけをかさねた回遊庭園としての都市、こうしてついに自然と相即不離の契りを結んだこの極相のニハ（場）は、まさしく天・地・人合作の風土にほかならない。

南方熊楠の「神社合祀反対意見」にはじまり、風土という公共圏をめぐって、考えをめぐらしてきた我々は、いまやニハの複合態として都市をながめた結果、都市も風土も極相のニハとみる地点に達した。

さらに、第Ⅱ部を通覧して省みれば、風土公共圏はニハと同相であり、次の特徴をもつ。

一、風土は天・地・人の相即不離な関係、ならびに人と人の相即不離（間柄性、縁）という二軸の交差と、その歴史的運動が張りだす小宇宙であり、人間は風土によって自己了解する。

二、モノ、空間、人間、自然の諸要素は、多様な風土座（次章参照）が演じる「アソビ」、「戯れ」という遊相的な運動によって互いに情理的に結縁される。

三、祖型のニハが持つ「山水性」、「公界性」、「祝祭性」、「縁側性」の四点を風土は引き継いでいる。

四、風土はニハの祝祭性を代表する「盛り場」という萃点をもつ。

五、風土性の血筋をうけつぐ都市は、小さなニハが結界と縁《ふち》でふわりと結ばれた、「場」＝ニハの情理的錯綜体である。

六、ニハとしての都市は、言語や造形によって分節された構造体、あるいは、粒子化された風物群のモノ的性質とならんで、祭祀・芸能的なコトの生起するうねりの場という波動的な二つの顔をもっている。

七、風土という「場」（三八）の精気のなかで、間柄的人間の芸能的な「元気」が交差し戯れるとき、風土と人間はともに活性化し風土的歴史は進行する。

八、風土公共圏は非政治的な情緒的共同体（コミュニタス）として、文明の周縁に生きながらその中心を活性化する。

社交性のつよい風土的都市の特徴は、さまざまな工作物を生産するが、最も大きな特徴は、都市的な情報生産にある。端的にいえば、それは、風土という価値の消費であり、それが同時に風土の再生産になる。ゆえに極相のニハである風土的都市は文化の増殖炉である。

以上、超ニハの情理をもって、風土を引き継ぎ、推進する知恵と装置を次章にて工夫してみたい。

注および風土資料

（1）神社合祀令　一九〇六（明治三十九）年の第一次西園寺内閣における勅令ではじまった神社合祀政策は、自治体の整理をともなう中央集権化政策の一環でもあった。一八七四年に七万八二八〇であった自治体は、市町村制が交付された一八八八年末に七万一三一四、一八八九年末までに一万五八二〇にまで減少した。神社合祀令は、一九一一年以降、取り下げ。（参考文献　鶴見和子『南方熊楠』講談社学術文庫、一九八一年、二四九頁）

（2）中村良夫「社会・環境システム史からみたアメニティの位置づけについて」、『環境システム研究』vol. 16、土木学会、一九八八年八月、一四―一九頁。

参考文献

1　上田正昭、上田篤『鎮守の森は蘇る』思文閣、二〇〇一年、六七頁。

2　中村良夫『風景学入門』中公新書、一九八二年、一八―二三頁。日本の近代化における南方の行動と柳宗悦の民藝論の意義を論じている。

（3）鶴見、前掲書、八六頁。

参考文献　鶴見和子『南方熊楠・萃点の思想』藤原書店、二〇〇一年。

（4）鶴見、前掲書、八八頁。

（5）R・T・ヘスター、土肥真人訳『エコロジカル・デモクラシー』鹿島出版会、二〇一八年、一二九頁、第五章「聖性」。

ノース・カロライナ州マンテオ市のウォーターフロント活性化や町のデザインプロセス調査でほりおこされた町の聖なる場所とはつぎのようなものであった。

「町を取り囲む湿地、地元の人が廃校の建材を使い愛情を込めて建造したジュールズ・パーク、薬屋とソーダ売り場、郵便局、教会、クリスマスショップ、家々のフロントポーチ、町の船着場、Walter Raleigh 卿の像、居酒屋のようなダッチェス・レストラン、タウンホール、地元でつくられた判読不能の道路標識、町営墓地、砂利敷き駐車場のクリスマスツリー、故人を追慕して置かれた公園の街灯、……」。ちなみにフロントポーチとは、本章第6節「まちニハ考」で紹介するバッタリ床机をそなえた「ノキバ（檐庭）」のようなものか。そこで主婦が編み物などしながら近所の住民とおしゃべりなどする。ダッチェス・レストランは人々の溜まり場、居酒屋であろう。これらは法的文化財とは縁遠い、いわばローカルなB級風物として永く人びとの胸のなかで生き、互いを繋ぐ聖なる構造なのだ。

このような問題提起が今、世界の最強軍事大国の片隅で起きていることを思うと、南方熊楠の先見性がのみこめるであろう。

（6）J・ホイジンガ、高橋英夫訳『ホモ・ルーデンス』中公文庫、一九七三年、三九頁。情緒的共同体については、第5章注（44）参照。

（7）鈴木豊「語頭濁音語バ（場）の成立過程について」、『文京学院短期大学紀要』第九号、文京学院大学外国語学部、二〇〇九年。なお、一般に日本語の語頭濁音語は指悪的な強調を伴う語感があるとされるが、この場合には、それに該当しないだろう。

（8）網野善彦『日本論の視座』小学館、一九九〇年、第四章。市場、狩場、合戦場、軍場《いくさば》、馬場、鞠場、普請場などをあげ、これらの場は「本来は、庭と書かれたことは間違いない」とされる（二七二頁）。稲場のように村落共同体の農作業の場も含まれる。「神事を行う場所は、『祭りの庭』であり……多少とも共同の作業、あるいは共同体的な行事、祭や神事等の行われる場所さらに、『芸能』の行われる場所を主としてさす……」

（9）参考文献　小笠原恭子『出雲のおくに』中公新書、一九八四年。

（10）折口信夫『日本藝能史六講』講談社学術文庫、一九九一年、二四―三八頁。

（11）小野・本康・三宅『大名庭園の近代』思文閣出版、二〇一八年、二二―二七頁。

（12）参考文献　中村良夫「山水都市の流儀」、『環』54号・特集「日本の原風景」、藤原書店、二〇一三年夏。原風景としてあらわれる風土を日本列島、地方性、個人の三層で論じている。

（13）石田一良『町民文化』至文堂、一九六一年、五九頁。
参考文献　深川区史編纂会『深川情緒の研究』有峰書店、一九七五年。

（14）中村良夫「まち二ハ考」、『季刊まちづくり』四二号、二〇一四年四月、四―一三頁。
参考文献
1　『生態・文化複合系の再構築に関する研究』国土文化研究所、建設技術研究所、二〇一一年。
2　K. Okamura, Y. Iida, T. Kimuta, S. Inaba, T. Takahahsi, Y. Nakamura, "A Study on Socio-Ecological Cultural Complex in Urban Milieux," *Landscape and Imagination*, Villette, Paris, 2013.
3　上田篤・田畑修編『路地研究』鹿島出版会、二〇一三年。

第9章

生きてゆく風土公共圏

風土生成の方法

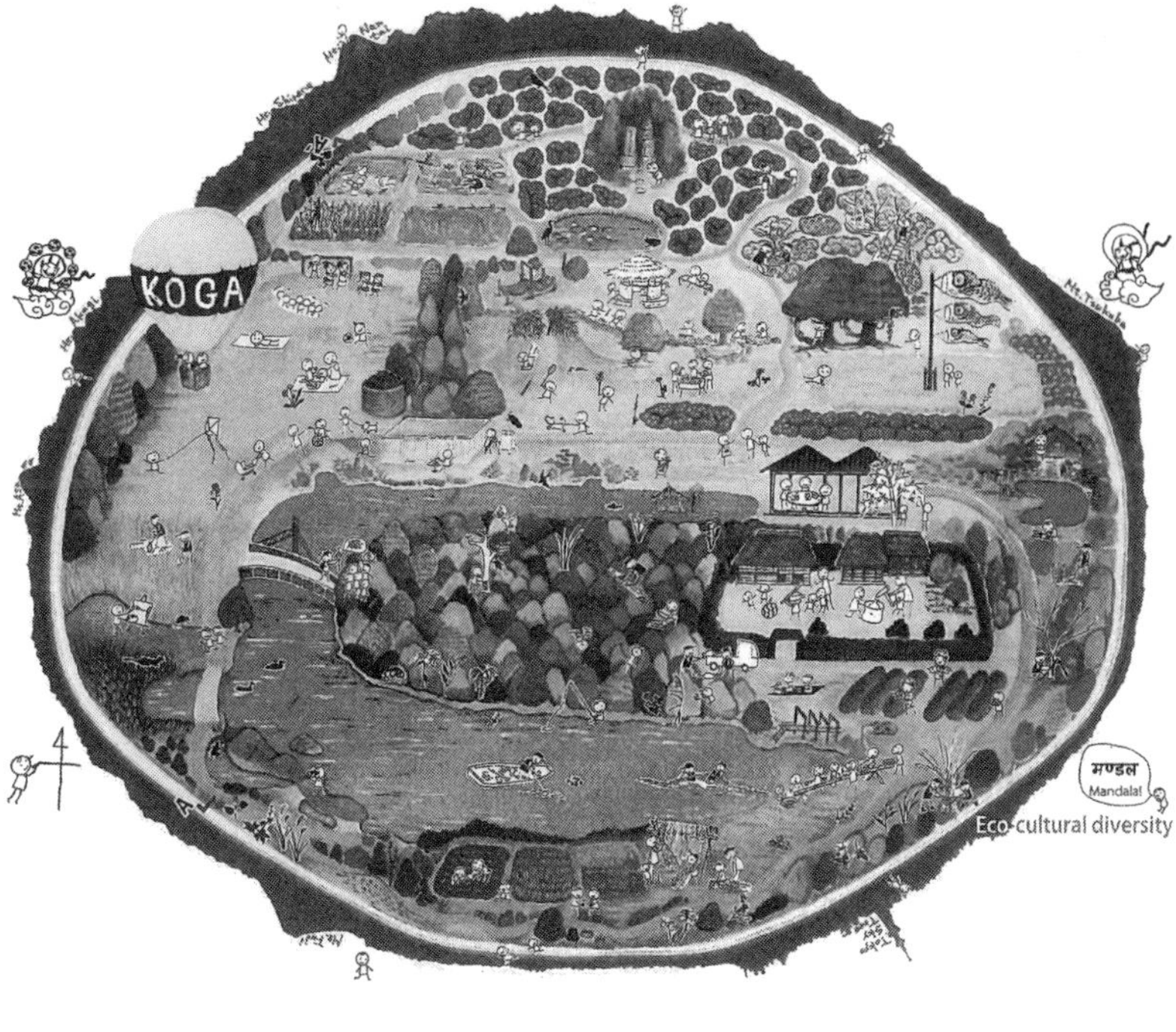

（図 9―1　部分拡大 白石幸子）

図 9―1　山水戯画曼荼羅

（古河公方公園。川田、金子、白石、石井、牧尾、菅、橋本、野中による）

風土はいかにして成るか。山野にまじって共同で作業した昔の入会地の作法を復唱すること。田植え、花見、茶摘み、野点、野草復元、自然と戯れるコミュニティ行事の提案……。新時代のコモンズのあり方を探る実験場になった都市公園（第 9 章第 3 節参照）。

1　生々流転する風土——神の不在をいかに補うか？

（1）未来への投企——風土資産の継承と運用

風土について、長々と語ってきた。

いよいよ、未来へ目をむけたい。計画論である。

風土的現象の構造分析をつうじて、和辻は「風土もまた人間の身体であった」という驚くべき命題にたどり着いた。つまり世代を継いで、大地をめぐり、合一と分裂をくりかえす無数の間柄的人間の軌跡とそこへ播種される言語の群れ、それが風土なら、まさしく「風土は共同体の身体」に違いない。

ともかく、われわれは風土の計画を論じる地点に達した。和辻は計画という主知的操作に慎重であろうが、[1]「風土的規定は歴史現象として負荷されるがゆえに……、人間の自由なる発動にもまた一定の性格を与える」と微妙な発言をする（『風土』二六頁）。さらに、和辻はつづける。「（個人の）肉体の主体性が恢復されるべきであると同じ意味で風土の主体性が恢復されなくてはならない」と。

風土の主体性とは、すなわち、自治する共同体の主体性であろう。ここに歴史性をもつ風土を継承し、未来を望む風土自治が要請されている。

さて、人間（共同体）の身体としての風土の生成を、どのように計画プロセスあるいは育成プロセスに翻訳しうるのか。歴史という物語性を継承し、時にそれを改訂しながら未来を語るには、死者の声にも耳を傾けねばならない。となれば、それは機械をいじくるような手つきでは手に負えない。発酵、醸成、育成という生物原理による熟成か。あるいは編集的創造なのか。風景や風物そして雅俗不二の風流は、このプロセスのなかにどう取り込めるのか？「巡り」と「アソビ」は、講釈、理屈なしに人々を感化するか。

まず第6章でたどり着いた「風土の繭玉モデル」（図6—2）を参照しながら前進しよう。たえまなく生成される風土圏において、二つの風土機構を見ることができる。第一は間柄的人間が風土を組みあげてゆく「風土公共圏」。風土が胚胎しやがて熟してゆく揺りかごとしてこの「超ニハ」にあっては、生成を推しすすめる熱源として「萃点」が欠かせない。そこで、人間は自然を縦糸にし、アソビ、戯れを横糸にして風土を織りあげ、熟成をまつしかない。

第二は風土の表現。

風土母胎をなしている天・地・人の諸要素は、生活の中で、味読され、復唱されながら、風土の表現として立ち現れる。第7章でみたように、風土の舞台ともいえる風景のなかで役者のように振る舞う風物は、衣食住や行事、山川草木の彩りを通じて四季の巡りを演じてくれる。このような風土の表現を噛みしめ、それと戯れながら、その転生をはかりたい。

それは天・地・人の物語を読みかえながら、あらたな表現を編み出す行為といってもよい。(2) ともかく風土は、いつも生活の友である、つき合わないと、ご機嫌が斜めになる。

（2）風土生成の仕組み

風土というニハは、個人の創意工夫を共同体の絆のなかで育て上げ、風土の恩沢を継承、享受する場所である。そこで進行する文化の生産と消費、生成と消滅、演技と享受、この相反と対立の垣根をやぶる方法を編み出したい。すなわち風土の享受が、すなわち風土資産の継承につながるばかりか、その増殖に繋がる再生産プロセスを工夫したい。合理的な計画を是としながらも、それを主体的な生の飛躍に結びつけたい。この風土の再生産プロセスは、歴史を覚醒し、生成する物語に再編することを意味する。それは基礎自治体と市民が手をとりあって取り組む風土の継承と発展の仕組みと言える。

このような風土生成の営みをやや詳しく見てみよう。

風土理論の繭玉モデル（前掲**図6―2**）を実務的に改訂した風土自治モデルを提案してみたい（**図9―2**）。

改めて問題を確かめよう。

超ニハとしての風土を継承し生成するには、三つの原則を視野にいれ、第6章で明らかにした風土原理を参照しながら進もう。

その一は、間柄的人間の絆を継承し増進すること（間柄原理）。

その二は、大自然と人間が結んだ相即不離の間柄的な絆を継承し発展させること（天・地・人の

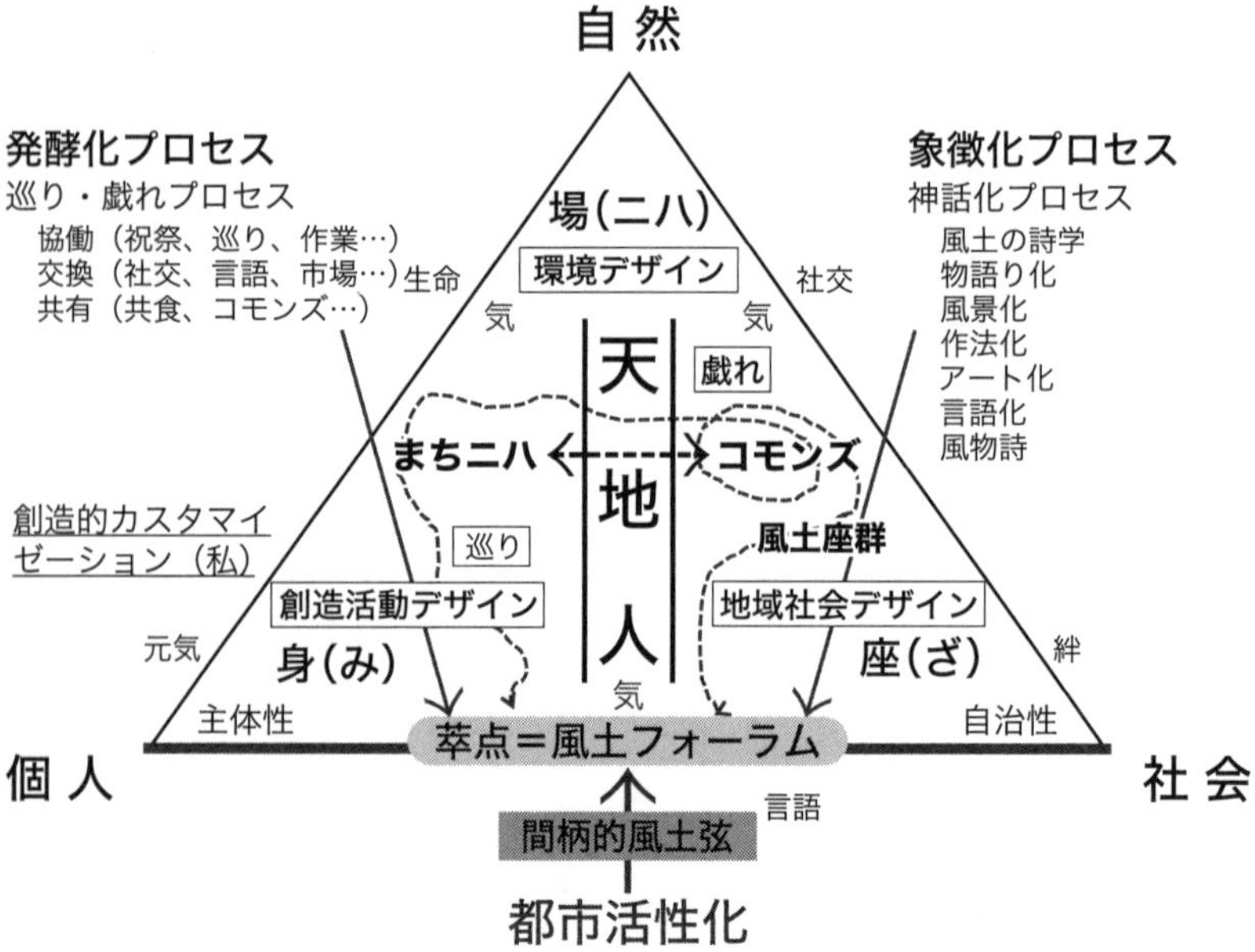

図 9—2　風土自治熟成三元モデル　天・地・人のまちづくり

風土の縮図・縁側に見立てた間柄的風土弦の前に、天地が張り出す清々しい回遊式の場（ニハ）が翼を広げている。両者の交点に風土フォーラムが縁台のように張り出し、風土生成を統べる。天地と人、人と人を結び、さらにこの２軸を結びつける主体的な「気」の力が、巡りと戯れによって風土圏に溢れ出す。コモンズ（入会地）は風土の発酵を促し、風土フォーラムは神話化の編集センターになる。

原理)。

この二軸の交差点を、「風土の萃点」とみなす。

その三、風土の継承と生成は、図面や書類の堆積ではない。風土というニハに「身」を挺し、何よりも風土の最小単位である市民自身に楽しい自己変容をうながす。すなわち「戯れ」と「巡り」を実践する風土座（後述）の活躍により、蚕虫が己の体液を八方へ吹きだしながら繭を編むように風土を編んでゆく（自己参照とアソビの原理）。

この三題をばらばらでなく、同時に見据えながら風土を織り上げていく。

まずは、個人（私）と社会の両極を往復しながら風土自治の基底をなす間柄的風土弦を張る。その左端を占めるのは、風土を前進させる創造的個人であるべき「私」の「元気」である。

考え、感じ、創造する主体としての個人は、風土性の香り高いアートの創造に励み、あるいは母なる大地に投げ出した身体を鍛えねばならないが、同時に、衣食住、祭りや言語など共同体が育てた風土の形象を、自分の好みに応じて変形し、カスタマイズする自由と歓びを享受するだろう。

そして間柄的風土弦の右端には、とりあえず基礎自治体を視野におこう。風土創生の市民活動をささえる市町村は、基本的インフラとプラットフォームの整備を担当する。次節でのべる風土フォーラムの立ち上げは最重要な課題である。たとえば、大地と触れる市民たちの風土演習場としてのコモンズ、[5]まちニハ、自転車専用道、トレッキングトレイル、ホースバックトレイル、風土資料館なども行政の課題としてあげておく。

間柄的風土弦の化身ともいえる「風土座群」は、風土創生にかかわる多様な市民グループの集合体であり、先に述べた機織りモデルにおけるシャトルに相当する。

風土の熟成プロセスを担う遊走的な風土座市民たちの「巡り」と「戯れ」によって、間柄的風土弦が支える天頂の自然は、次第に風土化し、天・地・人という風土の場へ取り込まれる。

風土の熟成プロセスは二段階にわかれるだろう。

・発酵化プロセス

都市計画法、都市公園法、中心市街地活性化法、都市緑地法、河川法、農地法、森林法……などおおくの法律にもとづく多様なまちづくり地方行政の意思決定に市民はかかわるにしても、さしあたり政治的意思決定への参加ではなく、風土化への参加を考えたい。つまり、風土と戯れ、巡り歩きながら環境を発酵させてゆく民衆的な熟成プロセスを特に考えてみた。それは文化の母胎としてのアソビへの参加である。

それは、ちょうど風土という漬物の糠床におかれた胡瓜や茄子や人参が、母の手で丁寧に掻き混ぜられながら、じっくりと発酵してゆく過程ににている。このような糠床、あるいは稲の苗床のような風土のインキュベーター（孵卵の場）に身を投じて、風土を継承しようとする多様な市民グループすなわち「風土座」の活躍は、次のような活動分野に分類されるが、平たく言ってめぐりと戯れによって、風土圏に「気」の力を播種しながら、自身を風土化してゆく。

（a）協働（祝祭、まち巡り、風土工芸、郷土の写真収集、トレッキング、風土性スポーツ、など）

（b）交換（市場、社交、劇場などによるモノや情報の交換と加工）
（c）共有（風土化実験場としてのコモンズ的林野、草地、畑地、農作業、郷土史、郷土文学、食文化、風景や風物、郷土史、人物史研究、風土博物館）

・象徴化プロセス（または神話化プロセス）

このようにして発酵した風土の素材は、さらに、風土自治のなかで組み替え、統合され、詠み人知らずの風格を帯びるように鍛えられる。糠床で発酵した山海の食材のかずかずが巧みに料理され、美しく皿に盛られて、祝宴の場をかざるに似ている。

発酵した素材を物語化、あるいは神話化するとも言えるこの象徴化プロセスは風土の詩的表現といってもよい。歴史的建造物に始まり、風景や風物、建築、染色、工芸、郷土料理、祭祀、地名、郷土の人物の伝説などによって、風土の詩的表現を工夫することである。事実としての郷土の歴史は、人心を統合し、奮いたたせる上質の神話になった時、人を突き動かす。

軽井沢を愛し、若くして死の床についた詩人・立原道造は「軽井沢の五月の風をゼリーにして持ってきてください」と懇願した。この時、気象現象としての五月の風は、神話になった。それは、ノウハウ化や行政のマニュアル化をこえた風土の魂である。このような、象徴化プロセスは、かって風土自治の萃点として、農村の産土社やコモンズ（共有地）において生きていた。活動分野をこえた発酵化や象徴化プロセスを統括する現代の萃点は空洞化の危機にさらされた都心におくのがよい。それを風土フォーラムと名づけてみたい。それは風土の計画ではなく、風土を醸成しつつ神話化する神殿である。

二十二世紀を見据えた「軽井沢グランドデザイン」で提案された仕組みを、いくらか翻案して紹介しよう（本章注（3）文献参照）。

2 風土フォーラム——風土の要・楽しい自己変容の場所（二八）をつくる

（1）風土自治の萃点《すいてん》——風土座の本所として

南方熊楠が宇宙の事理をたばねる萃点に見立てた産土社は風土自治のヒントになる。

歴史という物語を未来へ向けて投企しながら、風土の連鎖的生成を促すためには、気力に富む個人の出会いを束ね、互いにアイデアを増殖し共鳴しあう楽しい自己変容の場所を用意しなければならない。そのような場所を「風土フォーラム」(3)と呼ぶことにしたい。過ぎ去った時間に物語の衣をきせれば歴史になり、ただの気象現象は詩人の言葉で魂をもつ。そこに産まれる未来への意志を束ねる風土フォーラムは、天・地・人三才が戯れる風土という小宇宙を継承し、未来を物語りする人たちの寄り合いであり、まちづくり道楽者が自由に交流するアソビ座でもある。大きなまちであれば、同好者のつどう多様な「風土座」や現代のコモンズ（入会地）を統括する本所（寄りあいセンター）として風土フォーラムは機能するだろう。

これは、深い森につつまれた中世の惣村において、遠来の神を招いて酒食をともにしながら、賑々しく開かれた神アソビや江戸時代のよりあい（結い）、共同作業体であった催合《もやい》の二十一世紀版といえる。現代の地方都市が陥った空洞化の危機を脱するには、愛郷心を育てる萃点の再構築が欠かせないだろう。

「風土フォーラム」の主役は、さまざな文化・福祉活動に挺身する大小の市民団体だ。これを中世の言葉によって「風土座」と呼ぶ。あるいは江戸時代の文化団体「連」や「講」でもよい。「風土フォーラム」は彼らの拠り所になる本所である。まちづくり道楽者のサロンともいえるフォーラムは、顔見知りの集う「メンバー制の公共」を熱源としながらも、観光客をふくめたすべての人に開かれる。

（2）社交原理と自己変容――お蚕さんの志

風土の生成を促す「風土フォーラム」を軸にした天・地・人のまちづくりは、風土の主体性を回復する自治をおこなう。したがって、その仕事は自己変革を前提に進行するから、機械の設計図もどきの「客観的な未来計画」をお題目のように唱えたりはしない。

風土フォーラムのめざすところは、市民自身の未来への投企である。それゆえ、その語り口は他人ごとではなく、お蚕さんのように、幼虫からサナギへ蛾へと、たえず自己を変容することになるはずだ。

第一に、共同体の身体である風土の蘇生術は、他人事ではなく、自らに息を吹き込む行為になる。

フォーラムが醸し出す風土という世界は、我が身を変える「自己参照的」な言論の場と言ってよい。

第二に、個人、社会、自然という三者の相即不離な「間柄」を活性化する風土プロセスは、一直線にすすむわけではない。対話的な、いや、むしろ交歓する社交原理といういささか祝祭的な身振りによって風土という神話は育っていく。そのような場を提供した昔の神社にかわって、風土フォーラムは神の不在を償うサロンになって欲しい。郊外におかれたコモンズは、ニハ（場）としての風土の野外演習場になる。

風土フォーラムはただの貸し会議室ではない。あるいは、多数決原理による政治的な意思決定の議場でもない。むしろ、社交を楽しむ人々が交歓しながら、郷土の過去と未来を編集するサロンである。あるいはコミュニティ活動ならではのアソビ的実践のなかで、人と人、人と環境の縁《えにし》を縫いながら、わが郷土にその未来を語らせる場所である。こうして、風土という未来神話は発酵するであろう。四角四面の会議室から生きた歴史はうまれない。

（3）演劇的な空間構成——中心市街地の切り札

「風土自治」を語る本書がかさねて語ったように、中世いらい日本の都市といえば、山水の霊気に盛り場の元気が混じる矛盾態の精気を吸って生きてきた。日出ずる国の基層文化に発するこの風流なダイナミスムを、いま衰退に喘いでいる地方都市の都心蘇生に結びつけられないか。

風土フォーラムの可能性のひとつは、石川栄耀がこだわった「美観商店街」にある。まちづくり株式会社が指導した高松丸亀商店街や滋賀長浜の「黒壁」など、希望の星も輝き始めたのは嬉しいが、多くの商店街は青息吐息だ。ここでは、原因の詮索は控えるが、ともかく萃点が消え、失神する風土の急場をしのがねばならない。

家並みが歯抜けになり、ぺんぺん草の生え伸びる旧都心にこそ風土フォーラムはおきたい。盛り場の原点のひとつは、茫とした河原の仮設舞台であった。それを思い出そう。衰退する地方都市は初めから過大な投資はできないのだから、仮設・小屋掛け原理で始めよう。

使いふるして打ち捨てられた石倉やバラックめいた家、そして屋台や小屋掛けの寄せ集めから始まる風土フォーラムを覗いてみよう。その中心は花木のあいだを風が吹き抜けるまちニハである。ときには、そこにまつりの舞台も組まれる清々しい広場の縁に、オープン・カフェや地場野菜、工芸品などを商う市場にまじって屋台風レストラン（食文化再生・創生実験場）が店開きしている。年代ものの石倉や、故郷の山河を遠望すればなおよい。その一隅に市民の風土旗を高々と掲げよう。

託児所や高齢者ホームと複合化したサロン的な室内には、図書館、風土資料・研究・広報センターなどが付随する。そのたたずまいは質素でも、ひとびとの活動や社交がにぎにぎしく展開する場所にしよう。そこへ混じってゆく自分はいつしか風土という舞台の役者になる。全員参加の「盆踊り原理」に立つまちづくりに見物人はいないはずだ。そこで故郷に目覚める自分を哲学者は「自己了解」とよぶ。

風土フォーラムは質素でも神韻を感じる場所である。むかし、神社には御旅所という神輿の立ち寄る場所があちこちにあった。フォーラムは総鎮守の御旅所のように、神輿を安置し、おまつり芸能センターにする。そこで巫女の舞をまねき、市が開くときは神主に祝詞をあげてもらう。もし、寺社の協賛がえられるなら尚よい。まちニハ化した寺社境内は立派なフォーラムになる。

問題は行政センターである。高度成長期に町外れへ逃れた市役所のあとを追うように、まちづくりの旗振り役の商工会議所まで郊外へ移ってしまった。やむを得ぬ時代の趨勢であったが、時が流れた今、風土フォーラムを囲む中心市街地に、市長公室と式典空間だけでも戻し、高々と自治体の旗を翻えそう。他の窓口業務はタコ足配線でいい。

わが町はなにもない、と言ってはいけない。先に紹介した風物の助けを借りよう。ひな祭り、夏のかき氷、とれたての茄子も胡瓜も大根も立派な役者だ。鯉のぼりも、松飾りでも、あるいは一株の桜の樹でもよい。木枯らしのかすれ声を聴きながら、おでんやお好み焼きも風流だ。列島の津々浦々、季節の演出に事欠きはしない。

しかし何よりも故郷を信じる元気な人々の姿こそが風土資産の元単位なのだ。人が育てば後はなんとかなる、そう信じることだ。人に投資すべきだ。経験が教える土壇場の知恵である。

風土フォーラムは神の不在を償う本所として様々な風土座を束ねる。そこに立ち現れる生き生きした市民生活の賑わい、あるいはまた、さしたる用事がなくても、お茶でもすすりながら、上質の無為の時間を楽しめる場所として、風土フォーラムは中心市街地活性化の切り札になって欲しい。盛り場の血筋をひいた未来型の広場だ。

さまざまな市民団体が活躍する多くの自治体では、一服するカフェもない公民館の貸会議室で、議題に縛られた集会が閉じれば解散だ。これでは風土は育たない。風土はアソビに宿り戯れに育つのだ。

趣味の会やボランティアなど多数の郷土文化団体の集合体、エコール・ド・まつしろ(4)は、風土フォーラムの一形態である。この風土座群は、かつて象山神社という本所をもち、いまは松代観光協会に統括事務局をおいて互いに交流しながら観光客への体験支援などに協力している。

3 実証実験される都市コモンズ(5)(入会地)——うごきだした風土座

(1) 古河公方公園——御所沼コモンズ(図9—3)

応仁の乱に先立つ享徳四(一四五五)年、幕府の関東府に内乱がおこり、鎌倉の公方・足利成氏が下総の古河へ移座した。いらい一三〇年あまり、古河公方五代の居館を護った御所沼の復元がこのプロジェクトの中心である。古河公方の霊は御所沼という身体を得てはじめて蘇る。地相は地霊の身体である。この風土資産を継承し発展させるべく行政と市民が手をくんだ。

戦後の食料難の時代、沼を埋めて拓かれた水田も、国の農業政策の気まぐれで打ち棄てられた。汚泥にまみれたその公園予定地を初めておとずれたとき、私がもっとももこころ惹かれたのは、村人の信仰をあつめた「目洗弁天の地蔵菩薩と手向けの彼岸花」であった。この入会《いりあい》沼が公園に取り込

図 9—3　四葉のクローバーを探す老夫婦（古河公方公園。野中健司氏提供）

まれたいまでも、泉の仏に手向けの花が絶えることはない。そこには、こぎれいな近代公園をこえた入会《いりあい》沼の風情が残っていた。共同体の農作業や子供たちの原っぱを復活させながら、萎れしぼんだコミュニティをここに再生させることはできないであろうか。万人に開かれたこぎれいな近代公園の思想にいささか違和感を覚えていた私のなかに、何かが湧き上がった。

幸い、市長さんや行政の賛同を得て、御所沼復元プロジェクトは現実となった。

小さな泉のほとりで見た虚空蔵菩薩と彼岸花の衝撃はなんであったか。それは、沼の地霊と暮らす農民たちの入会《いりあい》（コモンズ）という風土の磁力である。

この風土資産を継承し発展させたい。沼の復元で第一の関門はくぐった。次は、市民の出番である。

それには、運営に深く関わる特権をもった会員制の公共と、だれでも立ち入る平等を両立させねばならない。利用にともなういくらかの私有感覚をつうじて風土を編んでゆく。こういう考えを胸にした私は、この古河公方公園でいささか実験を提案してみた。

大規模な桃の花まつり、秋の産業祭など、観光協会の主催する年二回の大きな催しのほかに、子育て中のお母さんグループが動きはじめた。苗代の準備、田植えから収穫、脱穀、餅つきまで四季を一巡する水田稲作の「泥んこクラブ」だ。この組織にはいつしか夫たちも協力し、いまや二〇年すぎて、代替わりしている。すると秋の七草を復元し、キノコ栽培に励む小さな「もりもりクラブ」が芽ぶいて、水辺の里山の生態系を育てながら、野生草本類による風景の可能性をしめした。さらに茶畑と茶摘みの新茶まつりは、野点の茶席の背景に鯉のぼりが泳ぐ初夏の風物を再現してくれた。これにつづいて園内コーヒーショップのランチメニューを提案する会、俳句会、写生クラブ、ときどき虫聴き、七夕、月見などの小さな行事を開く。「子育てのころりんクラブ」は二代目市民の初姿である。

このような市民的な行事の芽を近代公園のなかで育てるためには工夫がいる。そこには、愛着に欠かせぬ程よい私有感覚を認めなければならない。公と私はどのようにとけ合うのか。行政と市民が対等に公園運営を話し合う「円卓会議」が発足する。そして、両者の間をとりもちながら風土を紡いでいくパークマスター制度が動きだした。

昔、庭づくりは普請道楽の主人とプロの庭師との丁々発止の対話で進んだ。コモンズ型公園では、パークマスターが公と私の触媒役をする。二〇一八年の都市公園新法によって、円卓会議は法定会議になった。

次に市民による「解釈の自由」について……。

村の屋敷林がのこる公園の一隅、巨木に巻きつく藤つるはこどものお気に入りのブランコになり、せっかくつくった斜面の笹原は格好の滑り台になった。だが、利用者には解釈の自由があるのではないか。設計者が思いもよらぬ見立て利用の妙をみて感嘆し、疑問がわいてきた。デザインとは何なのか？

無機的なコンクリートの消波ブロックや砂防法面工、怪物のような排水ポンプなどの産業遺産を随所に入れた。このような無意味なもの、風景の零度をどのように市民が消化し、解釈し、ふるさとという物語を紡いでいくのか。

嬉しいことに、シルバー人材センター派遣のメンバーが親身になって緑地の面倒をみてくれた。きっとおじさんたちも定年後の生き甲斐を発見したに相違ない。

この公園の経験は、風土生成の方法として現代のコモンズ（入会地）を模索するのにいくらか参考になるかと思う。共有する風景と戯れるように共同作業する。それが風土生成の極意ではないか。

公園の構想を取りまとめるために、御所沼の生活の情景を古老から聞き取る調査をしたときのことだ。古老はおもむろに語り始めた。カッコウの声が水面をわたる……葦原に分け入る小舟、水鳥の巣に卵が……遠い時間を手繰り寄せるような彼の視線をみながら、私は確信した。風土とは人格の母胎である。

実をいえば、風土論の立場でふるさとを考え、まちづくりの理論を構築するきっかけになったのがこの古河公方公園であった。そして、ここは私自身が戦中に疎開し、少年時代をおくった大地で

図9—4　境内型まちニハ——お休み処坂長（坂長イベント・古河七福神めぐり市）

ある。その経緯は詳しく書き留めておいた[6]。

（2）広がる「まちニハ」——お休み処坂長（図9—4）

古い造り酒屋の家屋敷をそっくり保存再生して、まちニハに組み替えた例がある。古河市の「お休み処坂長」、店蔵、住居棟、蔵、大谷石を組み上げた醸造棟などがそっくり残されている。総面積三一三坪、旧古河城から移設した門構えが来客をむかえる。

この酒造屋敷の売却の危機にあたり、篤志家だった元市長・小倉利三郎氏の声がかりで市民有志連がこれを買い上げた。のちに市役所の所有になったその家屋敷をそっくりまちづくり株式会社「雪華」が借りうけて、まちニハに仕立て直した。

この「お休み処坂長」は境内型（まちニハに変身した家ニハ）の好例といえる（第8章第6節参照）。

表通りに通じる中庭がそのまままちニハのかなめになり、そこでときに夜市も開かれ、四季の風物的イベントも満載。それを囲む店蔵は地元名産の売店、大根、茄子、胡瓜……民芸品のようにみごとな地場野菜の顔ぶれが店先にラインナップ……。

なかニハはオープン・カフェ、レストラン、蔵は子供たちがおもいおもいに本を読んだり遊んだりする貸しスペース。利用者提案型スペースも模索中。酒造棟は、市民画廊でもあり、また市民的芸能イベントスペースとして歓声が弾む。ここは、郷土博物館も近い中心市街の一角だが、それでもなお、買い物に不便し、孤立しがちな高齢者を勇気づけるプロジェクトだ。

ここのマネージャーを任された金子のり子さんは東京芸大の油絵科卒で、古河公方公園を愛用していた子育てママの仲間としてコモンズ型公園の発想を自ら身につけた。わたくしは、金子さんにこう言った。

「この小さなまちニハの賑わいはそのまま風土アートだ」

小さなまちニハ的盛り場が、いまあちこちで芽吹いてきた。家庭や職場でもないこうした場所を、「第三の場」として評価する動きが、世界的に広まっている。風土公共圏は蘇ってきた。

久野和子さんの解説を引用しながら、つづけよう。[7] オルデンバーグは伝統的な「第三の場」の実例として、ドイツのビアガーデン、イギリスのパブ、フランスやウィーンのカフェ、さらにアメリカ開拓時代の居酒屋、床屋、美容院などをあげているという。

彼の推奨する良き「第三の場」とは次のようなものだ。

①誰もがいつでも自由に出入りでき、くつろぎ、心地よく感じる中立地帯。②あらゆる人々に平等に門戸を開き、社会的階級や身分とは無縁の付き合いができる。③会話が主要な活動の一つである。④身近でアクセスしやすく、協調的である。⑤常連や客仲間がおり、新しい来訪者を歓迎し、互いの信頼を育む。⑥建物は目立たず、利用者の日常に溶け込んだ気取らない外観をしている。⑦陽気な、遊び場的な雰囲気を持続している。⑧第二の家。心理的な快適さや支援を与えるという点で、良い家庭と極めて似ている。いわば「準家族」といっておこう。

これらはつまり、江戸時代の床屋、風呂屋、水茶屋などがあつまる盛り場はそれに近い。そしてさまざまな講や遊芸の場は、ある程度のメンバー性を特徴とする「第四の場」かもしれない。バブル崩壊後の社会変動により、伝統的な家族観がくずれるいま、「準家族」が育つ場所の可能性が模索されている。(8)

「お休み処坂長」はまさに新しい「第三の場」であるし、非日常ではなく日常を豊かにすること、つまり、これが新世代の「郷土愛」のかたちである。これは小さな風土をつむぐ小さな萃点といってよい。そのほか富山市のグランドプラザ、(9) 八戸の「まちなか広場」など、もう我々の近所に続々誕生している。

これらの例は、衰退の危機を迎える中心市街地の再生につながるだろう。

川場村の田園プラザは、地場産の農産物市場にみどりの広場を組み込んだ道の駅型の新型まちニハといえる。(10)

図9―5　関さんの森全景（「関さんの森を育む会」提供）

（3）関さんの森（図9―5）

松戸市幸谷の「関さんの森」は興味ぶかい道を歩んでいる。建て込んだ町中に魔法のような里山が忽然とあらわれる。広さ二・一ヘクタールの敷地のうち一・一ヘクタールを地主の関さんが特定公益増進財団「埼玉県生態系保護協会」に寄付し、それを市民団体とともに運営している。

安永年間（一七七七年）にこの地に居をかまえた名主・関家の先祖から伝わるこの敷地を、七代目の関さん姉妹の高い志が引き継いだ。湧き水、湿地もみられる里山に、以前はフクロウ、タヌキも棲んでいた。樹齢百年をこえる椎、欅をふくむ五七種の樹木は、密集市街地に現れた緑の蜃気楼だ。この生物多様性の奇跡の森はそればかりか、村の歴史の証人と呼ばれてもよい。江戸時代の門や倉、村人の信仰を集めてきた熊野権現、そして多くの古文書など二二〇年にわたる農村自治の足跡が蔵に保存されているのだ。

つまりこの森は純粋の自然ではない。里山にまじって生き、祈り、時を重ねた生態・文化複合系、つまり風土資産のモデルである。

この地の管理を依頼された市民団体「関さんの森を育む会」が長年の苦労をのりこえて、エコミュージアムとしてさまざまな活用を試みている。児童の自然観察会、環境学習の支援、高齢者の憩いの場、里山ボランティアの育成、維持管理作業が軌道にのるとタケノコ堀り、そうめん流し、紙芝居、森のコンサートなどのコミュニティ行事もてがける。

なかでも圧巻は、関家の屋敷の真ん中をつらぬく都市計画道路の強制収容手続に対し、松戸の原風景を守るため、屋敷の外側を迂回するルートへ変更をもとめ、市当局との粘り強い交渉で最悪の路線を回避したことだ。ケンポナシ、ケヤキ、エノキなどの巨木を移植しながら計画路線の変更をめざした運動がみのって、都市計画道路として正式に変更させた希な事例であろう（二〇一九年八月）。市当局との交渉は、なかなか厳しいモノがあったと察するが、良好な関係を保っているのは、両者の見識と人徳であろう。

さて、この都市化時代のコモンズの運営費用だが、一家族五百円、百家族の会員からのささやかな収入をおぎなうため、イベントの参加費、関さんの森からとれるタケノコ、梅林の生ウメを、梅干しにして販売する。こういう市民的収益事業は都市公園法の公園ではなかなか難しい。そのほか、環境教育関係財団の補助事業や千葉県生物多様性保全事業などの援助で湧水池、歩道橋の整備九〇万円（二〇〇九、一〇年）、高原環境振興財団（二〇一〇年）、子ども樹木博士認定事業九四万円、都市緑化機構が助成する「花王・みんなの森づくり事業助成」により、青少年の環境教育活動（二〇一二―一四年）など三年で一二五万円、の助成を生かしている。ささやかながらこの自主財源こそはコモンズの主体性の証しになる。

この緑地はそもそも市街化区域内にある屋敷林の一・一ヘクタールを特定公益増進法人に寄付したことがきっかけで始まったのだが、現在は個人所有部分を含め一・七ヘクタールが都市緑地法にもとづく特別緑地保全地区の指定をうけ、未来へ安定した緑地が確保された。森林の木が倒れたり、枝が折れたりして、近隣の家などに迷惑もかかるので保険の創設が望まれているという[11]。

先代の関武夫氏が「こどもの森」としてこの屋敷を開放していらい、五〇年の蓄積をもつ筋金入りのコモンズである。地方の名望家の志は生きていた。

（4）都市の縁側をつくる――広島太田川・水辺のコモンズ（図9―6）

山に寄り水に望みて梅の花

広島の饒津《にぎつ》神社でこの一句を得た子規は、広島育ちの頼山陽が、京の風光に捧げた山紫水明という賛辞を思いだしたであろうか。子規の時代、広島デルタはまだ海と山にはさまれ、瀬戸内海の島々

図9—6　水辺のカフェレストラン（広島市・元安川左岸）

は屏風絵のように町を飾っていた。

戦前の広島人にとって、川辺に開いた縁側で団欒するのが人生の幸せであった。実際、私が昭和五十一年の四月、河川管理者のもとめに応じて広島を訪れ、この町の水辺景観の構想を練りはじめたとき、水辺へおりる「雁木《がんぎ》」と呼ばれる石段がたくさん残っていた。

そこに小舟をつないで漕ぎ出した風流な生活がここにあった。庭に開いた縁側を家ごとに持つのが難しくなった今、集合的な都市の縁側は可能であろうか。

水辺のデザインの構想はここから生まれた。

水辺への接近をテーマにした太田川の護岸や河川敷のデザインをきっかけとして、市民の視線が水辺に戻ってきた。玉石護岸の水辺にのこった一株のポプラを守り育てるポップラ・ペアレンツ・クラブ、リバークルーズ、雁木タクシー、川辺の道に名前をつける運動、原爆ドームの世界遺産化などなど……。これらの先駆的な水辺運動は、水の都整備構想、水の都ひろしまプランなどの官民計画と並行して進み、やがて河川敷占用準則改定によって、水辺の利用の法的整備がすすんで行った。

特筆すべきは市民、市、県、国の協力でたちあがった水の都広島推進協議会が、民間人を会長にして、カフェ、レストランなど水辺の賑わいを演出し、管理するようになったことである。近畿大学の市川尚紀先生によれば、水辺の公有地商業利用協賛金として年間一千万円にたっする資金が調達され、環境整備、ライトアップのほか、さまざまな水辺活性化への助成金として使われる。自主財源は市民コモンズ化へのおおきな一里塚といってよい(12)。

河岸デザインの詳細や、市民イニシアティブにいたる太田川のいきさつについては、詳細な報告が刊行されているので参照されたい(13)。

また太田川の調査・設計の過程で開発したデザイン理論はやや専門におよぶので、関連論文をいくつか紹介するにとどめよう(14)。

藩政時代の広島には「砂持加勢《すなもちかせい》」という祝祭的な河川行事があった。土砂の堆積から水運をまもり、洪水を防ぐために土砂を取り除く町民総出の行事であった。川をめぐるこうした風土的物語は、近代化の嵐も、原爆の阿鼻叫喚もくぐり抜け、姿を変えて生きてきた。故郷の川へむけた市民のあつい思いに接していると、世代を超えて生きのびた風土という物語の実在を信じるようになる。

このように見てきたまちづくりに関わる市民活動は、政治的意思決定への参加ではなく、風土を支える「結い」や「催合《もやい》」にちかい。行政とはつかず離れず、風土資産を引き継ぐこのアソビ共同体あるいは風土座は、やがて近代国家をこえた両棲文明圏の地平をひらくだろう。

4 盛り場の近代化——正統にして異端、石川栄耀の都市計画思想

浄らかな山水を巡らす寺社の境内に艶っぽい風が吹きこんでくる。そのような盛り場の風流は、日常生活の秩序を解きほぐす公界性またはアジール（避難所）性を備えていた。その呪術的な薬効は、扱いをまちがえるとたちまち諸刃の剣のように、その境界をこえて暴走し、やがて都市を狼藉の巷に呑み込んでしまう危険もある。日本のまちが、とかく、看板だらけになるのは、都市の賑わいが盛り場の反秩序的様相をモデルにしているからであろう。

しかし、封建都市には、寺社境内や芝居小屋など、「制外の地」という知恵があった。いわば「盛り場特区」だ。この浄らかな混沌を未来へ読み替えることはできるか。

こんなおもいで、木枯らしの吹きはじめた東京・新宿の花園神社に足を向けてみた。歌舞伎町にちかい酉の市は師走の風物詩である。

この神社は、江戸開府以前に大和の吉野山から勧請され、やがて、新宿の総鎮守として甲州街道の宿場の芸能界から崇められた由緒あるお社である。暮れの境内は善男善女でごったがえしていた。

かつて唐十郎のテント芝居も開かれた境内。尺玉の花火が地上で破裂したような満艦飾の熊手市

をぬけると、たこ焼きのこげたソースにトウモロコシを焼く匂いがまじる。小屋掛けの見せ物、蛇女の口上に黒山のひとだかり。どぎつい絵馬の群れ……。奇矯と猥雑が沸騰し、やがて祈りとなった湯気が、からっ風の吹く漆黒の空へ散ってゆく。

燃えたつ闇を抜け、人ごみに身をまかせながら流れていくと、あの名高い新宿ゴールデン街だ。戦禍の火傷を背負ったままに国際化したその数奇な一角をぬけると、いきなりネオンの渦へ押し出された。そこはもう天下の歌舞伎町。満艦飾のデジタル画像をバラバラにして天空へなげだしたような巷だ。

戦後の都市計画がうみだした歌舞伎町という盛り場はもともと湿った鴨場であったが、淀橋浄水場の建設現場が吐き捨てた土であえなく干上がった。いまでもネオンの谷間に、遠い湿地を記憶する弁天様が祀られている、これが歌舞伎町の地霊だ。

戦災復興期の土地区画整理組合長をつとめ、最大の借地権者でもあった鈴木喜兵衛はここに「道義的繁華街」を構想し、やがて最大の地主も協力した。終戦直後には、こうした大正デモクラシーのまちづくりの空気を吸った名望家たちの情念はまだ生きていた(15)。

鈴木氏の意気に感じた東京都建設局長・石川栄耀はこれに協力し、歌舞伎町という名称を授けた(16)。歌舞伎町の中心に開いた広場のまわりにぐるりと劇場や映画館を配したのも江戸の芸能に通じていた石川のアイデアだろう。田園都市のアンウィンとも親交のあった石川の胸中を察するに、西欧市民都市の華麗な広場へ、日本の盛り場の景と気を吹き込んだ、といえる。盛り場は芸能を孕む子宮であった。歌舞伎町は「都市は人なり」といった石川栄耀先生の息のかかった多くのまちづくり伝説の頂点にある。

正統にして異端の都市計画家・石川の理想は「法定外都市計画」（石川）によってはじめて実現される。今、それを人はまちづくり、とよぶ。歌舞伎町に始まる市民による風土自治的な法定外都市計画または官民協働の系譜は「まちづくり」（machizukuri）とよばれ国際的に発信されるにいたった。歌舞伎町はその先例であろう[17]。

能も歌舞伎も呪術的な芸能集団からうまれた。高く悟って俗に還った石川が盛り場の近代化に挺身し、「人間の郷土としての都市」というとき、風土に咲くホンネの日本都市を夢見たに相違ない[18]。

その足跡をたどれば、石川の時代を席巻した全体主義や戦後の民主主義といった政治思想とは、別次元の知性が見えてくる。石川は、人はなぜ都市をつくるかを問い、「その心理の底を割れば結局それはその物欲の砂の中から惻々として滲む「人なつかしさ」の衝動、なのだ（同書、三〇頁）と云い、「都市は人なり」という名言をのこした。それを除いて「名都の条件」はない。現代の盛り場はまず商店街として確立し、然る後、その上に盛り場という光沢を出すであろう（同書、一〇五頁）。

石川の「愛の都市計画」は夜の都市計画（同書、六二頁）を重視した。「旅に出ても風景よりは都市を味わうように偏してしまった。都市を通じて表現される人類の味がおおらかでなつかしい」（同書、八頁）。汚染、過密、渋滞、非衛生など都市病理観に固執する近代都市計画のマジメな発想を抜け出た石川は、都市という人類の故郷を求めたのであろう。

ここにはホイジンガが『中世の秋』で批判した生真面目な十九世紀的知性への批判が重なるだろう。このようなきわどい独白が、翼賛体制下にあった敗戦前夜の一九四五年三月に書かれている（『皇国都市の建設』）。

氏の落語好きは有名で、末広亭がひけると、小さんや馬琴が目白の石川宅へおしかけ、今日の出来栄えの批評を求めたという。「しかし都市は生きている」とつぶやく石川にとって、「都市は人間の勝手な思いつきではどうにもならない「活きもの」」（社会科全書『都市』）である。

なお、大都市の盛り場型の萃点については割愛したが、文献のみ掲げておく。[19]

5　風土公共圏のデザイン観――遊相のデザイン

風土圏のデザイン思想については風流という矛盾態の詩学でその趣を味わってみた（第7章第5節参照）。あらためてそれを論じるのは蛇足だが、落穂拾いのつもりで、思いつくままに記しておこう。雅俗、美醜、身土（環境と人間）、彼我、さらに創造と消費。これら二相の間に戯れる遊相またはむ無相のデザインは、作家性（authorship）と民衆性の境を越える地平に生きるだろう。

（1）庭師の流儀で——創造と消費の垣根を超える

庭づくりに一家言のあった明治の元勲、山県有朋は、庭師の七代目小川治兵衛の所作に何かと口をはさんだ。たまりかねた治兵衛はこういいはなったという。

「百万の兵を動かす閣下は天下の名将ですが、庭のことは、私が上手です。おまかせください」と。身分の差をこえて結ばれた二人の絆は、生産と消費、鑑賞と創造の垣根も越えていた。将軍と庭師はアソビの相において真剣勝負をしている。昔の人はこれを普請道楽といって羨んだ。

庭師の仕事ぶりは、鑑賞まじりの創造である。ときどきタバコをふかしながら、首をかしげて枝ぶりをながめる。やおらハシゴをかけて、チョッキン、チョッキンはじまる。またうっとりしてタバコだ。日が傾き、庭師は退場……。夕風に促された松の古株は、ひとり虚空の舞いに興じるだろう。これは鑑賞なのか、創造なのか。庭師の秘帖には、メインテナンスとデザインは同義語と記されているに相違ない。

応仁の乱がちかづくある日、庭づくりに余念のない庭師の傍に貴顕の姿があった。

「ここには、どんな石がいいかのう……。」

数日経つと、どこの廃屋で拾ったか、見事な名石が……。

「うーん、見事な風格じゃ。松を添えて見るか？　……すこしひなびた枝ぶりのな……」

数日後、松の古木がかの名石に寄り添っていた。

庭師の方法……ガラクタを目利きして寄せ集め、それらを取りあわせて名庭園をつくる術である。

現代の文化人類学はこれをブリコラージュ（ガラクタ寄せ集め）とよび、人類の創造性のモデルとした。[20]主知的方法だけが創造ではない。

ブリコラージュの精神は、臨機応変の知恵で目前の問題に立ち向かうゲーム感覚にちかい。その底に流れる「道楽精神」や「アソビごころ」によって、作る歓びと使う幸せの境界が破られ、享受は創造の歓びに包まれる。これが、ものづくりの始元のすがたであり、まちづくりの原点ではないか。このように、利用と創造がつながる世界では、モノを使いこなすうちに、いつしか創造する自己に出会うのだ。すなわち自己参照的（self-referential）なデザインである。自他一如という無相の境地といってもよい。

さて、こうして姿をあらわしたお庭は、一つの造景をなしながら、謎めいた天の気を受信し、解読し、これを増幅して再発信する。お庭は、天地の風情を皆で評価する社交の場所でもあった。季節の花、雪つり、水面にうつる雲、落葉の風情などなど……、この果てしない天の気の解釈プロセスは、デザインと鑑賞の境界を曖昧にするだろう。

理想の自然とまとめても、なお日本庭園は謎めいている。曲《くせ》のつよい枝ぶりの松、個性的な石の舞い、嫋々《じょうじょう》と風になびく前栽の群れ……それらは山水の妖精たちの舞いを、庭師がまねた風姿ではないか。すると庭園とは舞場《まいば》であったか……？　そんなことを思ったりする。

（2）詩人のように——解釈というデザイン

・見立て

見立て、という手法は、人がモノと戯れるうちに、意味の発生や転換をはかるアソビごころに由来する。富士山、白山、愛宕山など修験の名山に見立てた小丘に神を分霊して祀る習いはたびたび紹介した。この見立てという日本の得意芸は、個人のオリジナルを重んじる近代西欧文化にはみられぬ風土的なデザイン制度といえる。

別のいいかたをすれば、子供をふくめて市民の主体的な解釈権をみとめる、デザインのデモクラシーともいえるだろう。藤つるをブランコに見立てて遊ぶ子らは、いきいきしている（本章第3節（1）参照）。

このように考えてくると、いわゆる狭義の専門的デザインも、そこに風土の声が聞こえるなら解釈行為の一環と考えてよい。モノの操作だけがデザインではない。見立て、目利きや解釈という意味論的な解釈は庭師の得意技であったが、風土圏の生活者による「使う」というデザインもある。プロのデザインも人々の生活の中で社会化し、成熟してゆくのだ。

・解釈によるカスタマイゼーション

共有の風土資産といえる名山を自分の庭にとりこむ借景は、見立てというデザインの一種だが、この解釈的デザインの過程で、それぞれの個性を持つ庭に招かれた名山は、いわばカスタマイズされたのだ。

解釈といえば、大きな大名庭園にちりばめた風雅な地名は、主人が変わるたびに再編集された。名所の名が呼び覚ました詩想によって和歌を吟じ、園遊会の招待客はその出来栄えを競った。庭園は社交のなかに生きていた[21]。

このような古事にならって、古河公方公園では地名のデザインをとりいれた。二五haにもなるとメインテナンス作業にとっても地名は欠かせない。

その多くは忘れられ、打ち捨てられた小字名の復元であった。地霊を呼び覚ます古い地名は、共同体の身体としての土地の記憶であるから……。

先にも紹介したが「軽井沢の五月の風をゼリーにして持ってきてください」、軽井沢を愛し、若くして不治の病床にあった詩人・立原道造はこの言葉をのこして逝った。未来の風土へのまなざしは、計画ではなく、このような詩的な黙示による方法もあるのではないか。詩人のつぶやきは、ただの気象現象である風に詩魂を注ぎこみ、風土の神話になった。

多くの風物は、小さな形象によって大宇宙を呼び寄せる風体のものが多い。梅一輪、一輪ほどの暖かさ……見事！　俳人・嵐雪はわずか一七文字の呪文で、大宇宙の息吹を招きよせた。これが風土デザインの奥の手である。

（3） 空無化の詩法——美醜不二の詩学

無意味の空間に風景を発見したのは詩人たちであった。ペトラルカや東晋の詩人能書家・王羲之の故事を思い起こそう。こうして、鮮度の高い風景が謳われ、描かれるが、それを反復するうちに、意味過剰となる。すると言葉の煙幕が災いして、初々しい感覚が曇ってくる。いっそのこと、怠惰な視覚に染み付いた意味の垢をぬぐいさって再出発すれば、そこに、赤裸々の現実が顔をだすだろう。手を切るようなそのキラめきに感動し、おもわず発した言葉がふたたび山と積まれ、いつしか意味過剰で再び目が曇る。日本の中世期、禅家に指導された砂と岩だけの庭、否定態の庭はこのような空無化衝動の足跡であろう。

色《しき》つまり「存在」は空《くう》を突き抜けたところに発する……禅家はこう考えた。ゆえに、意味過剰を嫌う禅はくりかえし言語の過剰を戒め、不立文字をとなえながらも、鋭い詩的言語を連発した。しばらくするとまた言語というメディアの意味過剰が鼻につき、赤裸々な空無の鞭に打たれて目覚めようとする。言葉への不信をもつ禅家は、しかしなんと多くの言葉を発したことか。こうして「風流ならざるすなわち風流」という矛盾態の言説、すなわち美醜不二という無相の詩学が芽生えた。美の歴史は、意味の発生、その否定と廃棄、身体の覚醒……この無限連鎖だ。人間の感覚は、生理現象ではない。歴史を持つ風土現象である。

メディアの饒舌という意味氾濫の現代、否定態の風景からの再出発を渇望する心情もつよいだろう。都市ガス工場の廃墟に残された鉄の塊、その冷え錆びた姿をモチーフにしたシアトルのガスワークスパークの設計者R・ハーグ教授（Richard Haag, 1923-2018）は、京都で禅の修行をした人だという。禅の庭は存在の否定から翻って、無から有へ反転する主体的自由＝詩的想像力を刺戟する力を秘めている。
異物の核に虹をかけるこの解釈力を真珠効果とよぼう。

吹き飛ばす石も浅間の野分かな　　芭蕉

『更科紀行』の名吟。浅間山の火砕流か、噴火降下物か、吹きすさぶ野分は軽石のような石つぶてを含んでいる。窯の炎にあおられた陶器の土肌のように、とりすました雅びを吹き飛ばすあらあらしい風土の地膚。雅びと無風流は紙一重だ。無風流の破壊力と詩的生産力、冷え冷えした零度の文脈において、いま工場の夜景が注目され、またセメント工場などの鉱山都市の風土化現象など、産業遺産の景観に視線がそそがれている。脱農ならぬ脱工者の風景というべきか。つまり、意味を積み重ねすぎた風土化の胎内には、意味の炎症を冷ます否定態の詩的回路が埋め込まれている。風土のふところに芽生える風景観の歴史とは、意味を重ねた同化と、それを否定する異化の繰り返しになる。すなわち美醜不二のプロセスだ[22]。

琳派の画匠たちを魅了した秋の七草は、古代の庭園からつづく伝統だが、はっきりした輪郭をもたず、やがて露のように消えてゆく儚いその姿は空無化の美に数えても良いだろう。近頃は、どうしたことか、宿根草におおわれた野原の景色を愛でるデザイナーがふえているという。そこに形というものはない。花の季節ならともかく、冬になったらどうするのか。先にも述べたが、この国には、枯れ野見を愛する行事があった。野草だけの茫洋とした気配、それは枯れ野を愛する日本の風土資産といってよい。

（4）種蒔く人々——イメージの播種

まちづくりは、故郷の伝承や、物語、風俗習慣などの積み重ねなど、つまり風土資産の継承とその発展である。言葉を換えて言えば、分厚い風土という書物のページを繰りながら、その先へ、未来の物語を書き連ねる仕事ともいえるだろう。未来神話の編集行為ともいえるイメージの編集と生成によるふるさとづくりにとって、何らかのメディア（媒介）がかかせない。言葉、図像、芸能、建築などなど……。

古河公方公園の写真をとりつづけ、ブログ風の画像を発信する野中健司氏の写真は、四季おりおり公園の一瞬のきらめきをみごとにとらえ、それを市民団体のブログに掲載している[23]。蓮の花にうずくまるカエルから家族の肖像まで、そこには物語がある（図9―3）。この映像をネット・メディアにのせ、ひろく撒かれた種子は、やがて市民の脳裏に着床し、そこから芽ばえた残像は再び拡散する。こうして、新しい場所は、神話の衣をかさね、風土へと熟してゆく。

隅田川の左岸、墨東に立つスカイツリーの展望台へ登ると関東の地平線が一望され、名峰が連なる。富士山、大山、筑波山、日光、赤城山、浅間山……、特に霊峰富士は「江戸一目図屏風」の構図さながらだ。

この悠久の大地をつき破るように、突然、生えあがった鉄のタワーはいかにして風土へ着床できるのか。

タワー建設の発表に当惑する市民団体は、まず「光タワープロジェクト」を打ち出し、空を突くタワーの高さを実感しようと、夜空にサーチライトの束を放った。そして、運動の梁山泊となる「枕橋茶や」で、立ち上がる鉄のタワーの「定点観察展」を写真ファンとともに開催する。やがて『スカイツリーレポート』を不定期に発刊。これらの、ミニコミ誌の情報やさまざまなページェントの様子は、SNSというサブカルチャー系回路にのって、あたかも飛散する野草の種子のようにひろがってゆく。「それまでの素朴な地域活動や、昔ながらのカメラファンの文脈」から「強力な流通性をもつ現代サブカルチャーの文脈に接続する回路を開いて見せた」のである(24)。

昭和三十三年十二月に完成した東京タワーが、市民のふところで発酵する過程がはっきりしてきた。映画、小説、テレビ、写真などのメディアの参入が、この鉄の怪物を風土化する鍵であった。江戸の名所図会や錦絵などの大量の木版印刷が、江戸名所を大衆化したパワーをおもえば、メディアの効果はやはり大きい。言語による分節が、環境を文化へと昇華するのと同じだ。スカイツリーは、SNSというサブカルチャー系メディアの妖術を借り、その姿の大量散布や交換による民衆共有をつうじて新たな風土化の道をひらいたのだ。

墨東は異界である。古い水路と道が碁盤目をきざむ都市・江戸の座標系には、千年の時間の迷宮がからみついている。たとえば、菅原道真を分霊した亀戸天神の境内、白梅の香り、芝居の書き割りめいた境内、その背景にすっくと立ち上がる業平橋のスカイツリーを仰ぐ。すると、非情なタイムトンネルの底から、慟哭する能の笛の音が虚空へ消えてゆく。謡曲「隅田川」！　遠い都から東国へ掠われ、哀れ命を落とした幼い梅若の霊を弔うかのような鉄の塔は、日暮れて暗闇に没すると見るや、水辺のフットライトを浴びてふたたび夜空に舞いあがり、「都鳥」のくだりを謡いだすだろう。

——たづね来てとはゞこたへよ都鳥　すみだの河原の露ときへぬと……
我が子と見へしは塚の上の、草茫々として、ただしるしばかりの浅茅が原と、なるこそあはれなれ……(25)

6　風土化の思想と方法

このように見てきた風土公共圏のデザインの手口に通奏するものは何か。それはデザインというより、生きてゆく風土の身ぶりのようなものだ。風土の原論としてまとめておこう。

(1) 神遊びに観客なし

神をもてなす神事に起こった日本の芸能においては、芸能者と見物人は未分の渦にまきこまれる。

鎮守の森の神事といえば、遠来の神の祝福を受けて直会《なおらい》へ、さらに、宴会へ……。ここでは誰もが等しく祭祀の演者になり、見物という行為は原理的に消え去る。このような神アソビの延長上に発芽した盛り場の賑わいにおいて、人々は知らぬ間に都市という二ハの役者として振舞うのだ。風土を織り上げるまちづくりにおいては、日常の序列や作法が解け去ってゆく。そしてはじめもなく終わりもなく、風のように離合集散する粘菌のように、自由自在の付き合いが風土圏をおおうようになる。なぜそれをアソビというのか。

(2) なぜ、戯れとアソビか?

たびたび使ったこの言葉の秘密をあかそう。

天・地・人の織りなす風土圏の「元気」を浴びたいなら、われと我が身が風土化するしかない。人間自身が外側から風土をじろじろ眺めても無駄だ。風土の内側へ滑り込み、風土という母胎へ着床しなければならない。

この風土との契りを結ぶには特別な作法が要る。境界を越えて世界の内部へ入りこみ、風土を身体化するには、芸能的なあるいは祝祭的な手続きが有効である。風土を外から傍観するのではなく、共同で大地とたわむれ、巡り、または労働する。あるいは盛り場にみられる萃点の渦というか、中世ふうの言葉をかりれば「狂い」に巻き込まれるのもよい。まちづくりにつながる風土の覚醒がいずれもこのような戯れやアソビの陶酔に浸るのは、そのためである。

しかし風土の内部へ入りこむ別の方法もある。

（3）瞑想という方法

里山にまじって鳥や虫や草花と戯れる市民がいつも元気な古河公方公園には、風の吹く水辺に孤独を楽しむニッチがいくつか仕込んである。たとえば、春草席というモダンな東屋だ。そこに用意された縁台ふうのベンチに寝そべって昼寝をしてみよう。目を閉じ、視覚を遮断する。うとうとするうちに、我が身は草いきれに包まれるだろう。鳥の鳴き声、頬をなぜるそよ風、水鳥の羽音、さわさわと木々の葉ずれ、遣水のせせらぎ、遠い人語、蟬のこえ、昆虫の羽音、……環境を対象化する視覚を閉じると、それらの混沌とした気配のなかに自身の鼓動と息づかいが混じってゆく。瞑想とは、解き放たれた意識のアソビである。目が覚め空をみあげれば、白雲の吟をひとり唱える「私」はたしかに風土の内側にいる。怠惰な言葉から解放された景色は別世界である。それは風土の胎内景だ。

（4）言語という方法

言語の重要性については、地名をはじめとくに言語と裏腹になった風物との関係において、たびたび注意を促してきた。無限の連想の織布に組み込まれた言語とは、世界の体験をたえず組み替えて解釈しなおし、あるいは生成する現前を生け捕って、それを我々の血肉にする有力な方法であった。すなわち、言語の戯れによる環境の風土化である。しかしその反対に、生き生きとした世界の実相を、とかく鋳型にはめがちな言語への不信を隠さなかった禅家は、すこぶる象徴的な言語をあやつって、怠惰な視覚に喝を入れ、それを真如のなかへ解き放とうとした。ともかく、意識のながれとして時間の領分に属する詩的言語の方法化は、生活万般にかかわる風物論、巡り、芸能と社交など、限界芸術性においていささかたちいったが、今後に残された課題がおおい。それらをふくめた時空のデザインを夢みたいとおもう。

(5) 限界芸術の彼方へ——日常という豊穣

本書でたびたび引きあいにだした、絵画、工芸、祭祀、舞台、詩歌などの庶民的世界を、創造と享受がまじりあう限界芸術という言葉で括っておいた(第7章第5節(2)参照)。ここで限界というのは、額縁の中に鎮座する高みを外から拝する世界ではない。そうではなくて、至上の高みの裾野に茫々とひろがる周縁(マージナル)を指す。そこには生活のなかで使い込まれた器物と「私」が無心に遊ぶような彼我未分の世界が広がっている。

そこに充ちてくる「生命の元気」は、やすやすと美醜の境界を越え、人と人、人と環境の祝祭的交情の風土圏に入っている。かくして、機械をいじるような手つきでモノを操る了見の狭いデザインの壁は破られ、元気の風の吹く郷土の中で、人と人の結縁、人と空間、そして空間のなかの物のおきあわせが育っていくであろう。

このような風土的結合の波がたゆたう時空の中で、デザインはどうかわるのか。それは、人間から切り離され、対象化された空間のデザインを超えて、自分の身体を場所へ投企し、あるいは場所との戯れが生む意味の創造の世界へ入ってゆく。

この生命の祝祭は傍観的鑑賞ではなく、空間を生きながら解釈し、意味づける身体的な過程であるから、人の手垢がつく。昔の人は、こうして味のついた「手沢《しゅたく》」を愛した。この職人的な、あるいは自他不二、生産と消費の溶け合う無相の世界では、デザインはすべて自分と相即不離であるから、自己言及的[26]なデザインといってもよい。生産と利用が解けあいながらともに生成してゆくのだ。このとき、環境と人間は相即不離あるいは身土一如の境地になる。

こういうと何やら小難しいが、ありていにいえば、身をいれたふるさとづくりの道楽とおもえばいい。アソビの創造性を原動力としてこの無償の行為で人間も風土も成長してゆくだろう。

道楽といえばとかく誤解されやすいが、近江商人のような三方得の心情もやはり大きなそろばんをはじいたうえの利他精神であろう。文化や信用への投資はリターンは長く、道楽か阿呆のように見えて、あんがい商の理にかなっているに違いない。大賢は大愚に似たり、とは町づくりにもかなった道理である。

社交の創造性について考えよう。

風土生成における社交的な創造は、独創ではなく、「型」の換骨奪胎であり、「匂い」の解読といえる。

アルマーニの社長のことばに、「男性のためのソフトスーツが世界的に大流行していますが、あれは日本の羽織や浴衣のゆるやかな着心地から発想されました」[27]とある。日本の浴衣とアルマーニはずいぶん距離がありながら、たしかに響き合うものがある。連句の付合《つけあい》、あるいは蕉風の匂い付けをおもいだそう。前句と付句との間の余情、余韻を感じ取って引き継ぐやりかたは、茶道の道具のとりあわせにかんする「映り」にも通じる。形は崩れ、意味は散りぢりになっても、匂いが残ればそれでよい。受け手の感性にまかせるという粋な計らい……。手法ではない、連想の生産力を信じるのだ。

古典の主題を、ややずらした文脈に置き直す「本歌どり」は歌道の得意芸である。前出の古河公方公園では、使い古した内水排水機所の巨大な鉄のポンプを公園内に移設し、オブジェに「見たて」た。そこからどのような連想が育ってゆくのか、誰も知らない。

(6) 和荒一如の設計思想——自然との間《ま》あい

ところで、自然のふところ深くに在す日本の神々は、一神にして和御魂《にぎみたま》と荒御魂《あらみたま》の両面を秘めるとされる。前者は和みの母性、後者はときに荒れる厳父の姿と思えば良い。この環境思想は、風土に生をうけた人間が、避けて通れぬ聖なる矛盾を端的に言い得ている。河川などの自然をアメニティ化するときは、和荒一如というこの矛盾態の設計思想を基本に据えねばならない。

先に紹介した広島の水辺プランの基盤は、太田川放水路（昭和七年着工、昭和四十二年完工）という長大なインフラの完成にあった。長年、広島デルタを悩ました太田川の荒御魂への備えとして、戦前に構想され、戦後に完成した放水路の完成によって、市内派川の洪水負荷はすっかり減り、流況が安定化した。ここに親水化設計への道がひらかれたといえる。さらに、広島城の濠の浄化のために、元安川から分水した循環水路は、安定した遣水として中央公園内をうるおすことになった。琵琶湖疏水開削後の祇園・白川の遣水化もまたおなじであろう。

かにかくに祇園はこひし　寝るときも　枕の下を水の流るる　　吉井勇

白川のせせらぎを耳にしながらまどろむ詩人は、母の胎内を流れる血管の鼓動を聴いたであろうか。自然と「間合い」をとる遣水という風土化システムは[28]、荒御魂の神との棲み分け思想といえる。風土圏におけるデザイン思想を要するに静観型景観（detachment）から風景との交絡（engagement）へ移行することであり、風景の鑑賞ではなく、美しいから愛着へ、そして風景と交情することである。社交精神の延長といってもよい[29]。

（7）アモルファス遊相体と風土座

離散集合自由、ピラミッド的統率はゆるく、中心不明、メンバー不特定、ＳＮＳで増殖し分裂し、移動し、拡散する粘菌のようなこの市民グループの動向に目を据えよう。風土座もその一例である。風土の断片である風物や、まちづくりの裾野に発生し、やがて文化の中枢を揺さぶり覚醒させ、再構造化を促すこの集団を「アモルファス（非晶質）遊相体」と呼ぼう。あるいは情緒的共同体でもよい（第5章第6節参照）。

（8）風土の自己審判

地域の時空が育てた風土は、人間による主体性な環境解釈のおおいなる積層である。しかし、ともすれば無意識の惰眠にふけりがちなこのながい時間の結晶は、風土的詩魂をもつ個人の感性、または専門的デザインの一喝によって目覚めねばならない。

この詩的な覚醒は、秀でた個人だけでなく、民衆的な行動にも期待できる、その一例が「巡り」やアソビという変幻の切り札をもつ風土座の活躍である。

ともかく専門家であれ市民であれ、その決断がいつも正しいとはいえない。延々とつづく民衆の無意識にその根茎をおろす風土は、とかくその表現が紋切り型になりやすい。それゆえに、世界の実相への絶えざる回帰を求めた「風流ならざるすなわち風流」という大燈ドクトリンは、自己審判の反語的回路を風土に埋め込んだ（第7章第5節参照）。

幾つかのプロジェクトの前線において、目ざましい活躍をなし、思いがけない姿に変身する多くの市民や専門家をみてきた私は思う。風土の生成とは、つまるところ人に始まり、人に帰す、と。

風土学の核心は人間である。

一に人、二に人、三に人。

後藤新平[30]

そういえば、和辻風土学の副題は、「人間学的考察」であった。

注および風土資料

（1）和辻哲郎『風土』岩波書店、一九七九年、一七頁。「……逆に人間が風土に働きかけてそれを変化する、などと説かれるのは、皆、この立場にほかならない」とする。この立場とは「風土の現象から人間存在あるいは歴史の契機を洗い去り、それをすでに自然環境として鑑賞する立場」である。本書では、和辻の懸念を根底において、風土自治熟成モデルを提案した。

（2）物語性（参考文献）

1　山田・藤倉・羽貝・西・エヴラン勝木「『地域の物語り』の再生と自治の諸相」（*Projets de Paysage*, n°23, février 2021）。

2　延藤安弘『まち再生の術語集』岩波新書、二〇一三年。

（3）風土フォーラム　二十二世紀を見据えた「軽井沢グランドデザイン」で提案された組織である。食文化創生サロン（レストラン・カフェ）やまちニハ、生活市場を中心に、多様な市民運動（まちづくり会社、軽井沢モダン研究会、まちづくり資料収集と研究、風土性スポーツ・健康研究、風土アート研究、風土型産業の研究、その他ＮＰＯなど）の本所になることが期待されている。

参考文献

1　軽井沢グランドデザイン『二十二世紀へのはばたき』軽井沢町、二〇一四年。
2　藤巻進「二十二世紀への軽井沢グランドデザイン」、『新都市』第六九巻、二〇一五年六月号。
3　中村良夫「風土自治圏を育む」、『LANDSCAPE DESIGN』no. 105, december 2015、マルモ出版。

（4）エコール・ド・松代――現代の風土座　趣味や生涯学習を嗜む多彩な文化財活用のボランティア複合組織。たがいに交流しながら風土資産を活用し、観光客の見学、体験参加の世話をしている。

伝統文化の継承（古書画、茶道、煎茶・華道、囲碁、盆栽、庭園、和装、落語、詩吟、舞踊、刺繍）
邦楽系（尺八、真田勝鬨太鼓、三味線、アンサンブル箏曲松代）
武道系（剣道、柔術、柔道、弓道、古武道、太極拳）
アート系（絵画、写真、まつしろアート、絵手紙、折り紙、押し花、陶芸、古布をつかった小物づくり、フラワーアレンジメント）
音楽（語り、オカリナ、作詞・作曲、マンドリン）
おもてなし支援（夢空間、障害者のおもてなし）
郷土文化（郷土食、時代祭、アグリサポート）
http://matsushiro-club.ciao.jp/matsushiro-club/

（5）英国のコモンズ型公園　そのなかで破格の広さを誇るハムステッド・ヒース（Hampstead Heath）は村共同体の匂いがのこるコモンズ（入会地）であった。都心のトラファルガー・スクエアからわずか六キロに、三四〇ヘクタールの大緑地が広がる。もとはケンウッド卿の所領のなかにひろがる農村の入会地コモンズであった。密集市街地のなかにありながら、取り澄ました公園というよりむしろ荒涼とした大地の面影が色濃く、樫の大木がそびえる小高い草原を行けば、村の小径が木の下闇にきえ、狐が跋渉する沼のほとりでハリネズミが垣根にかくれる。村の洗濯場、牛の水飲み場、採草地、村の生活の匂いがする。

いま、そこはスポーツのメッカだ。水泳のできる沼、こどものプレイグラウンドも。ウォーキング、ランニング、クロスカントリー、凧揚げなど一六種類のスポーツ。お腹がすけばしゃれたレストランもある。十九世紀なかばには、この村里に霊感をもとめて多くの文人墨客が別荘を営んだ。それをきっかけにおこった乱開発の危機をのりこえ、現在はロンドン市の所有でハムステッド・ヒース委員会が運営を指導しているという。英国ではコモンズ保存協会が一八六〇年代に発足した。産業革命後の乱開発で消えてゆく田園の叙情を惜しむ合唱はたかまり、やがて世紀末のナショナルトラストの発足へつながってゆく。

日本の入会地は明治以降の上知令や地租改正令の結果、四分五裂したが、思いがけない生き残りに出会うことがある。上伊那の南箕輪村に広がる百ヘクタール級の「信州大芝高原みんなの森」はもともと村の入会採草地で、いまはゴルフ場のほか赤松、檜の大木におおわれた森林浴のメッカとなり、平日でもウッドチップを敷き詰めた散策路は、朝から老若男女で賑わっている、クワガタ、カブトムシ、狐、リスなど生物多様性の貯金箱でもある。日本の入会山や入会採草地は薪炭、用材、林産物あるいは、肥料、飼料用落葉や茅などの採草を共同で行いながら、村の生活を支えていた。それこそは、風土自治の見本であったが……。近代公園を超えて、未来型のコモンズ制度を模索すべきである。

（6）中村良夫『湿地転生の記』岩波書店、二〇〇七年。
参考文献　「転生する沼の詩魂」、季刊『approach』2016 winter、竹中工務店広報部発行。
（7）久野和子「第三の場としての図書館」、『地域開発』二〇一八年夏、vol. 626、四―八頁。
参考文献　レイ・オルデンバーグ、忠平美幸訳『サードプレイス――コミュニティの核になる「とびきり居心地よい場所」』みすず書房、二〇一三年。
（8）参考文献　『読売新聞』二〇二〇年一月四日朝刊、六・七面。
（9）山下裕子『にぎわいの場――富山グランドプラザ』学芸出版社、二〇一三年。
参考文献
1　小野寺康『広場のデザイン』彰国社、二〇一四年。

2　鈴木美央『マーケットがまちを変える』学芸出版社、二〇一八年。
3　山本志乃『市に立つ——定期市の民族誌』創元社、二〇一九年。
4　C・グルー、藤原えりみ訳『都市空間の芸術』鹿島出版会、一九九七年。

(10) 三田育雄『道の駅「田園プラザ川場」の二〇年』上毛新聞社、二〇一二年。

(11) 参考文献
1　関啓子『「関さんの森」の奇跡』新評論、二〇二〇年。
2　木下紀喜「市民が守った市街地の里山」、『山林』大日本山林会、二〇二〇年六月、四五—五三頁。

(12) 市川尚紀「広島における河川区域の飲食店舗利用にかんする一三年間の取り組み効果と今後の課題」、二〇一七年度都市計画学会「都市の水辺における公私計画マネージメントのありかたWS」。この報告によると、基金は次のような市民活動を支援している。
1　京橋川河岸緑地環境整備等
2　独立店舗型オープンカフェ護岸ライトアップ
3　イルミネーション
4　一周年記念コンサートなど
5　キャンドルアートの実施（水辺ジャズと共催）
6　京橋川オープンカフェ通りスタンプラリー
7　京橋川オープンカフェ通り活性化イベント
8　京橋川音楽の夕べカフェコンサート併催
9　元安川左岸河岸緑地環境整備など
10　カヌー体験教室（砂持加勢まつりと併催）
11　釣り大会
12　River Do!（広島ＳＵＰ、リバーサイド・マルシェ、リバーサイドヨガ、サイクリングなど）

（13）北村・岡田・田中編著、中村・企画構想『都市を編集する川』溪水社、二〇一九年。

（14）参考文献

1 中村・平田「河川景観のアクセス性の表現に関する研究」、『土木学会第34回学術講演会概要集』第四部、一九七九年四月。

2 中村良夫「河川景観計画の発想と方法」、『河川』一九八〇年九月。

3 中村良夫『風景学入門』中公新書、一九八二年、第三章「行動と風景」、九三頁。

4 中村・北村「河川景観の研究および設計」、『土木学会論文集』第99号／Ⅱ―10、一九八八年十一月。

5 田中直人・川崎雅史「祇園白川地区における都市形成と白川・琵琶湖疎水の役割にかんする史的研究」、『土木学会論文集』二〇〇一年、七七―八六頁。

6 日本建築学会編『親水空間論』技報堂出版、二〇一四年。

（15）大正デモクラシーと都市開発　倉敷紡績の大原孫三郎（一八八〇―一九四三）・總一郎（一九〇九―六八）父子。井荻村水道や区画整理、善福寺公園などに心血そそいだ地主の内田秀五郎（一八七六―一九七五）。阪急電鉄沿線のモダン都市文化に貢献した小林一三（一八七三―一九五七）など。

（16）石川栄耀（一八九三―一九五五）　大正七年、東京帝国大学土木工学科卒。東京都建設局長をへて、早稲田大学教授（土木工学科）をつとめた。石川の近辺には異色の土木系人材が育っていた。内務官僚としてフェビアン協会に出入りしていた宮本武之輔（大正六年卒）、さらに戦後、東京大学第二工学部土木工学科で石川先生の講義に魂を揺すられ、のち土木計画学、観光学、景観工学の基礎をきずいた鈴木忠義東工大名誉教授は、「文化人類学」が計画学の基礎だと力説した。「都市は人なり」の石川学統を継いでいる。（参考文献　中村良夫「石川栄耀論」、『風景感覚2――国土の詩学』技報堂、一九九九年、一二二頁。本章注（18）参照）

（17）参考文献 BROSSEAU, Sylvie, EGUCHI, Kumi, « Machizukuri まちづくり l'urbanisme participatif », dans BONNIN, Philippe, NISHIDA, Masatsugu, INAGA, Shigemi, *Vocabulaire de la spatialité japonaise*, Paris, CNRS éditions, 2014, p. 305-307.

(18) 中島・初田・佐野・津々見・西成『都市計画家・石川栄耀——都市探求の軌跡』鹿島出版会、二〇一二年、第二章「商店街盛り場の都市美運動」、八頁。以下、「同書」は本書による。

(19)『神戸2050構想』神戸商工会議所、二〇〇四年、第Ⅵ章「遊創都市・神戸の都心デザイン」、一四六頁。

(20) ブリコラージュ(bricolage、ガラクタよせあつめ)　ありあわせの素材をくみあわせて生活の用をみたす方法。人間の創造性の原点。普遍原理に立つ工学的設計だけが創造ではない。クロード・レヴィ＝ストロースによってなづけられた。(参考文献　大橋保夫訳『野生の思考』みすず書房、一九七六年)

(21) 金在浩「景観現象における「言語の媒介作用」と「動き」の役割に関する研究」、東京工業大学博士論文、一九八九年二月。
参考文献　中村良夫『風景学・実践編』中公新書、二〇〇一年、九—一二頁。

(22) 参考文献
1　岡田昌彰『テクノスケープ』鹿島出版会、二〇〇三年。
2　岡田昌彰『美しい英国の産業景観』創元社、二〇一八年。
3　中村良夫『風景を創る』NHKライブラリー、二〇〇四年、第九章「脱工業社会の風景」、二一六頁。
4　吉村晶子「宿根草ムーブメントにみるデザイン思想と日本における草本ランドスケープの可能性」。草本類のランドスケープは、やがて枯野化し、「異化のデザイン」になる。第7章注(32)参照。

(23) 御所沼コモンズ、本章第3節(1)参照。https://koga-pc.wixsite.com/goshonuma

(24) 中川大地『東京スカイツリー論』光文社新書、二〇一二年。

(25) 世阿弥の嫡男、元雅(応永元/一三九四—永享四/一四三二)の謡曲「隅田川」の終曲。将軍義教の気まぐれにたえかねて出奔し、放浪の山野にたおれた能楽師の遺作は、海外の芸術家たちも創作に誘いだした。

(26) 自己言及的（self referrential）なデザイン　自己から切り離され、対象化されたモノをデザインするだけでなく、自分自身の再生、再構造化を求めるデザイン。市民は自らの欲望、感性の切り替えを探ることになる。人間の情も感受性も普遍ではなく、歴史的に育まれる風土のなかで変わるべくして変わる。

(27) 井上ひさし『ボローニャ紀行』文藝春秋、二〇〇八年、一七七頁。

(28) 参考文献

1　山田圭二郎『間と景観』技報堂出版、二〇〇八年。敷地計画としての遣水の構造が多数、紹介されている。

2　山田・中村・川崎「疎水の遣水的利用に関する研究」、『環境システム研究』vol. 27、一九九九年十月、二五五―二六五頁。

3　田中尚人・川崎雅史「祇園白川地区における都市形成と白川・琵琶湖疎水の役割に関する史的研究」、『土木学会論文集』六八一号、二〇〇一年、七七―八六頁。

(29) ブーラサの風景認識　S. C. Bourasa, *The Aesthetics of Landscape*, Belhaven Press, 1991, p37. 生命的プロセス、文化的プロセス、個人的創造の三層によって景観美学は構成される。そこで示唆される静観的景観から、風景との交絡（engagement）への移行は、風景との戯れに通じるであろう。デューイ（J. Dewey, 1859-1952）の考えを引用しながらブーラサはこう言い切る。「美的体験は、純粋な客観でもなければ純粋の主観でもない。そうではなくて、両者の相互作用（interaction）である。右記三層の最後に、個人の創造性（personal strategy）を経ることにより、生命的プロセスと文化的プロセスの決定論的限界を回避できる」とする。すぐれた見解である（同書四〇頁）。

(30)『自治〈シリーズ 後藤新平とは何か――自治・公共・共生・平和〉』藤原書店、二〇〇九年。なお、現場から生まれたさまざまな風土論的思想および方法として次の著書を挙げておく。

参考文献

1　陣内秀信『東京の空間人類学』筑摩書房、一九八六年。
2　桑子敏雄『環境の哲学』講談社学術文庫、一九九九年。
3　関根康正編『〈都市的なるもの〉の現在――文化人類学的考察』東京大学出版会、二〇〇四年二月。
4　桑子敏雄『空間の履歴』東信堂、二〇〇九年。
5　中村良夫『都市をつくる風景』藤原書店、二〇一〇年。各章ごとに実例を記しておいた。
6　桑子敏雄『生命と風景の哲学』岩波書店、二〇一三年。
7　中村・鳥越、早稲田大学公共政策研究所『風景とローカルガバナンス』早稲田大学出版部、二〇一四年。
8　桑子敏雄編著『環境と生命の合意形成マネジメント』東信堂、二〇一七年。

あとがき——二つの先端

近代都市計画は、二つの動機をもって出発しました。その一は、産業革命がもたらした公害、貧民、衛生などの都市病理現象に立ち向かう疾病都市観であり、その二は、ロマン主義が開いた自然や歴史にたいする憧れです。これに第二次大戦後の経済成長期がもとめた、生産優先という第三の動機を加えても良いでしょう。

いたってマジメな思想が推進したこれら都市文明の近代化路線は、いまや地球環境の危機、深刻な人権侵害、核武装した主権国家の政治的衝突という乱気流に突入してしまいました。ところが、これと裏腹に人類が育ててきたもうひとつの先端が息づいています。

それは、生命的地域性（ローカリスム）という民衆的なブラウン運動の雲の中から、おのずと析出する自己組織化の結晶、あるいは「創発」とも呼ばれる超越的な無相の華、すなわち風土という第二の先端です（第6章注（8））。はっきりした指揮者なしに気合いで離合し集散しつつ、したたかに自己組織化する粘菌もどきの生命的な文明システム、これを「風土自治」と呼びましょう。

大小の国民国家がせめぎあう国際環境を大観しますに、中世さながらの奇怪な様相を呈しています。そのきなくさい渦巻を尻目に、まちづくりに関わる春風駘蕩の「風土自治」は、非政治性という寡黙な政治性をもって、人類に一筋の光明をもらすのではないか。世界を席巻する大衆観光は、いくらかの危うさと軽薄さを引きずりながらも、風土自治という第二の先端的パルチザンのもたらす地球的な民衆性の交響かもしれない。そう思ったりします。

ところで最後の第9章において、中心市街地の危機につき、風土自治の観点から少々触れておきましたが、そのほかにも長期にわたって緩慢に進行する都市の疾病現象があります。これは疾病というより地政学的戦略性の欠如という危機管理の問題でもあります。

水害や地震に備えながら、アメニティを追求する土地利用の総合的展望において、日本の都市が、縦割り行政を超えた戦略性に乏しいことは否めませんが、この欠点をエリート的指導力を欠く町民根性に帰すことはできないでしょう。中世末期から江戸期へかけて、町民や農民層から、国士的な構想力に富むおおくの戦略家が輩出したことは少し触れておきました（第2章第5節末尾）。現代の都市行政に戦略性が欠けるなら、その原因は別に求めるべきです。

さて、血で血をあらう悲惨を重ねた人類の歴史を省みれば、敵も味方もみな高貴な理想と大義をふりかざしています。しかし風土は理想郷ではありません。身辺のごたごたを抱えながらも、おおらかな風土の詩神は、雅俗の戯れに見え隠れする多彩な生命の煌めきを愛します。そこに、未来を開く新しい人間像が芽生えるかもしれません。

本書の構想は『都市をつくる風景』（藤原書店、二〇一〇年五月）の出版を機に芽生えはじめ、専門分野を越境する知の歓びとさまよいの十年、原稿とりまとめの段階で人類はとつぜん新型コロナという災難におそわれました。大いなる日常という風土を生きる市民たちの祈りと知恵が、優れた専門家や行政と手をくみながら楽しく歩をすすめますことを念じてやみません。

類例の少ない本書の出版を引き受けてくださった藤原書店の藤原良雄氏、ならびに多岐にわたる原稿を丁寧に編集してくださった刈屋琢氏に敬意を表し、深く感謝いたします。

ささやかなる本書を恩師、故八十島義之助先生（東大名誉教授）、ならびに故鈴木忠義先生（東工大、東京農大名誉教授）の御霊に捧げながら……。

令和三年、春一番の吹く日

中村良夫

ま 行

は 行

な　行

た 行

さ 行

か　行

事項索引

あ 行

マ　行

ヤ　行

ラ　行

サ 行

タ 行

ナ 行

ハ 行

主要地名索引

マ　行

ヤ　行

タ　行

ナ　行

ハ　行

カ 行

サ 行

主要人名索引

本文・虫の人名を採り姓名の五十音順で配列した。

ア　行

著者紹介

中村良夫（なかむら・よしお）

東京工業大学名誉教授，元京都大学教授。工学博士。

1938 年，東京生まれ。東京大学工学部卒業後，日本道路公団技師として実務に携わり，景観の工学的研究の必要を痛感して大学へ戻る。東京大学（土木工学），東京工業大学（社会工学），京都大学（土木システム工学）にて，景観工学の研究と教育に従事するかたわら，市民学としての風景学を提唱。パリ大学社会科学高等研究院招聘教授（1985）。この間，広島の太田川堤防，多摩ニュータウン上谷戸橋，羽田スカイアーチ，広島西大橋，古河総合公園などの計画と設計に景観工学の理念と手法を導入。

編著書に『風景学入門』（中公新書，1982 年。サントリー学芸賞，土木学会著作賞）『研ぎすませ風景感覚 1・2』（編著，技報堂出版，1999 年）『風景学・実践篇』（中公新書，2001 年）『風景を創る』（NHK ライブラリー，2003 年）『湿地転生の記』（岩波書店，2007 年）『風景からの町づくり』（NHK 出版，2008 年）『都市をつくる風景』（藤原書店，2010 年）『都市を編集する川』（溪水社，2019 年）など。

長年にわたって監修設計した古河総合公園が「文化景観の保護と管理に関するメリナ・メルクーリ国際賞」（ユネスコ，ギリシャ主催）を受賞（2003 年）。

ハーバード大学・ダンバートン・オークス研究資料館現代景観デザインコレクション収蔵（古河総合公園，太田川環境護岸）。

風《ふう》土《ど》自《じ》治《ち》——内発的《ないはってき》まちづくりとは何《なに》か

2021年 4 月30日　初版第 1 刷発行©

著　者　中　村　良　夫
発行者　藤　原　良　雄
発行所　株式会社　藤　原　書　店

〒 162-0041　東京都新宿区早稲田鶴巻町 523
電　話　03（5272）0301
ＦＡＸ　03（5272）0450
振　替　00160 - 4 - 17013
info@fujiwara-shoten.co.jp

印刷・製本　中央精版印刷

落丁本・乱丁本はお取替えいたします
定価はカバーに表示してあります

Printed in Japan
ISBN978-4-86578-309-4